JN015294

First Book

改訂3版

地球環境がわかる

地球で今なにが起きているのか
どう行動するかを考える脱炭素時代の入門書

西岡秀三
宮崎忠國 著
村野健太郎

技術評論社

はじめに

『地球環境がわかる』というこの本は、日ごろから「環境」を気にかけている方々に、なぜ環境が大切なのか、どうして環境問題が起きるのか、どうすればよい環境が作れるのかを、俯瞰的に知ってもらいたい、という意図で書かれています。

「環境」は、私たち人類の営みと自然の関係です。私たち人類は自然の一部です。身体の大部分は水ですし、食べ物は土から採れたものであり、人は大気を呼吸して食べ物を活動のエネルギーに変えています。住みよい気候のため、凍えることなく生きていけます。あまりに当たり前のことなので、いつもは気にも留めていません。

しかし、あまりに人口が増え、自然のもつさまざまな能力以上に、自然からたくさんのものを得ようとし、また自然に多くの廃棄をするようになってきたため、私たち人類は、自らが生きていく「もと」である自然を、自らの手でおかしくしつつあります。はじめは世界のそれぞれの地域で公害として現れた自然汚染が、今は地球規模で広がっています。それだけでなく、フロン類や二酸化炭素のような人間活動からの排出物が、成層圏オゾンや安定な気候といった自然そのものを守っている地球のシステムをも変えようとしています。

人間が自然の一員としてどう生きていくかは、今世紀、私たちが模索し、挑戦しなければならない大きな課題です。そのための最初の一歩として、この本を手にとっていただければ幸いです。

2023年1月　著者　一同

ファーストブック 改訂3版 地球環境がわかる Contents

第1章
環境問題の基本

21世紀は「環境の世紀」といわれ、環境への関心が高まっています。人間も生物の一種ですから、自然と離れては生きていけません。それなのに、なぜ、自らの生存基盤を壊すようなことになってしまったのでしょうか。この章では、環境問題とは何か、環境問題を起こしている原因は何かを見ていきましょう。

1-1 環境と環境問題

環境問題とは何でしょうか。温暖化、オゾン層の破壊、都市の大気汚染、ヒートアイランド、希少生物の絶滅……。こうした問題は、地震、台風、洪水、干ばつ、火山爆発、地すべりといった災害とどう違うのでしょうか。なぜ今、環境問題が、私たちの取り組むべき重要課題としてクローズアップされてきたのでしょうか。

環境とは、どこまでを指すか

まず、**環境**あるいは**人間環境**とは、「人間と相互に接触する自然」あるいは「自然と人間の相互関係」であると定義しておきましょう。もちろん、ほかにもいろいろな定義がされますが、おおむねこの定義で、整理をすることができます。

P.10～11の図1.1を見てください。中央に人間社会が描かれ、その周辺を自然が取り巻き、さらに外側には宇宙空間が広がっています。

人間と自然が相互につよく接触する範囲で考えると、宇宙のほうでは今のところ**成層圏オゾン層**までが環境といえるでしょう。しかし宇宙開発競争の結果、今では衛星の残がいが宇宙のゴミとなって地球軌道に散らばっています。太陽は、生物・人間の活動の源で、その変化の人間への影響は大きいのですが、人間が太陽活動に影響を与えることはできませんから、この場合の環境には入りません。

今度は地球のほうを見てみます。人間の生活は、地球の表面でなされていますから、大気層、土壌、森林、海、動植物のように、**地表にある自然**は間違いなく環境です。探鉱や地熱発電のように、今や、人間活動は**地下や海中深く**にまで及んでいます。

自然と人間の相互関係

自然環境から得ている生存基盤

人間は他の動植物と同じように、もともと**生態系（エコシステム）**の要素の一部です。安定な気候の下で、自然の果実を食べたり、海で魚を取ったり、陸で農作物を育てたりして、動植物を食料に生存しています。生活をより便利にするために、木綿、絹、麻のような繊維を得たり、地中の化石燃料を掘り出したりして使っています。今の近代生活ではなかなか実感がわきませんが、人間はほとんどすべての**生産・生活基盤を自然が生み出す資源（自然環境資源）から得ている**のです。

人間は、技術を持たない時代には、自然が供給する資源をそのまま受け入れ生存していただけでした。しかし、農耕技術を身につけ、土地を改変し、自然が供給する量以上の資源を獲得することに成功しました。

また産業革命では、エネルギー資源利用の拡大によって、生産能力を飛躍的に拡大し、自然環境資源を使って大量の商品を製造し、大都市を作り土地の様相を変えてきました。

自然環境に圧力を加えるようになって問題が……

それと引き換えに大気汚染物質や水質汚染物質、化学物質、オゾン層破壊物質、温室効果ガス、固形廃棄物など、多くの廃棄物を自然の浄化能力を超えて排出したり、都市空間や農耕地を広げることで、人間はこれまでにはなかった圧力を自然環境に対して加えることになりました。

そして、ついにこの圧力によって、自然が持つ浄化能力の**惑星地球の限界**を超え、人間が受ける自然の恵みをかえって減少させてしまう結果を引き起こしました。それが人間にとっての**地球環境問題**です。環境問題は、人間活動が原因ですから、人間が防止・修復することで解決できる問題です。

地震や火山爆発、あるいは温暖化と無関係な洪水・干ばつ・台風などで人間は大きな被害を受けます。しかし、これは人間が自然に働きかけた結果起きたものではありませんから、環境問題ではなく、**自然災害問題**です。

[環境問題の構造]

—人間活動の拡大が、自然全体への圧力を強めつつあります。—

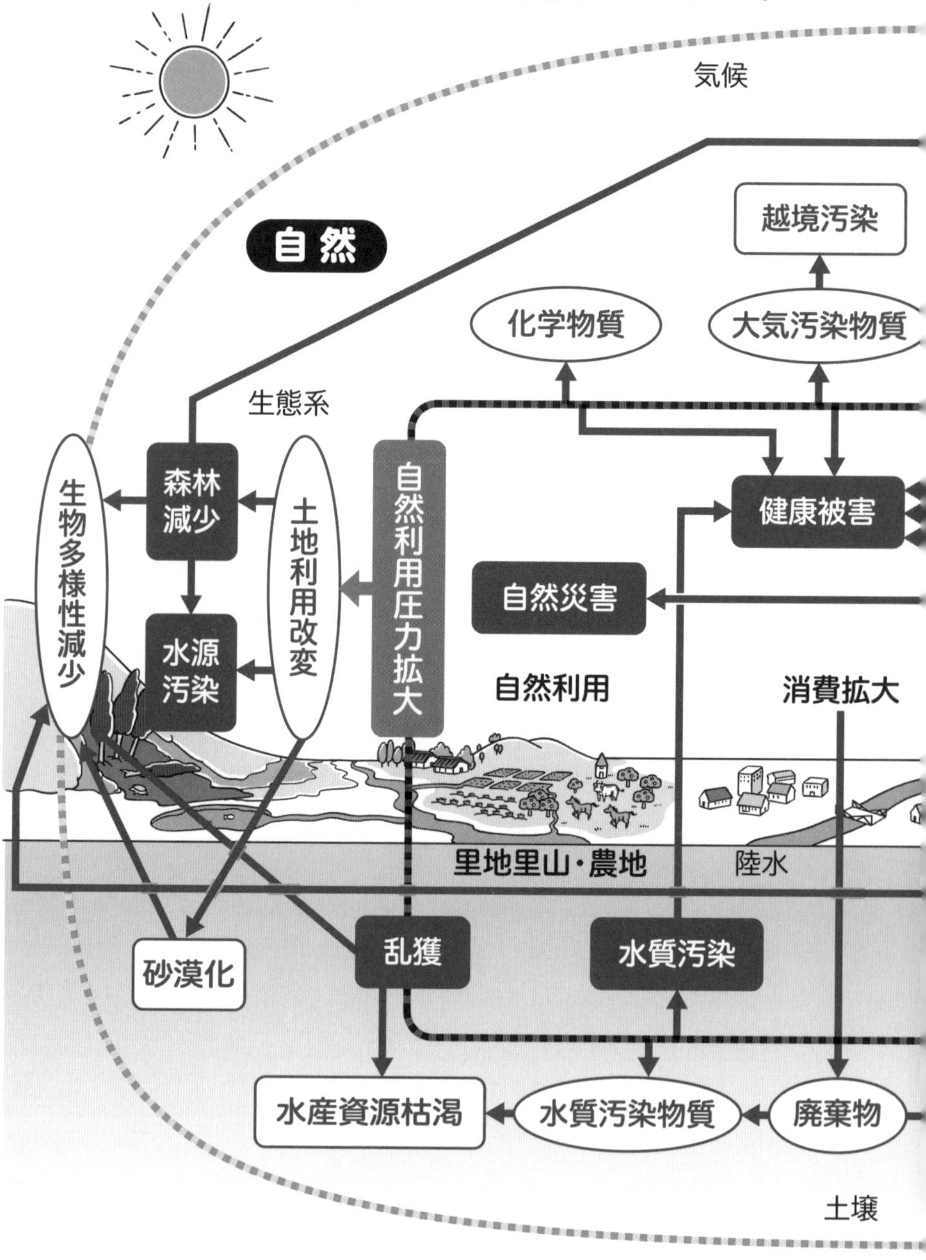

気候

越境汚染

自然

化学物質

大気汚染物質

生態系

生物多様性減少

森林減少

土地利用改変

自然利用圧力拡大

健康被害

自然災害

水源汚染

自然利用

消費拡大

里地里山・農地

陸水

乱獲

水質汚染

砂漠化

水産資源枯渇

水質汚染物質

廃棄物

土壌

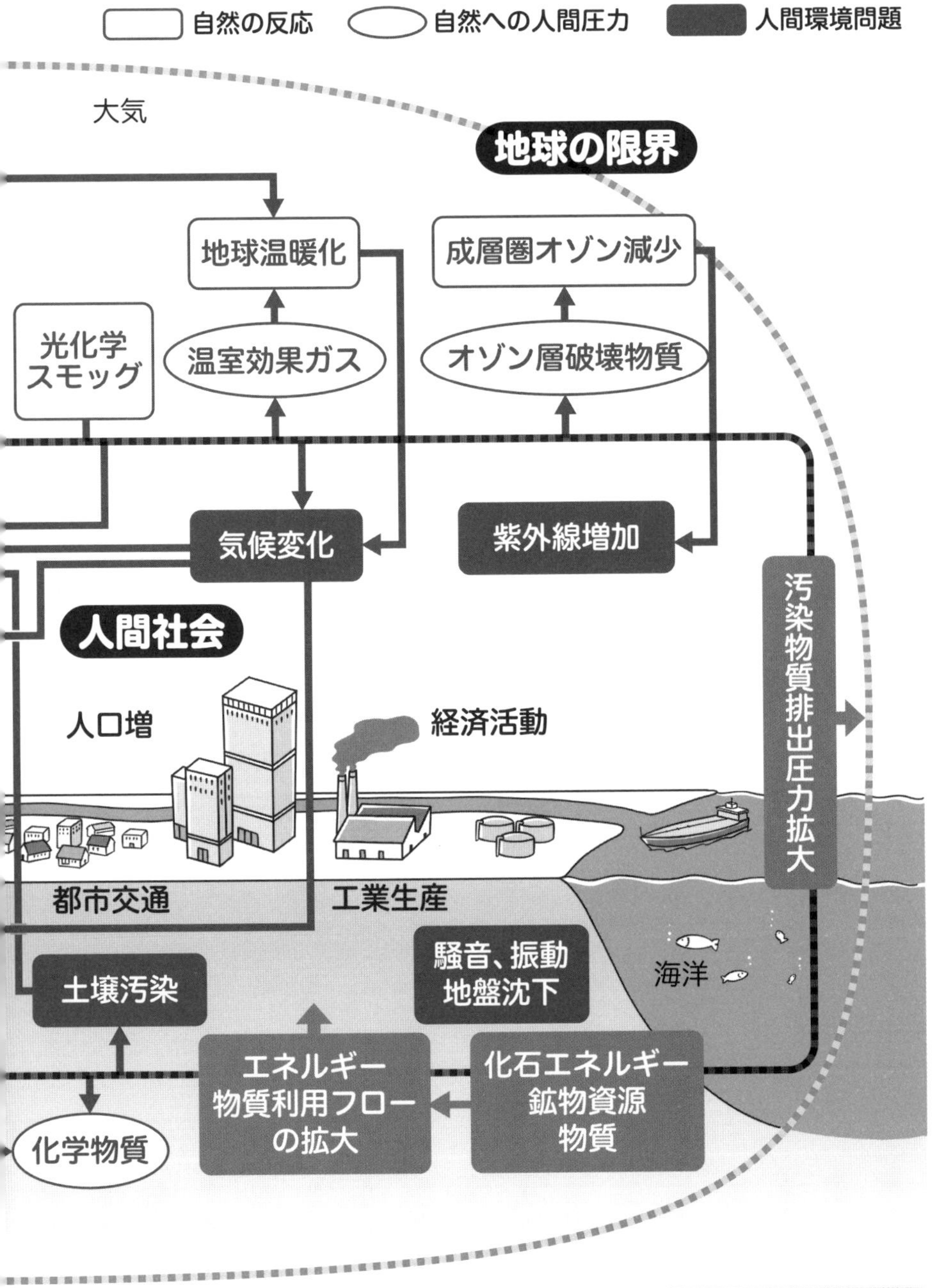

自然の反応
自然への人間圧力
人間環境問題
大気
地球の限界
地球温暖化
成層圏オゾン減少
光化学スモッグ
温室効果ガス
オゾン層破壊物質
気候変化
紫外線増加
汚染物質排出圧力拡大
人間社会
人口増
経済活動
都市交通
工業生産
騒音、振動
地盤沈下
海洋
土壌汚染
エネルギー
物質利用フロー
の拡大
化石エネルギー
鉱物資源
物質
化学物質

図 1.1 環境問題の構造

さまざまな環境問題

温暖化（気候変動）

最近緊急の問題として取り上げられるのが、**温暖化（気候変動）**です。化石燃料の燃焼で発生する二酸化炭素や、水田・肥料・家畜などの農業活動から発生するメタンや一酸化二窒素のような温室効果ガスの排出が、気候を温暖化するという問題です。

気候はすべての地域の環境資源の基盤になっていますから、温暖化によって、生態系、農業生産、水供給などすべての環境資源の状況が変わっていきます。

人口と食料

今や**人口**は79億人以上に膨らみ、世界のあらゆる場所で人々がぎりぎりに生存している状態を持続的に維持できるかが心配されています。しかしその原因もまた、人間生存を支える活動から生じるものですから、解決が非常に困難な、現代社会の根幹に関わる問題となってきました。

人間が生きていくために必要なものは、まず水と食料です。今では、食料は自然に生じるものだけでは足りず、農耕地で多くの水やエネルギーを投入して作られるようになっています。人が増えると、農耕地を拡大するために森林が焼き払われ、肥料を作ったり灌漑水を汲み上げたりするために多くのエネルギーが使われます。このことも、温暖化の原因となります。

オゾン層の減少

工業製品製造過程での洗浄や噴霧用ガスとして使用されるフロンが大気に放出され成層圏オゾンを破壊しています。**成層圏オゾン層**は宇宙空間から地球に降り注ぎ皮膚がんの原因となる**紫外線**を吸収しており、その減少は人間にとって重大な問題です。1985年から排出規制が強化され、オゾン層破壊物質濃度は緩やかに減少しているものの、依然として高い状況です。

大気汚染と水質汚染

生産過程などから出る**大気汚染物質**や**水質汚染物質**、**化学物質**は、大量でなければ自然の持つ分解能力で浄化されるのですが、多くなると処理しきれなくなり、それを取り入れた人の呼吸器・内臓などに害を与えます。

生態系の破壊

生態系は、それ自体がさまざまな生産物を人間に供給してくれます。生態系を安定に保つためには、生態系が多様な生物で構成されている必要があります。しかし、都市化や農地開拓で生物がすみかを奪われ、温暖化が進むと、絶滅する種は多くなり、地球の生態系が維持できなくなります。

都市化によるさまざまな問題

都市の中では、エネルギーの大量使用によって廃熱が放出され、**ヒートアイランド現象**を引き起こしています。自動車からは、**大気汚染物質**と**温室効果ガス**が排出されます。大量に生産された商品は使用済みになると**ゴミ**となって排出され、街の良好な景観を損ない、時には化学物質による**土壌汚染**につながったりします。

環境問題の根本原因は、人間活動が自然に及ぼす圧力

このように、人間はさまざまな形で自然に圧力をかけています。この圧力が自然の対応能力を超え、人が頼るべき自然環境資源自体を劣化させ、人間に悪い影響を与える、という悪いサイクルに入ってしまっているのです。原因は、これまでの人間活動が環境資源という存在を明解に認識せず、「無限に使えるのだ」という無頓着な考え方で進んできたことにあります。今後は、自然と人間の良好な関係を築き上げていく必要があります。そのために、今の**エネルギー・技術社会のあり方や個人のライフスタイルの見直し**が必要になってきます。

この本ではまず、人間がエネルギーや物質をどのように使って、環境に負荷をかけているかを見ます。次に、気候、生活空間、生態系にどのような問題と解決策があるか、都市の中での環境問題とは何かを見ていきます。そして、最後に、どうすればこれらの問題が解決するのかを、読者の皆様と考えていきたいと思います。

1-2 自然の恩恵とは（生態系の機能）

自然はどのような恩恵を私たちに与えてくれているのでしょうか。1枚の自然の景観を映し出した絵から、目に見えるものだけでなく、目に見えないさまざまな自然の恩恵を数え上げることができます。図1.2の絵に描いた恩恵の、2倍も3倍もの数を見つけることができるでしょう。

恩恵その1　～物質供給機能

生態系（エコシステム）は、私たちの生存基盤であり、また生活に潤いを与えてくれますが、それが持つ機能は以下のように説明できます。

第1の機能として、エコシステムは、大気、水、土、生物、鉱物資源など、さまざまな要素から構成されていて、それを私たち人間に利用させてくれます。また自然は、時間をかけて食料やエネルギーなど人間に有用なものを作り出し、供給してくれます。

私たち人間が、生態系の一員として**生きていくために必要なものは、すべて自然の中にあり、自然の中にしかない**といえます。大気中には酸素があり、人間はそれを呼吸作用で体内に取り込んで活動に必要な熱量を得ます。人間の身体の60～70％以上は水分でできていて、体内の循環を保つために水の取り込みが不可欠です。自然が太陽エネルギーと水を受けて作り出す食料が、人間の身体活動の源になります。

適切な温度空間で過ごすために、森林から木材を切り出して住宅を作り、薪炭で暖を取ります。近代化した鉄筋コンクリートビルには、鉄や石灰石のような鉱物資源が要ります。これも元は自然が作り出したものですし、石油・石炭といった今のエネルギーの多くは、太古の森林や海中のプランクトンが何億年もかけて変成したものといわれていますから、これは太古の自然の遺産といえます。

衣料の面から見ても、木綿、絹、麻といった動植物から取れる繊維を使っていますし、化学繊維も元はといえば、石油から人間が作り出したものです。漢方薬のような薬草は、私たちの身体の健康を保ってくれます。熱帯林のような自然の中には、生物学的機能で新しい物質を作り出す元になる遺伝子資源が残されているのですが、私たちが発見して医薬品などに利用しているのはまだほんの一部にすぎず、無限の可能性が残されているといわれています。

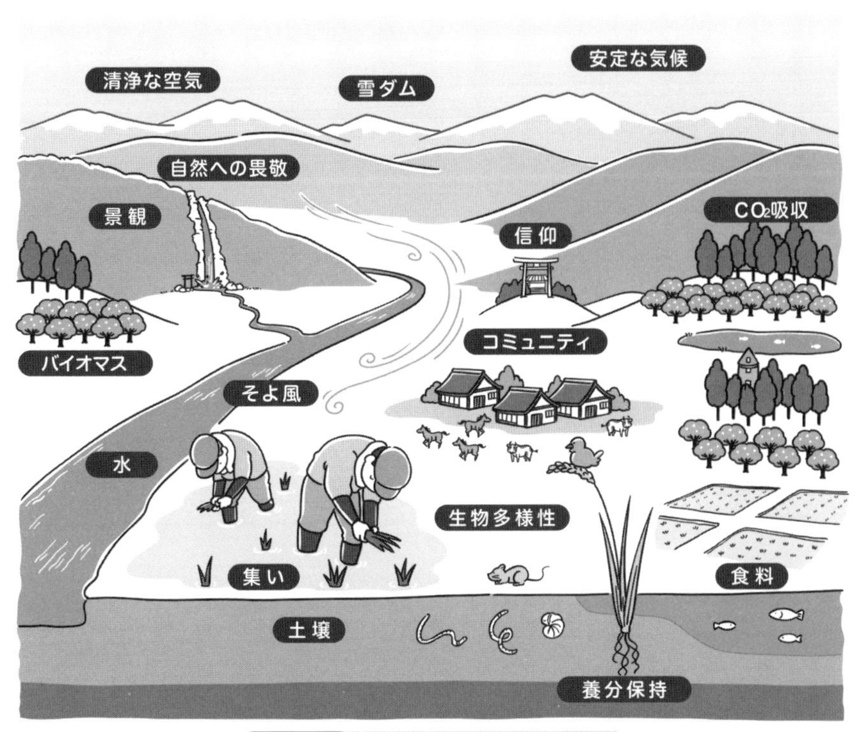

図 1.2 さまざまな自然からの恩恵

恩恵その2　～調整機能

第2に、生態系は私たちが生存するために必要な**周辺条件を健全に保ってくれています**。というより、生態系が形成する環境に合わせて人間が生を受け、生存・生活しているわけですから、「自然はいつも自己調整機能を持っていて、その下で人間が安心して住んでいる」というほうが正しいかもしれません。

気候の様相は地域ごとに場所ごとに違い、年々あるいは季節の変化が常にあるのですが、それでも何十年何百年の時間では、それなりに安定した気候がそれぞれの場所で繰り返されています。人々は、その安定した気候に合わせて、その場所で生産・生活を続けています。

海洋自体も大きな熱容量を持っていて、地球の温度を一定にするために大きく役立っています。生態系は、炭酸同化作用と呼吸作用で大気中の二酸化炭素量を調整して、温室効果を一定に保ってくれています。地球上での森林や砂漠、海洋の分布が太陽エネルギーの反射に効いてきますし、時には山火事が起こり、その煙が気候に変化を与えたりもします。

このようにさまざまな形で、**生態系が今の気候を安定に保って**くれています。あまりにも寒い地域では、疫病を媒介する蚊などの昆虫の卵は越冬しての孵化ができず、地域に定着できません。病原菌なども、広がる前に自然の持つ**浄化作用**で分解されます。植物性プランクトンを動物性プランクトンが食べ、それを小魚が、さらにはそれを大きな魚が食べるといった、食う―食われるの関係で決まる**食物連鎖**で、生態系の中では微生物から草木、動物にわたる構成要素間での調整でバランスが保たれ、その一部を人間が食料として利用しています。

恩恵その3　～文化機能

人間も生態系の一部ですから、本能的に自然に対する思い入れや、畏敬の念、審美的受け止め方に強いものがあります。生存基盤である自然がどのように成り立っているのか、いろいろな花や草の名前を知る教育から始めて、自然全体のありさまを科学が解き明かしてくれます。

変化に富んだ自然は、絵心を誘い、音楽のモチーフをかき立てます。私たちは自然に分け入って、自然の大きさを知り、人間の存在に思いをはせることもあります。大きな木や静かな山の湖は、何かそこに自然の魂のようなものを感じさせますし、昔からひとつの山や海全体が御神体となった宗教もあります。雄大な景観や季節変化の彩りは、そこに住む**人の心を豊かに**するだけでなく、観光資源にもなります。一緒に自然を楽しんだり、コメを作ったりの共同作業でコミュニティの形成にも役立ちます。

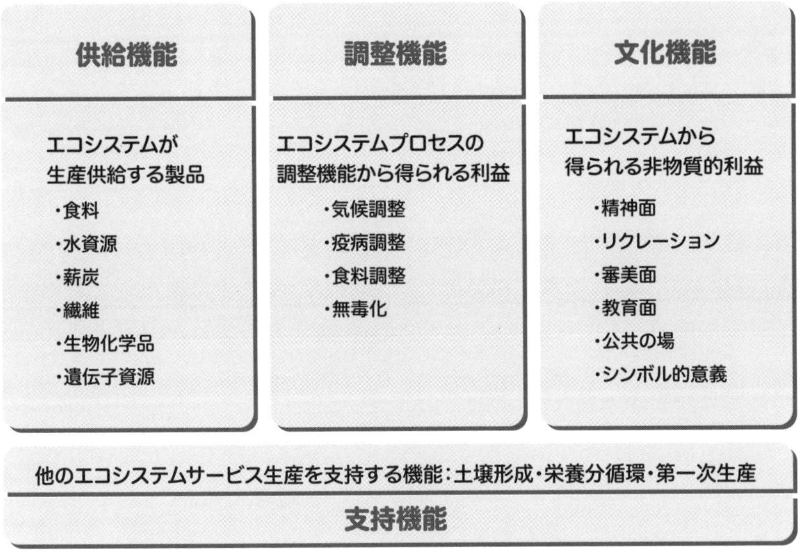

供給機能	調整機能	文化機能
エコシステムが生産供給する製品 ・食料 ・水資源 ・薪炭 ・繊維 ・生物化学品 ・遺伝子資源	エコシステムプロセスの調整機能から得られる利益 ・気候調整 ・疫病調整 ・食料調整 ・無毒化	エコシステムから得られる非物質的利益 ・精神面 ・リクレーション ・審美面 ・教育面 ・公共の場 ・シンボル的意義

他のエコシステムサービス生産を支持する機能：土壌形成・栄養分循環・第一次生産
支持機能

出典：「Millennium Ecosystem Assessment 2005」をもとに作成

図 1.3 エコシステム（生態系）から得られるサービス

恩恵その4　～支持機能

さらに、目には見えにくいことなのですが、土壌が生物の一次生産を維持することで代表される、**自然の機能全体を支える機能**があります。土壌はその中に多くの水分、熱を保つことで気候の調整の基盤となりますし、土中の微生物は人間に有害な物質を消し、死んだ動植物の分解を進め、養分豊かな土地に変え、生態系の循環の中で大きな働きをします。

環境問題というのは、人間活動が大きく強くなりすぎて、生態系のバランスを壊すことによって、こうした自然の機能を損ない、自然からの恩恵を減らし、自らの存在を危うくしようとしていることをいうのです。

1-3 公害から地球環境問題へ

広い意味での「環境」は「自分以外のすべてのもの」を示すこともありますが、通常、環境問題での「環境」は、「人間と相互に接触する自然」という「物体」や「場」を示します。「自然と人間の相互関係」がそこで生じ、相互関係が良好に保たれていると「環境が健全である」といえます。

環境問題は人間の問題

環境問題とは、「人間の自然への働きかけが大きくなって、その結果自然の機能が弱まってしまい、人間が自然から得ている恵みが減って、人間が安全に生存できなくなること」をいいます。ですから、環境問題は、人間自身が自然の機能を壊して自分の住みやすさを悪くしている、「人間側の問題」なのです。これは、自然のほうから見ても、決していい状況ではないかもしれません。人間と自然の両方が互いに助け合って**共生**することが望ましいのです。

産業革命から環境問題が始まった

通常の自然界でなされている「食う—食われる」の範囲での狩猟・採取生活に人間活動がとどまっている間は、人間は自然と共生していました。紀元前5000年頃から青銅器・鉄器を利用した農業が始まり、人口が増え、さまざまな技術を用いて積極的に土地を開拓・改変し、自然資源の利用を拡大していきました。

18世紀の産業革命以来、人間はエネルギー利用技術の発明で自らの数倍の力を発揮できるようになりました。自然にある鉱物・生物資源（環境の物質供給機能）が遠くから運ばれ、工場で衣食住に必要な多くの製品が作られ売られ、都市ができ、便利で快適な生活が可能になりました。しかし、こうした活動があまりに拡大したため、さまざまな面で自然との調和が取れなくなってきました。

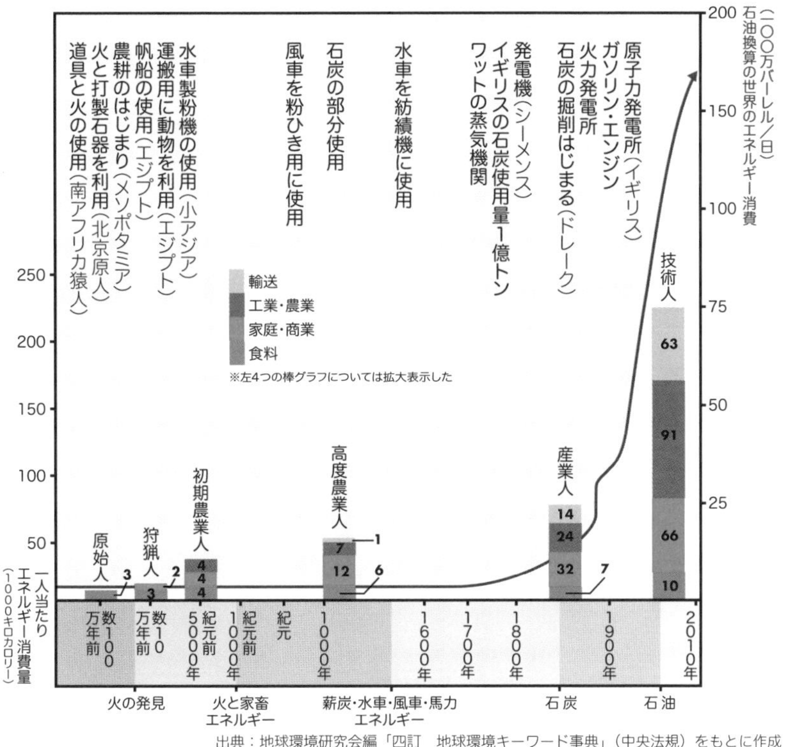

出典：地球環境研究会編「四訂　地球環境キーワード事典」(中央法規）をもとに作成

図 1.4　1万年以前からの、世界人口・エネルギーの伸び

自然の自浄作用を超えた汚染物質による公害の発生

19世紀に入り、ロンドンのスモッグ被害に代表されるように、工場での生産活動や生活行動から出される汚染物質が、狭い地域で**公害問題**を起こすようになりました。これは、大気という公共の場所に、二酸化イオウ(SO_2) のような大気汚染物質を排出するために起こる被害です。大気汚染物質は、少量なら大気がもともと持っている浄化力で分解されたり、自然に吸収されたりして、人体に影響を及ぼすまでにはなりません。しかし、あまり大量に排出され濃度が高まりすぎると、大気浄化という**自然の調整機能が働かなく**なって、汚染物質が大気中に蓄積され、人の呼吸器に影響を与えます。

河川にも自浄作用がありますが、これも汚染物質が大量になると、処理ができなくなるため、飲み水が汚染されていきます。人口過密になった都市では、都市・産業廃棄物、自動車と生産設備からの大気汚染、工場・生活排水、廃棄重金属による土壌汚染など、さまざまな汚染が集積してきました。

明らかに狭い地域に多くの汚染物質が排出されたため、自然の持つ調整機能を越えてしまい、人間自身が被害を受けることになってきたのです。先進国ではこうした地域的な公害問題に対しては、対策が打たれつつありますが、途上国ではこれからますます深刻になると見られます。

国境を越えた汚染

さらに20世紀に入ると、世界人口が爆発的に増え産業活動が活発化して、自然資源への需要が高まりました。農地拡大や都市建設のために、自然が切り開かれ、森林が伐採され、海浜が埋め立てられました。自然は多様な生物で構成されていて、それぞれに役割を持って今の自然を安定に保っています（環境支持機能）が、開発によって生物の多様性が失われつつあります。さらに産業・経済が拡大していきますと、ヨーロッパ・北米・アジアでの酸性雨のように、汚染が国境を越えて広がりました。これを**越境汚染**といいます。

地球規模での環境問題の発生

こういった地域汚染の拡大だけでなく、一挙に人類の生存環境を直撃したのが、太陽からの紫外線を遮蔽して生物や人類の生存を保っている**成層圏オゾン層の破壊**の問題でした。地域環境や健康面では安全と思われていたフロンのような化学物質が、遠く成層圏でオゾンを破壊することがわかりました。オゾン層の紫外線遮蔽能力は環境が持つ重要な保護機能のひとつです。

そして今は、人間が出す二酸化炭素などの**温室効果ガス**が、温暖化によって、地球上の自然環境をやさしく守り育てる「地球自然の母」ともいうべき気候を変えつつあります。これらは世界の人たちが共有して使っている**地球公共財**ですが、皆が大気空間を二酸化炭素やメタンの廃棄場所として無秩序に利用したため、こうした事態を招いたのです。

人口増加と人間活動の活発化によって、人間は自然の回復能力以上の強い圧力を自然に加えて、自然の持つ諸機能を失わせつつあります。それが翻って水不足・食料不足を招き、人間の健康を損ない、人間自身の生存を危うくしています。はじめは、小さい地域での環境悪化に止まっていましたが、今ではそれが世界のどの場所でも起こっていますし、人間が共有する地球公共財にまで及んでいるのです。

現在では、79億人が地球上に隙間なく住みつき、それぞれの場所の気候の下でそれぞれの場所の自然と共生しながら生きています。そのうち8億人以上の人が飢えに苦しみ、安全な飲み水を得ることのできない人は21億人に達しています。わずかな環境の悪化でも生活の安全が脅かされかねず、環境難民が発生し、人口の移動が始まると、世界の安全保障問題にもつながりかねません。

21世紀の大きな課題へ

世界的に環境の悪化が目立ってきたことから、1960年代から環境を保全するための国際的な動きが出てきました。1972年に世界の賢人が集まるローマクラブが出した「**成長の限界**」報告は、人間活動がこのままで進んでいけば、エネルギー・鉱物資源の枯渇、農業生産力の低下、環境汚染で、人間活動自体が大きな打撃を受けると警告しました。1972年には**国連人間環境会議**が開かれ、世界的に環境問題に取り組むべきとし、**国連環境計画（UNEP）**が設立されました。その後も、成層圏オゾン層の破壊、熱帯林の過剰伐採、砂漠化の進行、生物多様性の減少、海洋汚染、温暖化とさまざまな問題が新しくクローズアップされ、対応するための環境保護国際条約が作られていきました。

1992年には、ブラジルのリオデジャネイロで世界の首脳が一堂に集まった「**地球サミット**」（環境と開発に関する国連会議）が開かれ、世界中で環境を守っていこうという機運が高まりました。その後の先進国サミットでも、地球環境問題は常に取り上げられており、人間の豊かな生活を保つためには避けて通れない大きな問題と認識されています。人類が生き残りのために、どのように自然との共生を図っていくか、そのために何をすべきかが、21世紀の最大の課題となっています。

1-4 持続可能な発展とSDGs

究極的に環境問題は、「限りある自然環境資源（自然の恵み）をどのように使っていくのが人類にとってよいのか」という問いに帰せられます。

自然環境資源は有限

これまで地球が何億年もかけて作り貯めてきた石油、石炭、ウランといったエネルギー資源をあと百年の間に使い尽くしてしまったら、後の世代は何を使えばよいのでしょうか。

今、**漁業資源**の枯渇が心配されますが、これは効率化のために稚魚も一緒に根こそぎ取ってしまう漁法によって、魚の再生産ができなくなって、結局長い目で見ると漁獲高が減ることになってしまうためです。

農産物収穫を上げるため肥料を多用すると、地力が弱ってきて長期的には生産力が落ちてしまいます。アラル海周辺では、綿花の増産のため**灌漑水**を使いすぎ、アラル海が干上がり、結局、綿花の生産もできなくなってしまいました。アメリカ中西部穀倉地帯では、**化石水**と呼ばれる太古からの地下貯留水をくみ上げて使っていて、将来枯渇が心配されますが、これはアメリカの穀物に頼っている世界各国に大きな影響を与えるでしょう(→P.32)。

バイオマス利用や農地拡大のため**熱帯林**が切り開かれていますが、熱帯林には多くの未知の**遺伝子資源**が残されており、ひょっとすると後の世代がそこから人類を救う医薬品を作り出すことができるかもしれません。

今、二酸化炭素を大気に放出し続けると、**気候変動**はますます激しくなると予想されます。もうこれ以上は危険だと気がついたときに手を打ったとしても、気候は数百年安定しません。これらは結局、今の世代が後の世代のことなど考えずに、資源を使い尽くそうとしていて、このままでは人類社会が生き延びられないことを意味しています。

「ご利用は計画的に」

図 1.5 子孫に自然環境資源という財産を残す

将来世代のために資源を残す

「このままでは自然環境資源が将来逼迫する」という見通しが出てきたことから、世界が自然環境資源の賢い使い方について考えはじめました。そのひとつが、「**持続可能な発展（Sustainable Development）**」という考えです。これは、「生態系の一員である人類は、地球の自然資源に依存して生存しており、その中でより良い生活を目指して経済発展を進めているが、経済発展が自然資源の枯渇をもたらすようなやり方でなされれば人類の生存持続自体が危うくなり、元も子もない。」というしごく当たり前の考え方で、「現在および将来の世代の人類の繁栄が依存している地球の生命維持システムを保護しつつ、現在の世代の欲求を満足させるような発展」と定義されています。

この考え方は、「わが家代々の財産を子孫のために残しておこう」という考えと何ら変わるものではありません。しかし、人間はとかく短期的な利益を追い求め、長期に必要と思ってもなかなか実行しません。まして世界では、今の利益追求に忙しくて「環境のことは二の次」という状況が大半ですから、誰かが強いリーダーシップで、この考え方を社会のしくみに組み込んでいかなければなりません。

1987年国連環境計画（UNEP）が主催した「環境と開発に関する世界委員会（ブルントラント委員会）」の最終報告書「**我ら共有の未来（Our**

Common Future)」では、この「持続可能な発展」をメインテーマとして打ち出しました。これは、狭い意味での環境問題だけでなく、食料安全保障、エネルギーから人口問題、国際経済、安全保障問題にまで及ぶ広い範囲にわたるものでした。1992年ブラジルのリオデジャネイロで開催された「環境と開発に関する国際連合会議（地球サミット）」はこの理念を「環境と開発に関するリオ宣言」や「アジェンダ21」の形で具体化しました。

2015年国連サミットで、2001年に策定されたミレニアム開発目標（MDGs）の後継として「**持続可能な開発目標（SDGs：Sustainable Development Goals）**」が2030年までに持続可能でよりよい世界を目指す国際目標として採択されました。SDGsは発展途上国のみならず、先進国自身も取り組む目標です（→P.233）。

「出」と「入り」がバランスする社会

ところで、H.E.Daly（2005年）は、持続可能な社会経済は次のような条件を満たすとしています。

①すべての資源利用速度を、最終的に生態系が廃棄物を吸収しうる速さまでに制限

②再生可能資源を、資源を再生する生態系の能力を超えない水準で利用

③再生不可能な資源を、可能な限り、再生可能な代替資源の開発速度を超えない水準で使用

このような条件を満たす究極の持続可能な社会は、常に「入り」と「出」が等しい**定常化社会**となります。具体例として「温暖化防止」を取ると、

①人間が大気中に入れ込む温室効果ガスの量を、自然が大気中から吸収できる量にまでに下げる

②木材バイオマスは森林資源の年間成長量以上に使わない

③化石燃料は、新たに設置する太陽エネルギーなどの技術が作り出すエネルギー量以上に使わないようにして、次の世界に取っておく

のようになります。世界は今や、定常化社会に向けて「持続可能な発展」をする必要があるのです。

第2章

エネルギー・物質の循環

環境問題には、地球上のさまざまな物質の循環とエネルギーが大きく関わっています。大気の鉛直構造や流れは、環境問題をグローバルな問題にしています。種々の物質の循環は、環境問題のメカニズムを知るために必要です。化石燃料から再生可能エネルギーへの転換は、環境問題を解決するカギとなります。

2-1 大気の構造と循環

地球環境問題には、地表に近い対流圏と成層圏が大きく関わっています。大気中に放出された汚染物質は、大気の南北方向の循環、東西方向の気流によって拡散されます。汚染物質は、対流圏内で雲や降水に捕捉されたり、成層圏のオゾン層にまで到達したりして、問題を起こします。

大気は鉛直方向に変化している

地球の大気を鉛直方向に見ると、圧力は地上で1気圧（1013ヘクトパスカル）ですが、高度が上がるほど低くなります。

気温は高さによって大きく変化し、その傾向に沿って4つの層に分けられます。地表面から赤外線が放射するため上空にいくほど気温が低下する**対流圏**、太陽からの紫外線によって分子が分解して発熱が起こり、気温が上昇する**成層圏**、再び降下して－80～－90℃まで下がる**中間圏**、太陽活動の影響を大きく受けて高さとともに気温が上がり、日中と夜間では数百度の温度差がある**熱圏**に分けられます。

この中で、地球環境問題には、対流圏と成層圏が大きく関わっています。

対流圏で汚染物質が運ばれる

地表から高度10㎞程度の層を**対流圏**と呼びます。対流圏には、赤道付近から緯度30度までの低緯度地域に**ハドレー循環**、緯度30度から60度までの中緯度地域に**フェレル循環**、緯度60度から極までの高緯度地域に**極循環**と、南北方向に大きな大気の循環があります。

そして、低緯度地域では最も穏やかな東風の**貿易風**が吹き、中緯度地域では強い西風の**偏西風**、高緯度地域では高度の低いところで激しい**極偏東風**が吹いています。

偏西風域では、ハドレー循環とフェレル循環の接する地帯の上空近くに**亜熱帯ジェット気流**が流れ、またフェレル循環と極循環の接する地帯の上空近くに**寒帯前線（極前線）ジェット気流**が流れていて、ともに冬季に強

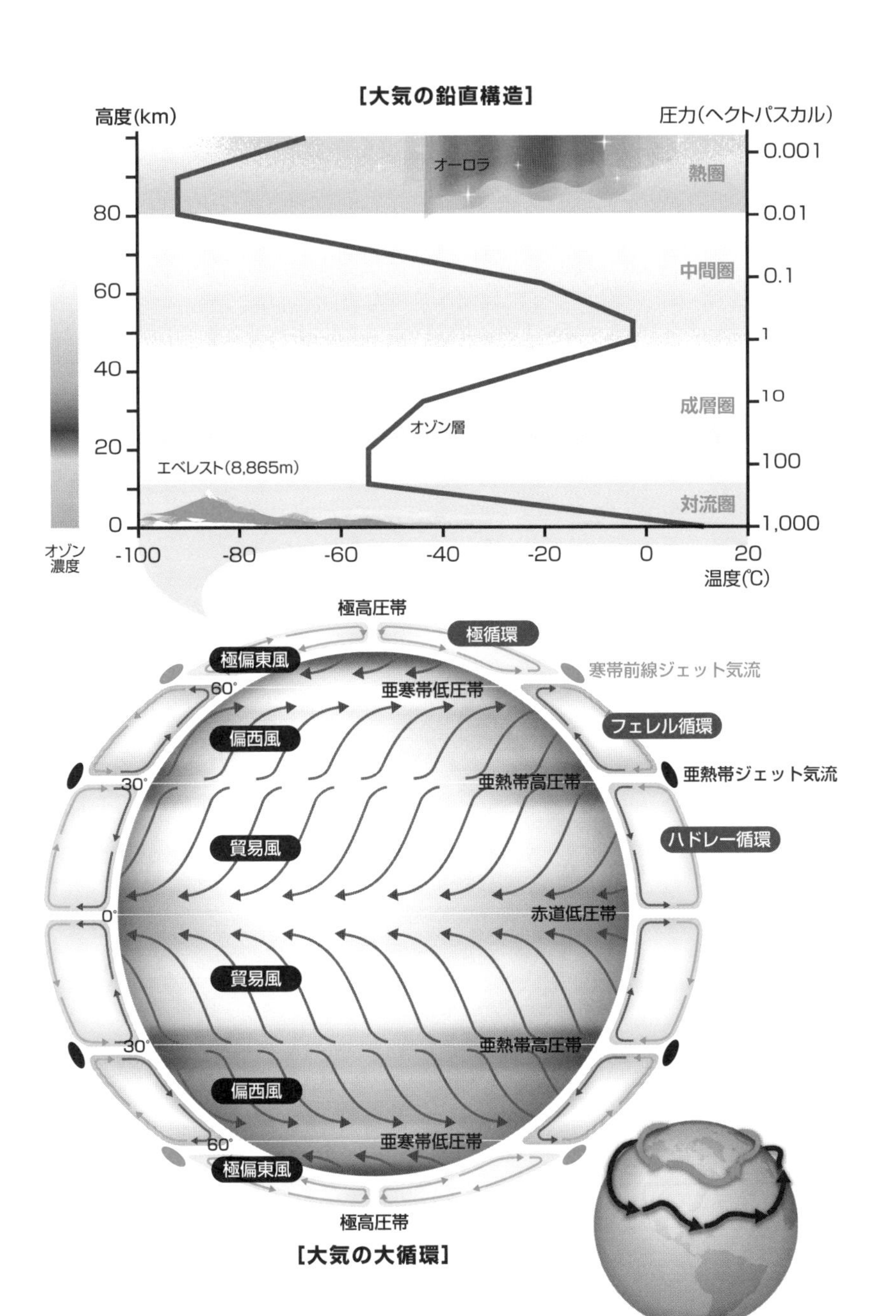

図 2.1 大気の鉛直構造と大循環

くなります。亜熱帯ジェット気流は変動が小さく安定していますが、寒帯前線ジェット気流は南北に大きく蛇行し、時間的・空間的に変動が大きくなっています。冬季の日本付近では、この2つのジェット気流が合流して風速100m/sを超える強風となります。ジェット気流は対流圏と成層圏の圏界面付近に当たる高度10～14㎞を流れていて、汚染物質の輸送を加速させるのに重要な働きをしています。

対流圏では、活発な気流の流れによって、雲の生成や降雨が起こります。また北半球では、高度の高いヒマラヤ山脈などの影響を受けて、気流の動きがより複雑になっています。

成層圏にあるオゾン層

高度10～50㎞程度の層を**成層圏**と呼びます。高度が上がるほど温度が高くなるので、ここは成層になっていて対流は起こりません。そのため上下混合は、かなりゆっくりしたものになります。

成層圏では、太陽光中の紫外線（紫外線C（下記参照）の短波長側）が酸素分子を分解して酸素原子にする発熱反応が起こるために、気温が上昇します。できた酸素原子は酸素分子と結合してオゾン分子になります。成層圏下層部では、オゾン分子は紫外線（紫外線Cの長波長側およびB）によって分解され、酸素分子と酸素原子に戻ります。このためオゾンの量は減ります。

成層圏の中層、高度20～30㎞程度の領域では、オゾンの分解より生成が多いので、結果的にオゾンの量が多い**オゾン層**ができます。

オゾン層の役割と紫外線

紫外線（UV）は、波長によってA（320～400nm）、B（280～320nm）、C（200～280nm）に分けられます。波長が短くエネルギーの強い**紫外線C**が、生物への損傷は最も大きくなりますが、紫外線Cは成層圏にあるオゾンおよび酸素に吸収されるため、地表生物への損傷はありません。**紫外線B**もほとんど成層圏オゾンに吸収されるので、**紫外線A**が最も多く地表へ到達します。

成層圏オゾン層が生成される以前には、陸上は有害な紫外線の降り注ぐ危険なところであり、生物は主に水中に生息していました。オゾン層ができたことで、生物は陸上に進出できるようになりました。

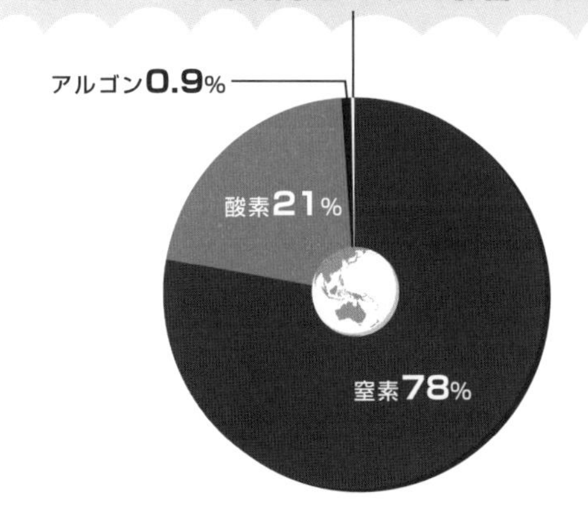

図 2.2 環境問題に大きく関わるのは、大気の 0.1% 部分

0.1%の大気成分が環境に影響する

地球の大気は、高さ約80kmまでほぼ同じ組成をしています。窒素が78%、酸素が21%、アルゴンが0.9%で、この3種類で99.9%を占めます。そのほかに、二酸化炭素、希ガス（ヘリウム、ネオンなど）や水蒸気、硫黄酸化物、窒素酸化物、アンモニア、さらに人間が人工的に合成したフロン等の微量成分が存在しています。

気候変動、成層圏オゾン層破壊、酸性雨、大気汚染問題などには、この残り0.1%以下の微量な成分が大きな影響をもたらします。

MEMO フ号作戦

太平洋戦争の時、日本軍はジェット気流を悪用した「フ号作戦」を企てました。日本で上げた風船爆弾は、気流に乗って2、3日でアメリカに流れ着き、山中などで爆発を起こしたそうです。

2-2 水循環と海洋大循環

地球が生命の存在する星なのは、水が存在するからです。地球上の水は、熱エネルギーを移動し、気候を平均化しています。そのなかでも、人間生活に貴重な淡水は、地球上にわずかしか存在せず、世界各地で不足し、問題になっています。

地球は水の惑星

地球は「**水の惑星**」といわれるように、地表の7割は水に覆われています。水の**97.5%は海水**で、**淡水は約2.5%**とわずかしかありません。その内訳は、氷河等の氷（1.76%）、地下水（0.76%）、湖沼水と河川水（0.01%）となっています。人類が微量の淡水を多量に使うため、河川からの流入水量が減って、アラル海の縮小、黄河の断流、過剰揚水による地下帯水層の水位低下などが起き、全球的に淡水不足問題が深刻化しています。

水は大きく循環している

地球上のさまざまな現象の原動力となっているのは、**太陽からの熱エネルギー**です。太陽光は赤道付近に最も強く降り注ぎ、海洋の水が熱せられて水蒸気となり、上空で雲を形成します。雲は流されて海洋上や陸上で降水となって、最終的にまた海洋に戻ってきます。その間に熱エネルギーを全地球に分配していきます。これを**水の大循環**といいます。

水の平均的な滞留時間は、海洋、氷河、地下、湖沼、土壌、河川など、存在する場所によって異なります。河川における水の滞留時間は約2週間半でとても短く、ほかとは比べ物にならないほど入れ替わる速度が速くなっています。したがって、河川の持つエネルギー、物質輸送量、海洋への淡水の流入など、河川が水循環全体に与える影響は大きくなります。

地下の帯水層には、平均滞留時間が数千年と推定される**化石帯水層**があります。一大穀倉地帯を支えているアメリカ中央部のオガララ帯水層や中国華北平原にある深層の帯水層、サウジアラビアの帯水層のような化石帯

［水の大循環］

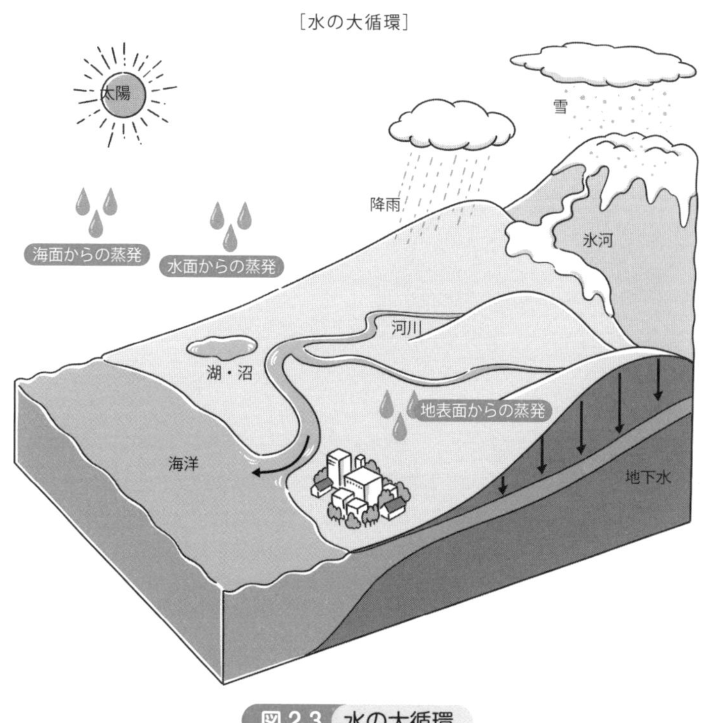

図 2.3　水の大循環

水層では、いったん水が汲み上げられた場合に元の水量に戻るのに非常に時間がかかるため、使い果たしてしまうと、後は実質ゼロとなります。

およそ1万年前から続いている温暖な気候のもとに、人類は文明を発達させました。しかし、近年の熱帯雨林の伐採、地下水の過剰揚水、河川からの過剰な取水、都市化など、さまざまな人間活動の結果、地球温暖化による気温、水温上昇、氷河の溶解などが起こり、それぞれの場所における水の存在量や循環の周期などが変えられようとしています。地球の水循環が変わると、気候が変化して、その影響は生態系へ及ぶことになります。

センターピボットを使った灌漑農業。
畑に自動的に水を蒔くため人手がほとんどかからないが、過剰な揚水が問題となっている。

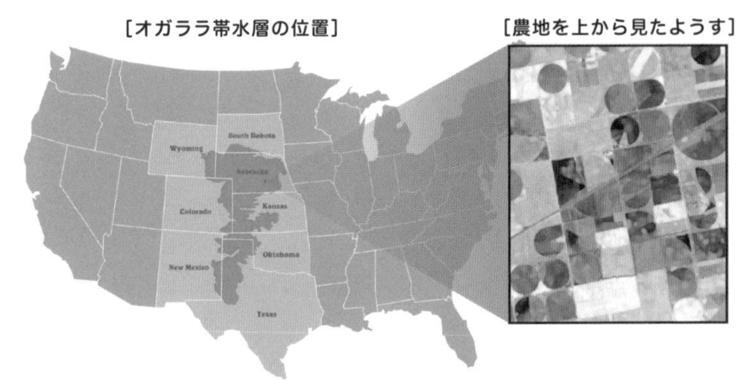

図 2.4 オガララ帯水層

海水も循環している

太陽からの熱エネルギーは、流体である大気と水によって地球全体に輸送されます。北半球においては、大気と海洋の熱輸送量はほぼ同じ大きさなので、海洋の働きも気候を左右する大きな力のひとつになっています。

海洋は、上部の**暖水層**と下部の**冷水層**に分けられます。暖水層では海上を吹く風の力によって強い海流が生じていますが、せいぜい水深千数百

mより浅い部分に限られます。それ以下の冷水部では、地球規模の対流によって**海洋大循環**が存在しています。これは海水の温度差や重さの差によって生じ、1千年から5千年かけて一周するといわれる長い大循環です。

ヨーロッパと日本では、ヨーロッパの緯度はかなり高いのに気温はそれほど変わりません。これは、南から赤道域を通過して大西洋を北上してきた暖かい海水が、ヨーロッパの気候を暖かくしているからです。その後北上して、冷えて塩分濃度の高くなった海水は、大西洋北部グリーンランド沖で深く沈み込みます。沈み込んだ深層水は大西洋を南極まで南下した後、南極起源の深層水と合流します。その後、インド洋と太平洋の中に入って上昇し始め、表層を流れながら暖かい海流となって再び北大西洋の沈降域に戻ります。

この海洋大循環が変わると、地球上の気候が大変動する可能性があります。今から1万1千年前に、約1千年間**ドライアス期**と呼ばれる寒冷期が続きました。これはカナダを起源とする膨大な氷山が融けたことによって、大循環が突然変化したためと説明されています。

海水は温室効果のある気体を吸収する役目と、熱を吸収する役目を担っています。現在、海水温のわずかな上昇や、海洋で沈み込む深層水量の減少などが観測されており、大循環観測の監視態勢を強化しているところです。

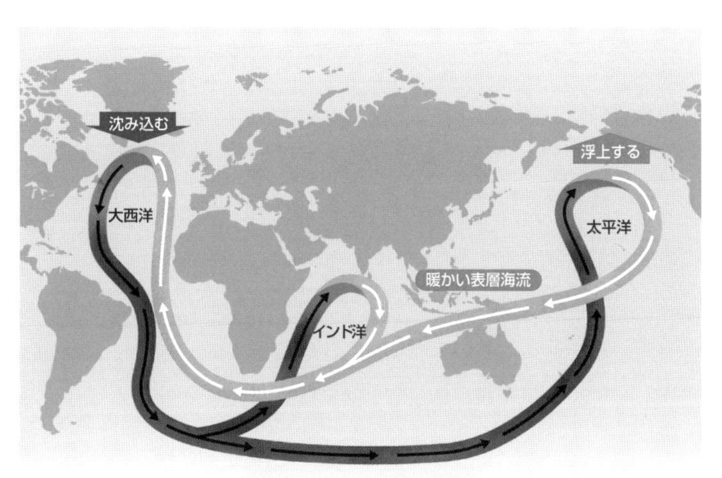

図 2.5 海洋大循環

2-3 エネルギー消費量と確認可採埋蔵量

世界のエネルギー消費は、化石燃料に大きく依存しています。先進工業国と人口の多い国が多くのエネルギーを使用しており、今後は発展途上国でエネルギー消費が増えると予想されています。石炭を除く化石燃料やウランは100年以下の確認可採埋蔵量であり、今後、エネルギー資源の枯渇やエネルギー価格の高騰が問題となります。

多様化が見られる日本の一次エネルギー供給

私たちは、化石燃料などから得たエネルギーを電気やガソリンなどに変換して日常生活を送っています。石炭、石油、天然ガス、原子力、水力、地熱などを**一次エネルギー**と呼び、それを使いやすい形に変換した後の電気、都市ガス、熱供給、ガソリンや灯油、軽油などの石油製品を**二次エネルギー**と呼びます。

日本の一次エネルギー供給は、1950年代から70年初頭までは石油によるエネルギーの増加とともに順調に増加していました。ところが1973年のオイルショック以後10年間ほどは、石油によるエネルギーが減少し、全体としては横ばい状態が続きました。80年代後半になると、またエネルギー消費量は増加していますが、石油依存度はオイルショック時の70%台から現在約40%台に減少しています。2011年の東日本大震災に伴う福島第一原子力発電所の事故により、それ以降は原子力の占める割合が大幅に低下しました。

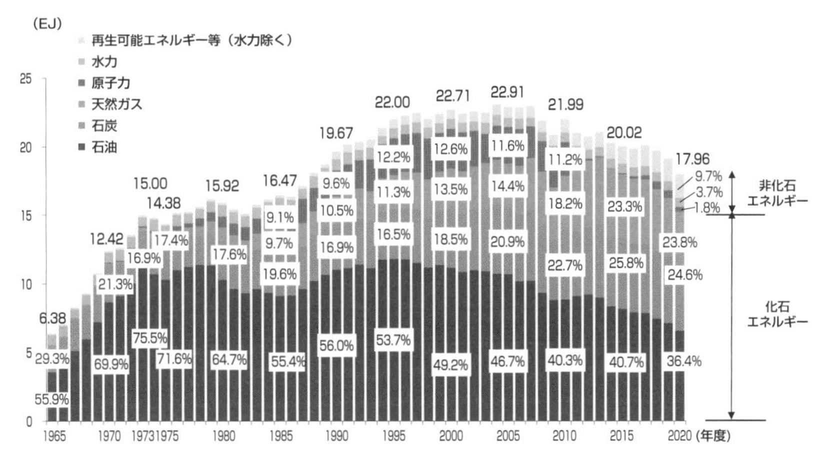

(注1)「総合エネルギー統計」は、1990年度以降、数値について算出方法が変更されている
(注2)「再生可能エネルギー等（水力除く）」とは、太陽光、風力、バイオマス、地熱などのこと

出典：経済産業省・資源エネルギー庁「エネルギー白書2020」をもとに作成

図 2.6 日本の一次エネルギー供給

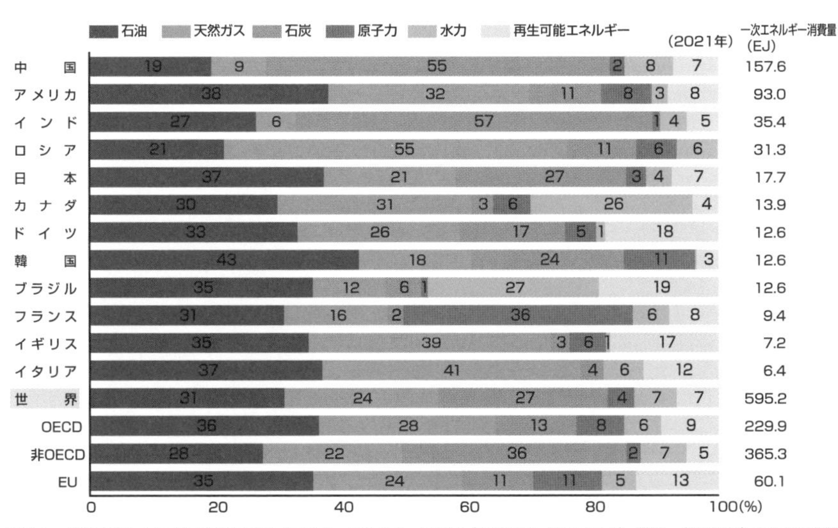

出典：一般財団法人 日本原子力文化財団／原子力・エネルギー図面集「主要国の一次エネルギー構成」(2022年) をもとに作成

図 2.7 各国のエネルギー消費量 (2018 年)

世界のエネルギー消費量

世界の一次エネルギーの中心は石油であり、次に石炭、天然ガス、そして原子力、水力と続いています。国別に消費量を見ると、中国が最も多くエネルギーを消費しており、2位はアメリカで、続いてインド、ロシア、日本、カナダ、ドイツと、先進工業国と人口大国が上位を占めています。

一次エネルギーのエネルギー源別構成は、石炭を多く産出する国、天然ガスの多い国など、国の事情によって異なります。ドイツ、日本、アメリカなどは明らかに石油依存度が高くなっていますが、中国では石炭が50%以上を占め、フランスでは原子力が36%と石油の消費を上回っています。

GDP（Gross Domestic Product：国内総生産）当たりの一次エネルギー供給量を国別に比較してみます。同じ規模のGDPを創り出すのに必要な一次エネルギー供給量を比較することにより、**エネルギーの利用効率**を比べることができます。

アメリカはエネルギー消費量が際立って多かったのですが、GDP当たりに換算すると、他の先進工業国と同程度で、急激な経済成長を遂げている中国やインドに比べて半分以下になっています。日本はGDP当たりに換算した場合には最も低いグループに入り、日本のエネルギー利用効率が高いことがわかります。

また、各国の一人当たり**一次エネルギー消費量**を比較してみると、カナダ、サウジアラビアが高く、他の先進工業国（日本、ドイツ、OECD、EU）はだいたい近い水準にあります。中国、ブラジル、インド等の発展途上国はまだかなり低い水準にあり、今後の経済成長につれて高くなることが見込まれます。

これらの比較は、国の地理的条件や産業構造の影響を受けているのでひとつの目安ですが、人口が多く今後の経済発展が見込まれる中国、インドでは、自動車の普及、生活水準の向上などにより、さらにエネルギー消費が増加すると予想されています。欧米諸国など先進工業国では経済が熟成してきており、エネルギー消費が比較的少ない産業構成に変換しています。今後のエネルギー使用量の動向は、**アジアの経済発展に大きく影響される**ことになります。

化石燃料の確認可採埋蔵量

一次エネルギーの資源に関して、今後何年使用できるかという見積もりがあります。それによると、**石油約54年**、**天然ガスは49年**、**ウランは約115年**、**石炭約139年**と考えられています。しかし、これは今後の経済発展や省エネルギーの進みによって大きく変わります。また、技術の進歩や原油価格の変化などにより採算が合うようになると、採掘の難しかった場所などを新たに採掘できるようになり、可採年数が長くなります。

原油価格は、2000年代に入ると急激な上昇をして、100USドル／バレルに達しました。その後、上下動をして、直近の2020年には約40USドル／バレルでしたが、2022年にかけて再度、急激な上昇をし、約100USドル／バレルに達しました。当分は化石燃料を使用できると考えられますが、いずれにしても埋蔵量は徐々に減っていきます。今後も原油価格の上昇は避けられず、先進工業国による石油争奪がより厳しくなってくるものと考えられます。

MEMO 使いにくかった化石燃料も活用

高緯度地域の凍土下部や、深海海底の下数百mの砂層に存在する、氷に包まれた天然ガス「メタンハイドレート」、カナダとベネズエラに偏在している重油質の砂層「オイルサンド」、ベネズエラのタールサンドに含まれる超重質油「オリノコタール」などは、今まで使いにくかった化石燃料資源ですが、活用する技術が研究され商品化が進んでいます。

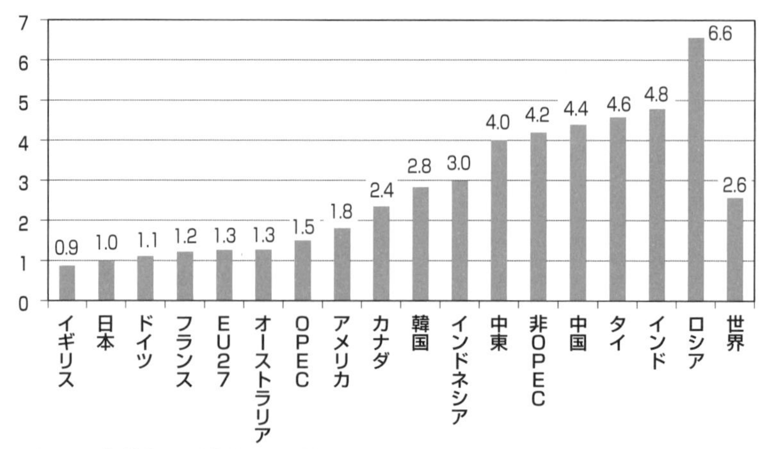

(注)一次エネルギー消費量(石油換算トン)／実質GDP(米ドル、2010年基準)を日本＝1として換算

図 2.8 GDP 当たりの一次エネルギー消費の各国比較(2019 年)

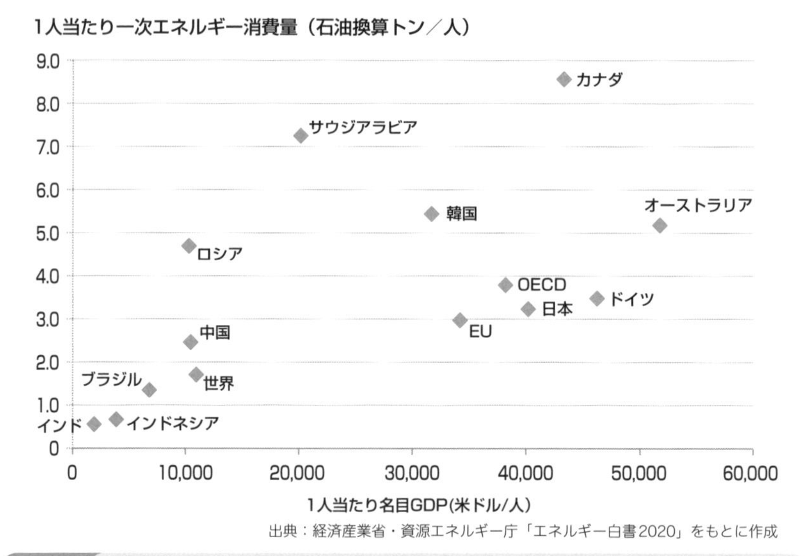

出典：経済産業省・資源エネルギー庁「エネルギー白書2020」をもとに作成

図 2.9 1 人当たりの名目 GDP と一次エネルギー消費量の各国比較(2020 年)

2-4 再生可能エネルギー

化石燃料依存のエネルギー体系から抜け出すため、クリーンで無限に使用可能な再生可能エネルギーが注目されています。エネルギー源としての積極的な導入が期待されますが、エネルギー密度が低く、コスト高のため、全エネルギー量に占める割合は低いままです。

新エネルギーの割合は増加しつつあるが

日本では、1970年代の二度の石油ショックを契機に、石油代替エネルギーとしての新エネルギーの重要性が認識されることとなりました。新エネルギーとは、太陽などを利用した自然エネルギー(水力と地熱は除く)と、リサイクル型エネルギー、およびコジェネレーションなどの従来型エネルギーの新たな利用形態を総称します。日本の一次エネルギー供給に占める新エネルギーの割合は年々増加しつつありますが、2005年度で2.0%となっています。

ほぼ発電に利用されている再生可能エネルギー

再生可能エネルギーとは、文字通り、使用しても再生されて、いつまでも使い続けることができるエネルギーのことです。小規模な水力、太陽光、風力、地熱、波力、海洋温度差などの**自然エネルギー**と、廃棄物を利用した**リサイクル型エネルギー**があり、バイオマスエネルギーはこれらの両方にまたがります。バイオマスエネルギーに関しては次項で述べます。

再生可能エネルギーは、水車の動力として、あるいは太陽光温水器用に、また廃棄物の焼却熱を熱供給として使用すること以外には、ほとんどが発電に使用されています。以下、発電に関して述べます。

水力発電(小規模水力発電)

再生可能エネルギーとしての水力発電は、多くの場合、ダム式発電以外の小規模なものをいいます。ダム式発電では発電所で集中的に発電し、送

図 2.10 再生可能エネルギーいろいろ

電線で遠くまで送電していますが、**小規模水力発電**は電気を使いたい所で発電する分散型発電なので、送電ロスが少ないのが特徴です。また、貯水池などを利用しない流れ込み方式が取られるため、水量変化により発電量が左右されます。発電用には里山の渓流や農業用の潅漑用水、上下水道など未使用水流を利用しており、自然環境保護とコストダウン技術の進展が最大の課題です。

太陽光発電

太陽光発電は**太陽電池による発電**です。太陽電池はシリコン系のn型半導体とp型半導体を重ね合わせたもので、太陽の光が当たると直流電流が流れますが、蓄電機能はありません。

住宅用、産業用などほとんどの太陽光システムでは、できた電気を電力会社と売買することにより、安定した電気を得ています。街灯や時計などの場合には、蓄電池を利用して太陽電池で発電した電気を貯めて使用します。2020年12月末における世界の太陽光発電の国別導入量のシェアは、1位は中国で33%、2位はアメリカで12%、3位は日本で9%、4位はドイツで7%、5位はインドで6%でした。太陽光発電は着実に導入が進んでいますが、発電コストが依然として高いことが問題点です。

風力発電

風力発電は風の力で風車を回し、発電する方法です。

大型風力発電機は、風況に恵まれた北海道、東北、九州地方の設置が多く、近年では発電した電力を電力会社に売ることが可能となったため、売電事業を目的として設置されたものも増えています。**小型風力発電機**は外灯、標識の電源におもに使われ、太陽電池と組み合わせて使用されたりします。

2020年12月末における日本の風力発電設備の導入量は、設備容量約444万kW、世界でのシェアは1%となっています。しかも世界で上位を占める中国、アメリカ、ドイツ、スペインの導入量とは大きな格差があります。

欧米諸国に比べて大気の乱れの大きい日本では、発電量が不安定になるため導入も少なく、発電の安定化とコストダウンが今後の課題です。日本

[日本における太陽光発電の導入量の推移](2020年)

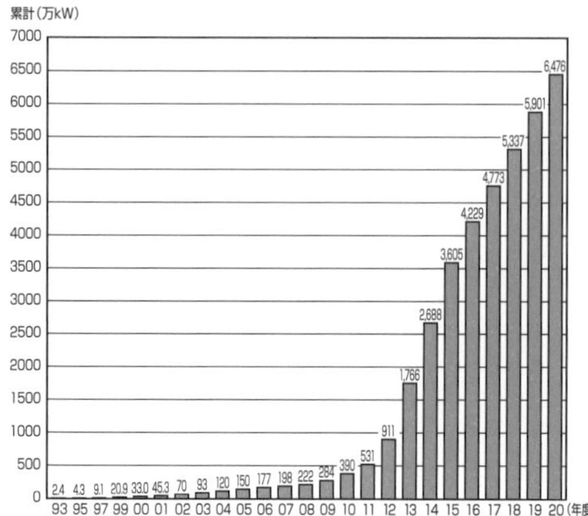

[世界における太陽光発電の導入量の国別シェア](2020年)

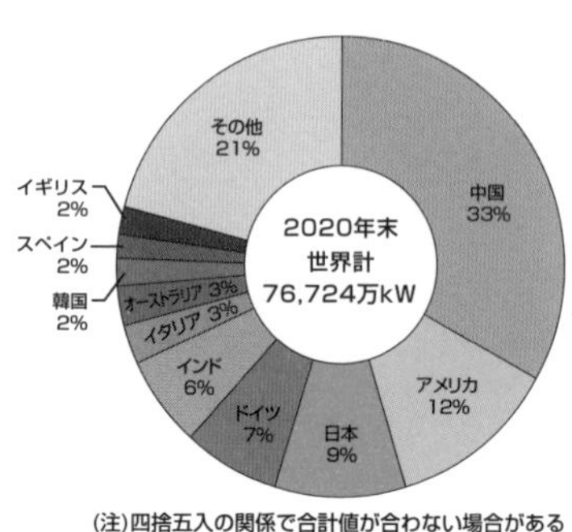

(注)四捨五入の関係で合計値が合わない場合がある

出典:一般財団法人 日本原子力文化財団/原子力・エネルギー図面集
「日本の太陽光発電導入量の推移」(2022年)をもとに作成

図 2.11 太陽光発電

[日本における風力発電の導入量の推移](2020年)

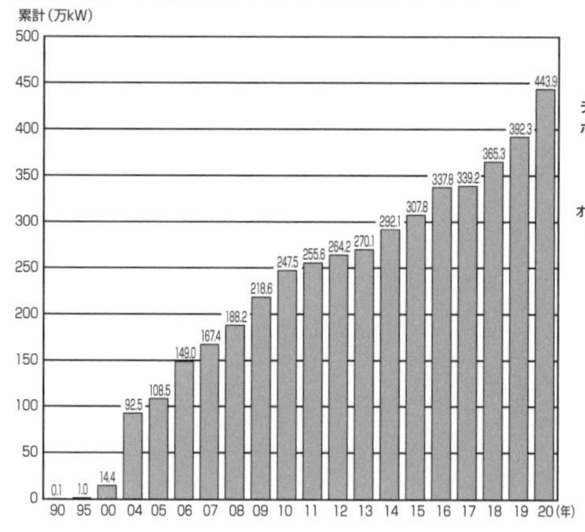

[世界における風力発電の導入量の国別シェア](2020年)

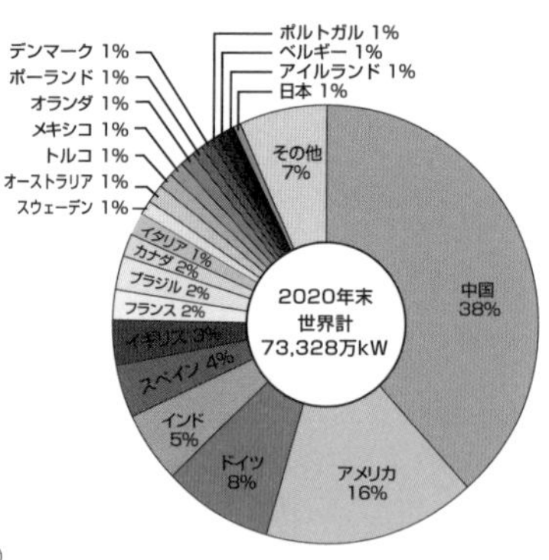

出典:一般財団法人 日本原子力文化財団/原子力・エネルギー図面集
「日本の風力発電導入量の推移」(2022年)をもとに作成

図 2.12 風力発電

は適地が限られている上に、国土が狭く人口が多いので、いきおい民家の近傍に風車が設置されます。風車からの低周波音で頭痛、めまい、不眠などの体調不良を訴える住民が増えていて、環境省が調査に乗り出しました。また風力発電を増やす上では、景観や騒音問題のほかに、鳥の衝突死、撹乱、生息地の消失など、生態系保護に関して十分に配慮することが必要です。

地熱発電、その他

日本は、火山国のため**地熱発電**が有力と考えられますが、発電地は山奥にあることが多く、大消費地の都市部と大きく離れているために輸送時のロスが大きくなります。日本の地熱発電は第二次石油ショックの頃から増加しましたが、コスト的に問題があり、近年は停滞しています。

廃棄物発電は、廃棄物を焼却した際に、発生する高温ガスで蒸気を作り発電するシステムに代表されます。連続的に電力が得られる安定した電源で、電力需要地に直結した分散型の電源です。地方自治体を中心に導入が進んでおり、施設の立地に関わる問題などが課題になっています。

波力発電と**海洋温度差発電**はともにエネルギー密度が低くて、とても大量の発電を望めるようなものではありません。

RPS法（新エネルギー法）

日本では、2003年から「電気事業者による新エネルギー等の利用に関する特別措置法」（RPS法）が施行されました。

RPS法の対象となる新エネルギーは、風力、太陽光、地熱（熱水を著しく減少させないもの）、中小水力（水路式で1,000kW以下）、バイオマスの5種類で、電力会社は新エネルギーから一定割合以上の電力を調達することが義務づけられています。

MEMO 世界を驚かしたアイスランドの水素立国宣言

アイスランドは急峻な山脈を抱えた火山国です。しかも発電地と消費地が近く送電のロスが多くありません。そこで地熱と水力から得られる豊富な電力を使って電気分解を行い、得られる水素エネルギーで交通機関などをまかなう水素社会の実現を目指しています。

2-5 バイオエネルギー

カーボンニュートラルであるバイオエネルギーは、化石燃料に代わる代替燃料として大きく評価されています。おもに自動車燃料の代替物（バイオエタノール、バイオディーゼル油）や発電に使用され、次世代エネルギーとして脚光を浴びています。

バイオエネルギーはカーボンニュートラル

バイオエネルギーとは**バイオマス**から得られるエネルギーのことで、そのまま燃焼させて、あるいはメタンガスやエタノール、ディーゼル油などに変換して、電力、熱、自動車燃料として利用されます。

原料になるものは、バイオエネルギーを得る目的で栽培されている**栽培系バイオマス**と、廃棄物を利用する**廃棄物系バイオマス**があります。

バイオエネルギーは、燃焼時の二酸化炭素排出量がゼロとみなされる**カーボンニュートラル**であり、温室効果ガスの1つである二酸化炭素の排出を抑制できます。このため、化石燃料に代わる燃料として、そして化石燃料保護のため大きく評価されています。

種々のバイオエネルギー

現在、日本で利用されているバイオエネルギーは、おもに廃棄物バイオマスから生産されており、一次エネルギー供給量のほぼ1.0%を占めています。バイオエネルギーには、木質燃料、バイオガス、バイオエタノール、バイオディーゼル油、黒液などがあります。

①**木質燃料**は、製材廃材、建築廃材、未利用間伐材などの木質系バイオマスを利用したもので、乾燥させ、チップやペレットに加工して燃料とするほか、燃焼させて蒸気タービン発電を行います。

②**バイオガス**は、生ゴミなど有機性廃棄物や家畜の糞尿などを発酵させて得られるもので、メタンを主成分とした可燃性ガスです。発電や燃料として利用できるほか、発酵処理後に残る液は有機肥料として農場に還元で

きます。

③**バイオエタノール**は、バイオマスを発酵・蒸留して得られたエタノールで、原料としてサトウキビ、トウモロコシ、麦、ナタネ、廃木材などが使われます。日本では栽培系バイオマスの利用はほとんどなく、木屑、バガス（さとうきびの絞りかす）など廃棄物系の原料が使われています。

バイオエタノールは、ガソリンに混ぜて自動車の燃料として使用することが可能で、ブラジルではガソリンに20%～25%の範囲で政府が調整して販売しています。日本では法律により3%まで混ぜてよく、公用車を中心に民間でも使用されています（→P.218　次世代自動車）。

④**バイオディーゼル油（BDF）**は、植物油や動物油とメタノールをメチルエステル化して作り、100%BDFのものを**B100**、軽油に対して20%混合したものを**B20**と呼びます。BDF燃料は、ディーゼルエンジンで動く自動車や船舶、発電器などに使用します。軽油に比べて粒子状物質や硫黄酸化物の発生量が少ないため、BDFを混合することにより大気汚染に対して大きな改善効果があります。

原料として使用されている油は地域によって異なり、おもなものは廃食

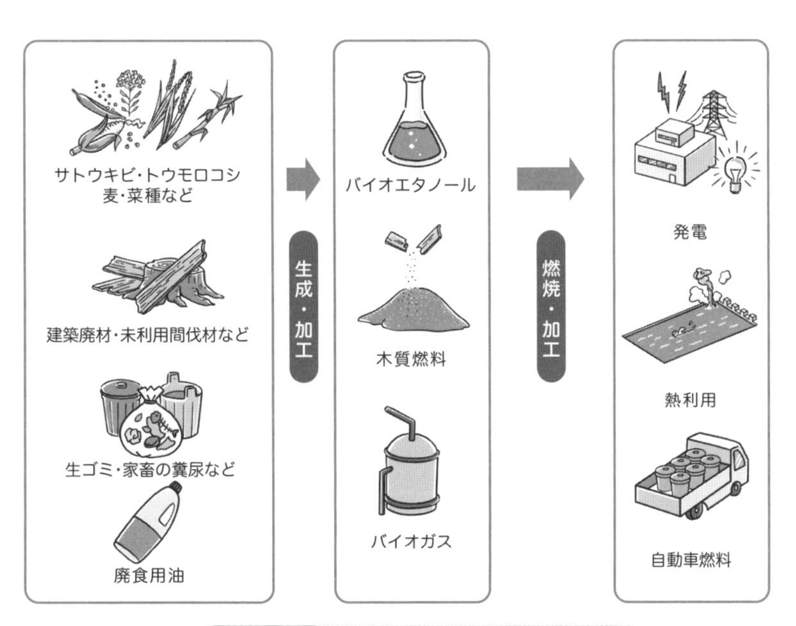

図2.13 バイオエネルギーの生成と利用

用油（日本）、パーム（東南アジア）、大豆（アメリカ）、菜種、ひまわり（ヨーロッパ）などです。日本ではかつて廃食用油を無料で引き取っていましたが、BDFの人気が高くなるにつれて生産量が増加したこともあって、有料で引き取るような事態も生じています。

⑤**黒液**は、紙原料のパルプを製造する際に出るパルプ廃液で、燃料として発電や熱利用に使われます。

column
コラム

バイオマスとカーボンニュートラル

バイオマス

動・植物など植物体を起源とする生物資源の総称で、化石資源と比較すると短いサイクルで自然再生が可能な資源です。

カーボンニュートラル

二酸化炭素の増減に影響を与えない性質のこと。バイオマスは成長過程で、大気中の二酸化炭素を取り入れています。二酸化炭素の収支バランスを考えながら、バイオマスを燃焼すると同時に育成していくと、全体で二酸化炭素の量は変わらず、収支ゼロとなります。

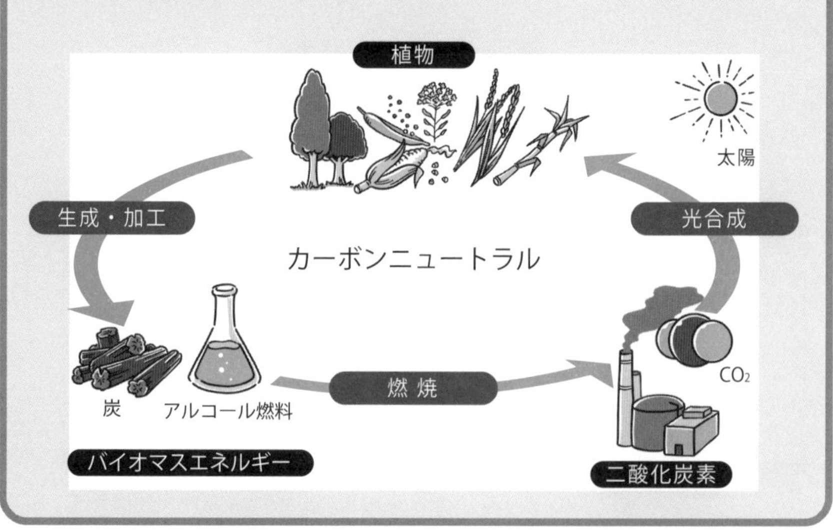

バイオマス・ニッポン総合戦略

日本では、バイオマスの利活用推進のための「2002年バイオマス・ニッポン総合戦略」を閣議決定しました。その後、京都議定書発効などの情勢変化やバイオマスの利用状況を踏まえて見直され、2006年から新たな総合戦略に取り組んでいます。輸送用燃料へのバイオマスエネルギーの導入、未利用バイオマスの利用促進、バイオマスタウンの取り組み促進などが行われています。

2005年に始まったバイオマスタウンの取り組みでは、2010年にバイオマスタウンを300地区程度にする目標が立てられています。2011年4月末現在、バイオマスタウン構想を公表した市町村は318あり、それぞれ地域の特性を活かしたバイオマス利用の取り組みが実施されています。

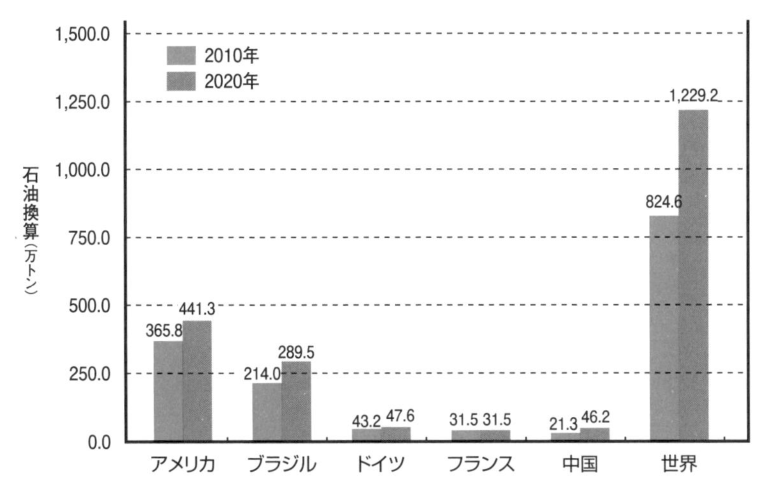

出典：BP「Statistical Review of World Energy 2021」をもとに作成

図 2.14 世界各国のバイオ燃料生産量

問題もいろいろある

近年、バイオエタノールは輸送用燃料として世界的に注目され、生産量が急増しています。アメリカではトウモロコシを中心として、ブラジルではサトウキビを中心として生産されていますが、バイオ燃料への転作などによって、飼料、食品原料の価格が高騰し、世界的な食料危機が危惧されています。

バイオ燃料は燃焼時にはカーボンニュートラルですが、バイオマスから燃料に変換させる過程で発生する二酸化炭素をどれだけ減少できるかが大きなポイントです。バイオマスを入手する時点からエネルギーとして利用する時点まで全体を考慮して、環境に与える影響を最小限に抑える手段を考案・選択していく必要があります。

2-6 硫黄循環

産業革命以降、人類は快適な生活を送るために、硫黄を含む石炭、石油等の化石燃料を大量に使用してきました。そのことが、地球上の硫黄循環を大きく変えました。

自然の硫黄循環

自然界の**硫黄（S）**は、海洋に一番多く存在しています。そして、硫黄は太古の時代から自然の働きによって地球を循環しています。

海洋上では、還元型の硫黄である**ジメチルサルファイド（DMS）**が藻類の活動によって大気中へ放出されます。それは変換されて、二酸化硫黄から硫酸や硫酸塩、もしくはメタンスルホン酸となり、大部分は海洋上に戻されています。また時々噴火する火山からは、大量の**硫黄化合物**（硫化水素、二酸化硫黄）が放出されます。これは大気中や生態系において硫酸や硫酸塩に変換され、最終的には土壌や海洋に戻されます。

人間活動による硫黄循環は、自然循環の量と同程度

産業革命以降になると、この自然活動に由来した硫黄の循環とは別に、人間活動による新しい流れが発生しました。

工業活動などで化石燃料を大量に使うと、石炭や石油に含まれる硫黄が**硫黄酸化物**（SOx：ソックス：**二酸化硫黄**と**三酸化硫黄**）として大気中に放出されます。放出された硫黄酸化物は、光化学反応と溶液反応で**硫酸**や**硫酸塩**になります。

大気中に放出、生成された二酸化硫黄や硫酸、硫酸塩は、大気汚染物質として**酸性雨**等のさまざまな問題を引き起こします。近年、欧米、日本などの先進国においては、工業活動で放出される硫黄酸化物を減らすために、工場に**脱硫装置**を設置しています。排ガス中の硫黄酸化物を脱硫装置で硫酸カルシウム（石膏）に変換し、有用物として活用します。

人間活動によって放出されたすべての硫黄化合物は、最終的には自然由

来の硫黄化合物と同様に土壌や海洋、化石燃料へと長い時間をかけて戻ります。人間活動によって循環する硫黄の量は、自然界で循環する量とほとんど同程度なので、地球の硫黄循環に及ぼす人間活動の影響は大きなものとなっています。

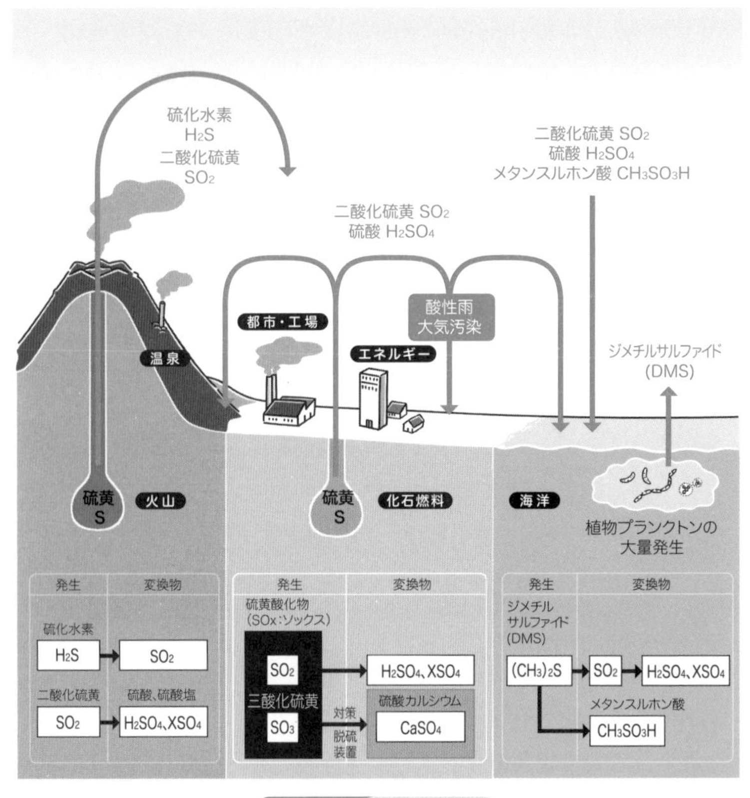

図 2.15 硫黄の循環

MEMO

バイオブリケット(豆炭)

中国の家庭では、硫黄分の多い石炭が多量に使われています。そのために多くの市民が健康被害を受けています。この被害を減らすために、日本が開発したバイオブリケットが一部で使用されています。バイオブリケットは石炭、石灰石、バイオマス（稲わら、サトウキビ等）からできた豆炭で、石炭中の硫黄分は石灰石によって灰として固定されるので、大気中に放出される硫黄酸化物の量が大幅に低減化されます。

2-7 窒素循環

世界の人口はここ25年の間に1.5倍に膨れ上がりました。この膨大な人口を養うために、大量の窒素肥料を使って大量の食料が生産されています。また、快適な生活を求めて活発な工業活動が行われ、それに伴って窒素酸化物が大量に発生しています。これらの影響を受けて、地球の窒素循環は大きく変わってきました。

窒素肥料の登場と窒素放出量の増加

窒素（N）は、安定な気体（N_2）として大気中に最も多く存在しています。また生態系には、タンパク質やアミノ酸の形で含まれている欠かせない物質です。19世紀まで地球上の窒素は、雷による放電、根粒菌などによる窒素固定（→P.54）など、微生物や植物の作用、自然界のさまざまな働きによって循環していました。

ところが20世紀に入り、大気中の窒素を工業的に固定するハーバー・ボッシュ法が発明されたことによって、アンモニア（NH_3）が製造されるようになりました。このことで**窒素肥料**の生産が可能になり、窒素循環に大きな変化が生じました。植物栽培に必要な窒素肥料の生産により、食料増産は飛躍的に進みました。しかし、増えつつある人口に対して、食料は依然として不足しているため、特に発展途上の国々で、窒素肥料の使用量が増大し続けています。

窒素化合物の変遷

大気中の**窒素酸化物**（NO_X：ノックス：一酸化窒素と二酸化窒素）は、雷による放電や化石燃料を高温燃焼することによって、空気中の窒素と酸素が結合して生成されます。また、土壌中から揮散するものもあります。

その後、窒素酸化物は太陽光の紫外線によって光化学反応をおこし、酸化されて**硝酸（HNO_3）**に変換されます。これら窒素酸化物や硝酸と、家畜の糞尿や土壌などから揮散してくる**アンモニア**は、そのままの形で、あるいはアンモニウム塩に変換されてガス状や粒子状物質となり、雨に溶け込むなどして地表に負荷されます。

土壌には、これら大気から負荷された窒素化合物のほかに、動物排泄物や遺体、落葉落枝、窒素肥料など、無機態窒素や有機態窒素を含む物質が多種類存在しています。これらは、土壌中の微生物によって脱窒作用や硝化作用など(→P.54)酸化還元作用を受けたり、植物の窒素同化作用(→P.54)など無機化有機化の作用を受けたりしながら、植物に吸収されたり、大気中に放出されたり、地下水中に流れ出したりしていきます。

[世界の窒素肥料使用量の経年推移]

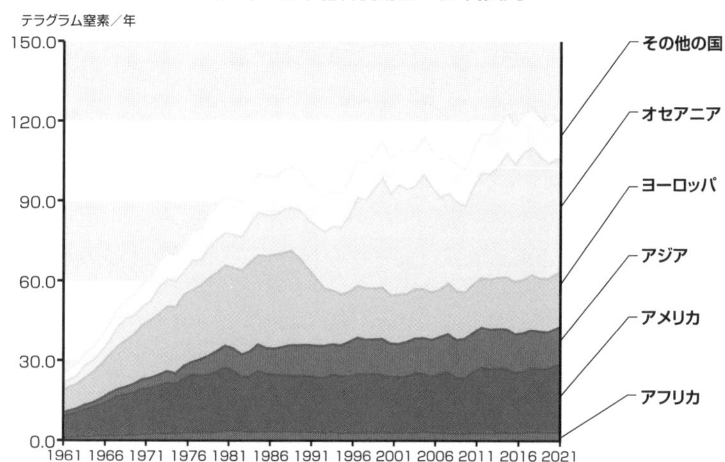

出典：国際連合食糧農業機関（FAOSTAT）「Fertilizers indicators – VISUALIZE DATA Nutrient nitrogen N (total) - Use per area of cropland (1961-2020)」をもとに作成

図 2.16 世界の窒素肥料使用は増え続けている

MEMO アンモニア放出量も増え続けている

肥料使用量の増加に伴い、大気中のアンモニア放出量が増加しています。1975年、地球の人口40億人に対して61億TOE（トン等量原油使用量）のエネルギーと50TgN（テラグラム窒素）の肥料が使用されました。そのときの大気汚染物質の量は、窒素酸化物（NO_X）放出量が20TgN、NH_3放出量が23TgNでした。

25年後の2000年には、世界人口は50％増加して60億人になり、エネルギー使用量は66％増加して100億TOEに、肥料使用量は100％増加して98TgNになりました。この結果NO_X、NH_3の放出量も増加して、NO_Xは50％増加の33TgNが放出され、NH_3は50TgNで何と120％も増加していました。

窒素化合物の増加によるさまざまな環境問題

窒素肥料の過剰な使用は、大気中のアンモニアの増加や土壌中の窒素化合物の増加を招きます。その結果、地下水中の硝酸イオン（NO_3^-）が増加して飲料不適合となったり、地球温暖化や成層圏オゾン層破壊の一因となる**一酸化二窒素（N_2O）**が土壌から多量に発生したりすることになります（→P.132　成層圏オゾン層破壊）。

さらに、化石燃料を多量に使用する工業活動が盛んになり、車社会が到来したことによって、工場、火力発電所、自動車などから副産物的に**窒素酸化物**が多量に排出されることになりました。大気中の窒素酸化物の増加は、酸性雨問題、大気汚染としての光化学スモッグ問題を引き起こしています（→P.138　大気汚染と酸性雨）。

現在、窒素肥料の過剰な投入と、窒素酸化物の削減がなかなか難しいことは、地球規模の環境問題を引き起こす原因の1つとして重要視されています。

MEMO　自然界で窒素はどう変化するか

＊根粒菌やラン藻など窒素固定生物による窒素固定

大気中の窒素をアンモニアに還元し、結果的にアミノ酸に組み込む過程。

＊植物の窒素同化作用

植物の根から吸収された無機態窒素化合物をアミノ酸などの有機態窒素化合物に変える作用。

＊嫌気条件下で起きる土壌中の脱窒菌による脱窒作用

$NO_3^- \rightarrow NO_2^- \rightarrow NO \rightarrow N_2O \rightarrow N_2$

＊好気条件下で起きる土壌中の細菌による硝化作用

$NH_4^+ \rightarrow NH_2OH \rightarrow NO_2^- \rightarrow NO_3^-$（$NH_2OH$ から $\rightarrow N_2O$）

ここで生成されるさまざまな窒素化合物の中で、アンモニアや一酸化窒素、一酸化二窒素、窒素など揮散しやすい物質は大気へ移行しやすく、土壌への吸着能が低い硝酸イオンは地下水に溶け出します。また、大気中に放出された一酸化二窒素は安定で反応性に乏しいため成層圏まで達します。

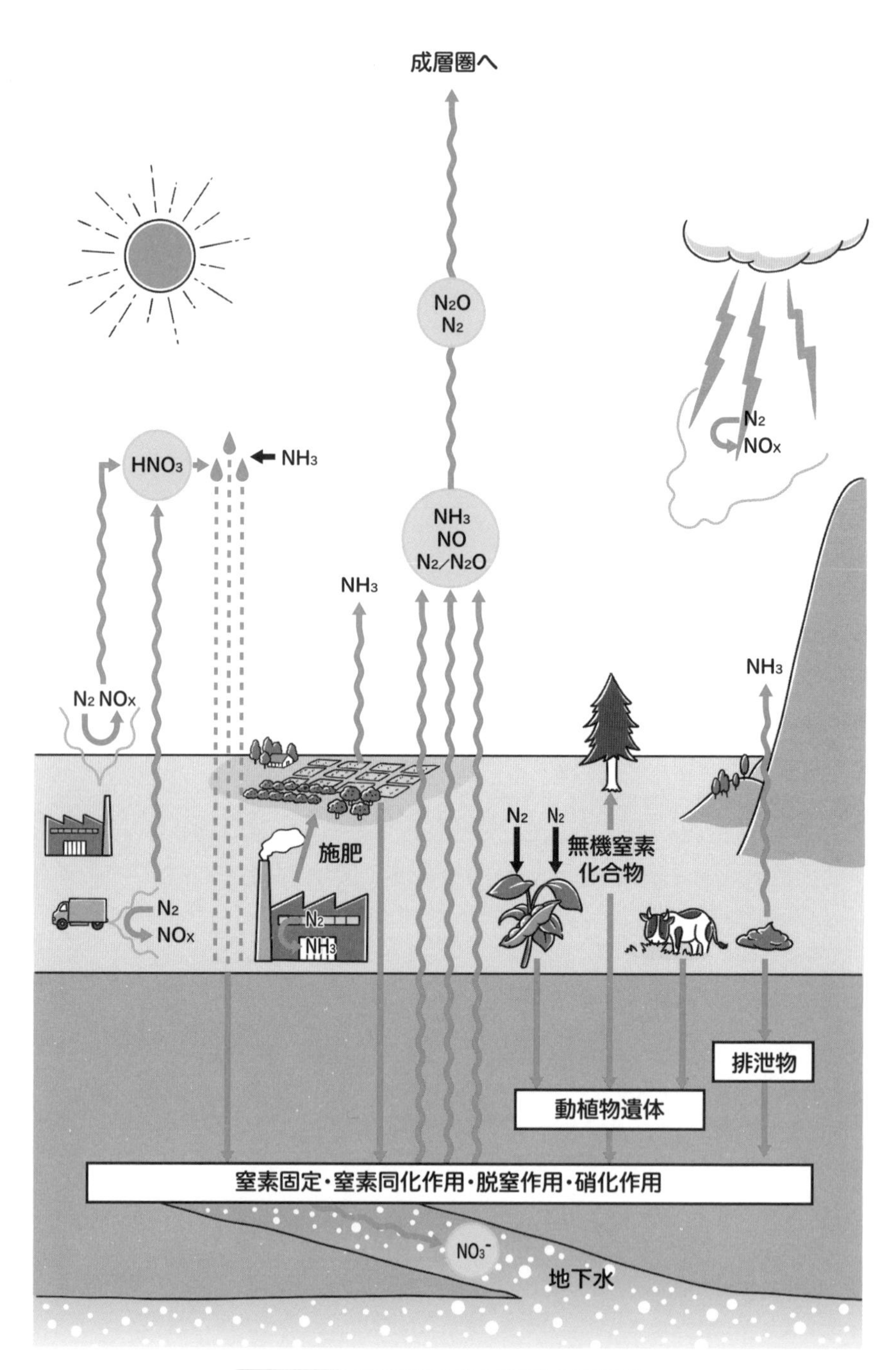

図 2.17 窒素化合物の変遷（窒素循環）

2-8 水銀循環と水俣条約

水銀や水銀化合物の人為的な排出から人の健康と環境を保護するため、「水銀に関する水俣条約」（以下「水俣条約」と記載）が2017年8月に発効されました。このように日本の都市名がついた条約は、環境の分野では初めてです。水銀は毒性の強い物質であり、かつて日本では、有機水銀を取り込み蓄積した魚介類を大量に食べたことによって、悲惨な水俣病が起こりました。この悲惨な公害から、条約に「水俣」の名前がつけられたのです。

水銀とその歴史的用途

中国で昔王侯が水銀の海を作って楽しんでいたという話があるように、水銀は主に単体である元素水銀と硫化物である辰砂として、地殻に比較的多く存在しています。辰砂は朱色という外見から顔料として、また薬として古来より珍重されました。

水銀は常温で唯一の液体金属であり、他の金属と合金を作りやすい、熱膨張性が良いなどの特性によって、製錬、歯科治療、計量器など多岐に渡って使用されてきました。近年では、その毒性から化合物が消毒薬、農薬などに使われました。

水銀の循環

水銀はもともと地殻に含まれ、生物圏全体に極めて低レベルで存在します。水銀の排出は、火山活動や岩石の風化などによる自然由来もありますが、現在、大気、水、土壌中に存在する水銀の大部分は人為的活動によるものです。

水銀は環境の中で、元素水銀、無機水銀化合物、有機水銀化合物（特にメチル水銀）の形態で存在し、無機水銀化合物は水中で特殊な微生物によりメチル水銀に変換されます。

人為的に大気中に放出される水銀の大部分は、水銀蒸気です。元素水銀が大気中に留まる時間は数カ月から約1年で、気団に乗って地球を半周移動します。

メチル水銀はプランクトンから多くの淡水魚、海水魚、海洋ほ乳類に生物濃縮され、蓄積されます。日本では水俣病を引き起こしました。

水銀の毒性は形態によって異なります。元素水銀は常温で容易に気化するため、人への健康影響を考える上で、大気中の水銀蒸気による吸入毒性と、無機水銀化合物やメチル水銀による経口毒性に注意が必要です。

このように水銀は、さまざまな排出源からさまざまな形態で環境に排出され、長距離を移動し、環境中に残留して、有機化合物は生物に蓄積し易い、有害性を持った要注意物質です。

水俣病

チッソ株式会社は、1941年から熊本県水俣市で水銀触媒を使用したアセトアルデヒドの製造を開始しました。水銀をほとんど回収せずに廃液を垂れ流したために、放水路から水俣湾へ水銀汚染水が流れ込み、水俣病を

column
コラム

水銀の合金「アマルガム」とは何か

水銀と他の金属との合金のことをアマルガムと言います。奈良の大仏を作る過程では、金と水銀のアマルガムを塗り、その後水銀を大気中に飛ばすことによって金箔を施しました。零細小規模の金採掘（写真）においては、現在でも金アマルガム法が使用されています。金を含む岩や砂に水銀を添加すると金と水銀の親和性が高いので、水銀に金の粒子が凝集してアマルガムになります。これを採取した後加熱すると、水銀は蒸発して除かれるので精製して純金にします。

出典：環境省・国立水俣病総合研究センター
零細小規模の金採掘

引き起こしました。

この問題への対応は、日本国内において政治的にも不適切でした。当初、チッソ株式会社は社内の声を封殺して、長い間無関係を装いました。また病状に関する熊本大学の研究結果に対して、チッソ株式会社、政府共に真剣に向き合いませんでした。水俣病はチッソ株式会社の水銀廃棄物によって起きたものであると、政府（当時の厚生省）が公害病として認定したのは患者発生（1953年）の15年後の1968年と非常に遅れました。それから先、患者への補償に関してもなかなか誠実な対応が見られず、未だに訴訟が起こされています。これらのことは、日本の環境問題に対する対応の悪さ、稚拙さを表す代表的な例となりました。

近代の水銀の排出と削減

水俣病の問題は、1972年にストックホルムで開催された世界環境会議で日本の悲惨な公害例として紹介され、そこに参加した全世界の人びとに大きなショックを与えました。以後ヨーロッパでは水銀を中心とする重金属の毒性に関して、魚類への蓄積が人体に重篤な影響を及ぼすと警告されています。

先進国では水銀の使用量が減っていますが、途上国では金などの金属の採取に水銀は欠かせないため、日々使われ危険な状態が続いています。

世界における排出源ごとの大気への水銀排出量は、図2.18に示したように、零細小規模金採掘、化石燃料燃焼、非鉄金属生産、セメント精製が多く、全体では1960トンです。

水銀は、石炭を燃焼する際に粒子状物質やガスを除く装置を付けないと、大気中に排出されます。アメリカでは石炭火力発電所がかなり大規模に使用されているため、そこから発生する水銀に関して議論はされるものの、法規制など対策を取るまでには至っていません。

日本の水銀使用量は図2.19に示したようにピーク時には年間2500トン近かったのですが、現在では大幅に減少して年間8トンの水銀がランプ類、医療用計測器、無機薬品、ボタン電池に使用されています。

蛍光ランプに水銀は原理上不可欠な物質ですが、年次を経るに従って蛍光管への封入量が減少し、全体的に水銀の使用量は減ってきました。1本当たりの水銀使用量は少なくても数量が多く大量に使用されていますが、さらに近年水銀を使用しないLEDへの転換が進み、水銀使用量は大きく削減されています。

北海道にあるイトムカ鉱山は、世界的にも珍しい元素水銀を主要鉱石とした水銀鉱山でした。1974年に採掘を中止していますが、ここ野村興産

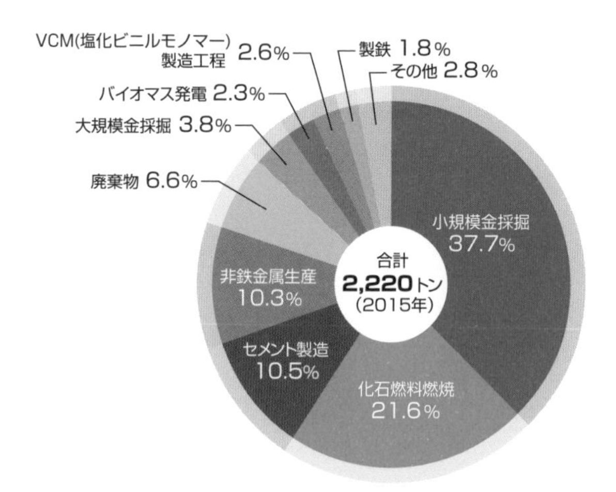

出典：環境省「水銀規制に向けた国際的取組－『水銀に関する水俣条約について』「水銀の利用・排出状況」(2020) をもとに作成

図 2.18 世界における排出源ごとの大気への水銀排出量 (2015 年)

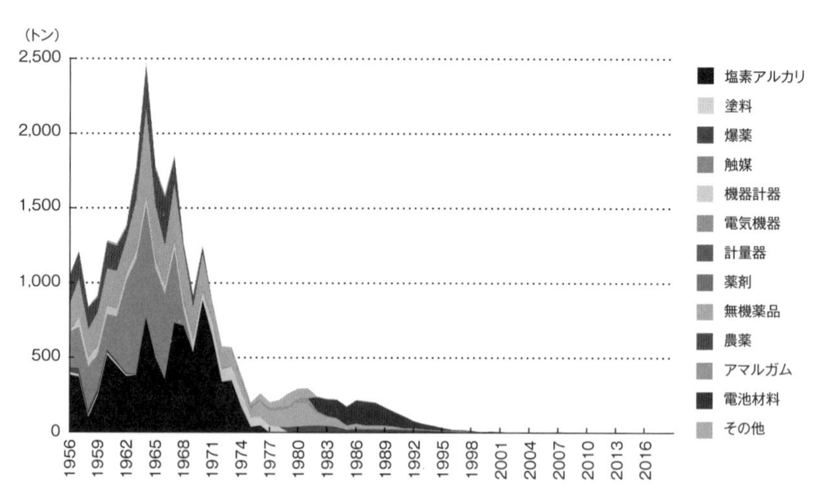

出典：環境省・水銀対策推進室「水銀規制に向けた国際的取組－『水銀に関する水俣条約』について」(2020年)をもとに作成

図 2.19 日本における水銀需要の推移 (2016 年)

イトムカ鉱業所では現在水銀含有廃棄物の処理およびリサイクルを一手に引き受けています。

水銀の大気中モニタリング

水銀は形態がいろいろ異なるためにモニタリングの作業は大変ですが、先進国は水銀のモニタリングを進めています。

日本国内では、大気汚染防止法に基づき、有害大気汚染物質の大気環境モニタリングとして実施しています。結果は環境省のHPに、環境中の有害大気汚染物質による健康リスクの低減を図るための指針となる数値が設定されている物質（8物質）の中の一物質として公表されています。

水俣条約

北極圏の動物に、産業革命以前と比べて平均12倍の水銀が含まれており、人為的に排出された水銀による地球環境の汚染が示唆されています。将来的に環境中を循環する水銀量を削減するためには、人為的な排出を削減・根絶していく取り組みを世界的に実施する必要があります。

2013 年10 月に熊本市および水俣市で開かれた水俣条約外交会議において、水俣条約が全会一致で採択されました。本条約は50カ国の批准により、2017年8月に発効しました。水俣条約のポイントは以下の通りです。

- 水銀鉱山の新規開発を禁止し、既存鉱山からの産出は条約発効から15年以内に禁止する
- 金属水銀の輸出は、輸入国の同意のもと、条約で認められた用途、環境上適正な保管に限定する
- 水銀を一定量以上含む蛍光ランプや、殺虫剤、体温計、電池など指定された水銀含有製品について、2020年までに製造、輸出、輸入を原則禁止する
- 水銀又は水銀化合物を使用する製造プロセスにおいて、水銀の使用を制限する
- 大気への排出削減のために、新設の石炭火力発電所などに最良の設備を義務づける
- 水銀を含む廃棄物を、適切に管理・処分する
- 人力による小規模な金採掘での水銀使用を廃絶するため、国家計画を作成する

2-9 バーチャルウォーター

今、途上国を中心に、安全な水が不足しています。日本は経済的に豊かでしかも水の豊富な国ですが、農作物の自給率は低く、農作物を介してさらに世界から水を輸入しています。バーチャルウォーターは、世界の中での水資源の動きを定量的にわかりやすく示す指標として、大きな役割を果たしています。

バーチャルウォーター（仮想水）とは

バーチャルウォーターとは仮想的な水のことです。物に水が直接含まれているようには見えないけれども、**その物を作る過程で**水が必要な場合、その**必要な水**のことをいいます。

バーチャルウォーターは、ロンドン大学のアンソニー・アラン教授が1990年代初頭に提案した概念です。中東地域は水資源量が絶対的に少ない地域ですが、想定されるほどには国家間で水紛争が少ない理由として、「食料を輸入することによって水を節約している、すなわち水を間接的に輸入している」と考えました。

食料や物を生産するには水資源が必要であり、国際的な食料や物の輸出入は、水資源の輸出入に置き換えられます。「輸入国側がもしそれを作ったときには、どれだけの水資源が必要か、投入を仮想したときの水量」がバーチャルウォーター（仮想水）になります。

穀物、畜産製品をバーチャルウォーターで換算すると

世界の水資源は、**7～9割が農業灌漑用**に使われています。すなわち、食料など農産物を大量に輸入するということは、大量に水資源を消費していることと同じです。

日本が輸入している穀物を日本で栽培したら、また、畜産製品を生産するための飼料用穀物にどの程度の水資源が必要であったかについて、東京大学生産技術研究所の沖大幹教授らのグループが算定を行いました。

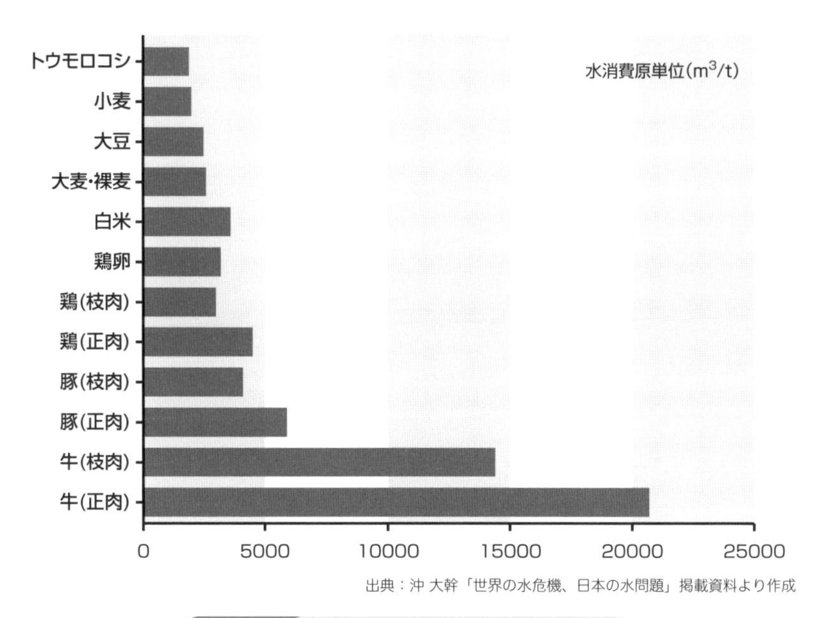

出典：沖 大幹「世界の水危機、日本の水問題」掲載資料より作成

図 2.20 日本の農畜産物の水消費原単位

小麦の生産には可食部重量の2,000倍、白米3,600倍、鶏肉4,500倍、牛肉では何と約2万倍の水資源が必要となります。

牛は、飲み水としてはそれほど水を摂取しなくても、飼料を大量に食べて育つため、飼育期間における飼料の取得量が非常に大きくなり、飼料を生産するために大量の水が使われることになります。牛肉を輸入するということは、大量の水を輸入することになります。

バーチャルウォーターの量の差異を実際のファーストフードで見ると、牛丼、ハンバーガーは肉類の使用量が大きいために、立食そばと比較して極端に水消費量が大きくなっています。

日本のバーチャルウォーター輸入

日本は資源、食料を大量に輸入し、工業製品を大量に輸出している国です。日本は国土が狭く山が多いため、農畜産業にはあまり条件が良くありません。しかも人口が多く、都市、工業産業部門が平野部に集中しています。そのために農業形態が小規模であり、また経済的に豊かなために農業従事者の人件費が高くなっています。

この結果、農畜産物を大幅な輸入に頼ることになり、食料自給率は主食用穀物60%、肉類55%、食用＋飼料用穀物では実に28%と、とても低くなっています。

バーチャルウォーターの多い牛肉やその他農畜産物を大幅に輸入に頼っているため、日本は水の豊かな国であるにもかかわらず、バーチャルウォーターとして水資源を多量に輸入していることになります。沖教授等の試算した結果によると、**日本のバーチャルウォーター輸入量は、総水資源使用量の３分の２**に当たる約600億m^3/年に達しています。輸入元は、アメリカからが最も多く、次いでオーストラリア、カナダの順になっています。

水不足でも農産物を輸出している国もある

日本の総降雨量は6000億m^3（1700mm×37万km^2）であり、その約10%がバーチャルウォーターの水量に匹敵します。一方、水の供給量を上回って、あるいはすでに水不足であるにもかかわらず農産物を作って輸出している国もあります。

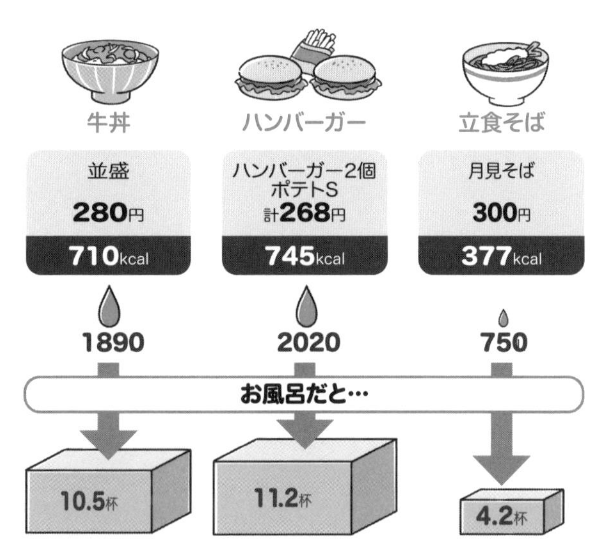

図 2.21 ファーストフードの水消費量

たとえば、アメリカの中西部地帯は世界の食物倉といわれ、小麦、トウモロコシ等が大量に生産される地帯です。その生産を支えてきたのは、地下にあるオガララ帯水層ですが、灌漑のため大量に水を汲み上げた結果、毎年その水位が下がっています(図2.4)。将来的には灌漑用水がなくなり、現在のような食料生産地帯ではなくなることが危惧されています。

世界に水の還元を

今後、世界は、自然環境の変化や人口増加など社会経済の変化で、**水不足が深刻化する恐れ**があります。経済的に豊かな日本は、その技術力をもって、過剰に輸入している水資源を還元していかなければなりません。

世界中の人々がエネルギー資源、食料資源、水資源、大気資源、遺伝子資源、そして貴金属資源を求めています。今こそ、限りある地球の一住人として、自覚を持って21世紀を生きていかなければならないと思っています。

[2005年バーチャルウォーター輸入量]

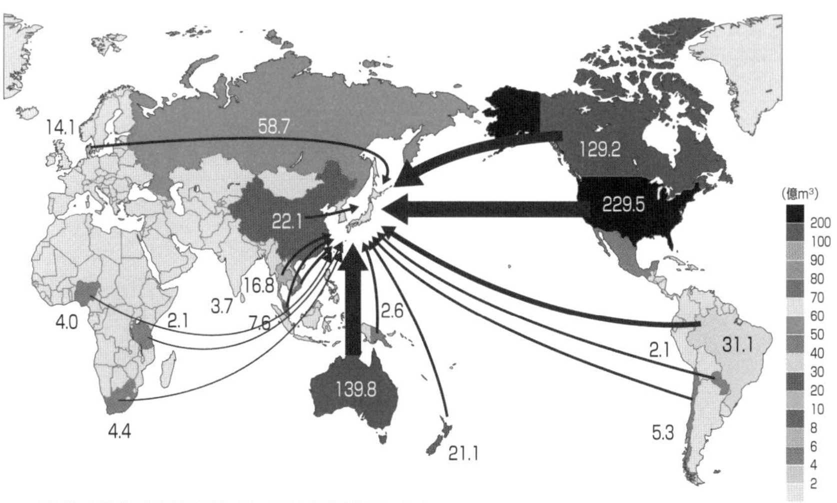

(注) 沖 大幹 教授 (東京大学) データより環境省算出・作成

出典：環境省「環境白書・循環型社会白書・生物多様性白書　平成22年版」(2010年) をもとに作成

図 2.22 世界中から日本に輸入されるバーチャルウォーター

2-10 マテリアルフローと循環資源

現代の大量生産、大量消費、大量廃棄の生活スタイルは、原材料、製品、廃棄物の世界的な大移動をもたらしています。モノの流れを追跡評価するマテリアルフロー分析で現状を把握することは、枯渇の恐れがあるレアメタル問題や、有害廃棄物の越境移動問題など、国境を越えたモノの流れによって起こる環境問題に対処する、重要な第一歩となります。

物質の流れから環境と社会との関わりをとらえる

現代の大量生産、大量消費、大量廃棄の生活スタイルは、鉱物、木材、化石燃料など大量の資源を自然環境から取り入れ、便利さ豊かさに付随して発生する廃棄物、排ガス、排水などを大気、水、土壌などの自然環境に戻しています。この原材料、製品、廃棄物などの物質の流れは、そのままさまざまな環境問題に関わっています。

マテリアルフロー分析とは、人間社会と環境との関わりを物質の流れからとらえ、資源の流れから物質の消費を探っていく手法です。国単位で、あるいは物質単位で、どこにどれだけの量が使用され流れていっているか、物質の流れを追跡勘定することによって、効率的な資源利用と環境に負荷の低い循環型社会への転換を計ります。

日本のマテリアルフロー

日本における物質の流れを、投入する入口から排出される出口まで勘定したところ、入口の**総物質投入量の85%**を輸入資源・製品と国内資源を合わせた**天然資源等**が占め、残り**15%を循環利用された物質**が占めています。一方の出口では、エネルギーや食料、製品が国内外に排出され、同時に発生する廃棄物は**44%程度が循環利用**されています。

日本が高度な製品を作る国であり続ける以上、このような**マテリアルフロー（物質フロー）**が大きく変わるとは考えられません。現在のところ、ある程度廃棄物等の循環利用が進んでいますが、今後はさらに3R(→P.73)

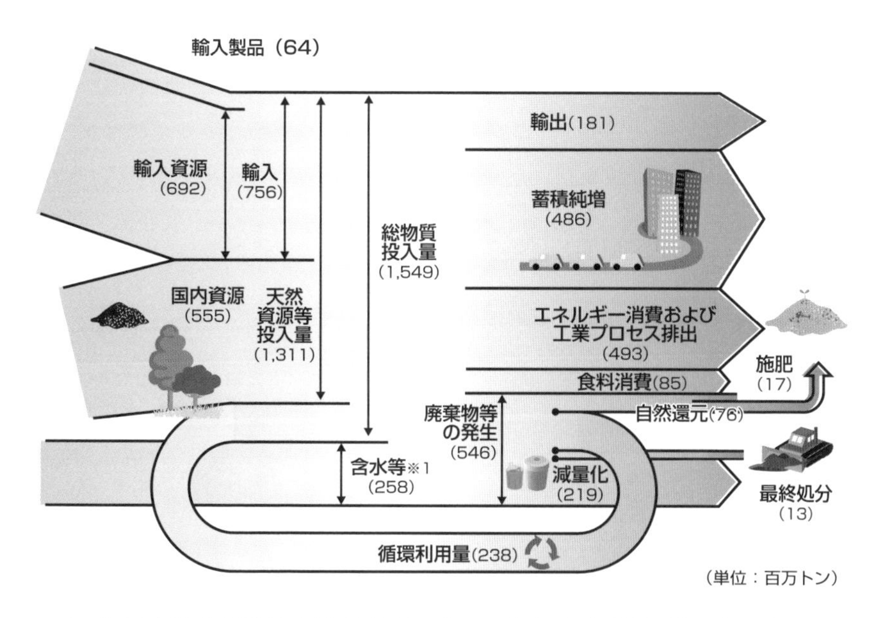

※1 含水等:廃棄物等の含水等（汚泥、家畜ふん尿、し尿、廃酸、廃アルカリ）および経済活動に伴う土砂等の随伴投入（鉱業、建設業、上水道業の汚泥および鉱業の鉱さい）

出典：環境省「令和３年度　環境・循環型社会・生物多様性白書」（2021年）をもとに作成

図 2.23 日本におけるマテリアルフロー（2018年度）

に取り組み、再生可能エネルギーをできるだけ増やすなど、マテリアルフロー全体の中で**循環利用量の流れをもっと太く**していく努力が必要です。

深刻な世界的金属資源の枯渇

近年経済発展が著しい中国、インド、ロシアなどを含め、世界的に資源需要が増加しているなか、特に希少ながら多様な機能を発揮している金属は枯渇が危惧されています。

ある素材や製品を手に入れるには、多くの天然資源を自然界から動かしています。**エコロジカルリュックサック**とは、その生産に関わったすべての天然資源の量を重さで表した指標です。金属資源では、採掘の際に掘り出される膨大な土石の量が大部分を占めています。たとえば銅の場合、最終的に製品に組み込まれる金属に対するエコロジカルリュックサックの量は、重量の約300倍、金では百万倍に及びます。

自然界から採掘される個々の資源の埋蔵量と年間消費量に、それぞれのエコロジカルリュックサックの重みを上乗せしたものから全体的な金属資源の耐用年数を推定したところ、現在の使用状況のまま使い続けると、**2040年代に資源余命が10年を切る状態もあり得る**という予測が出ています。こういう現状を踏まえて将来、資源を継続して利用していくためには、日本の場合、金属資源の使用量を1/8のレベルにする必要があります。

そのために、製品を利用する際には、使わずに済むものは使わない、丁寧かつ徹底して使うよう心がける、生産者は効率よい使用で資源の減量をはかる、エコロジカルリュックサック値のより小さい金属へ転換・代替する、完全なリサイクルを目指すなどの技術開発を急ぐ必要があります。

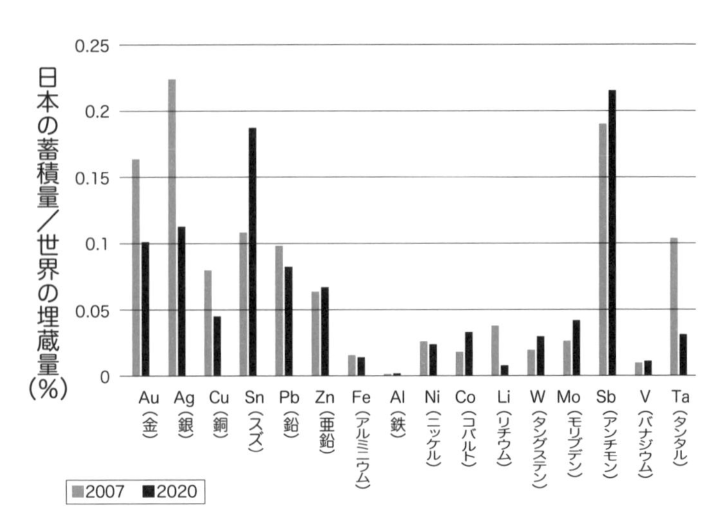

出典：一般社団法人 サステイナビリティ技術設計機構「資源・リサイクルデータ図面集　我が国の都市鉱山蓄積2020」(2021年)をもとに作成

図 2.24 金属資源の世界埋蔵量に対する日本の蓄積量

都市鉱山

都市鉱山とは、すでに**採掘されて人間の活動圏に入った金属資源**を指します。以前より、鉄やアルミニウムなどではリサイクル資源が都市鉱山として重視され、すでに重要な原材料の供給源になっています。

一方、電子機器類におもに使われる**レアメタル（希少金属）**については、必要とされる廃棄物処理に比べて回収される金属の量が微少なため、なかなかリサイクルが進みません。しかし、すでに**金、銀、水銀などは地球の**

全埋蔵量の70%以上が採掘されて、都市鉱山の埋蔵量のほうが地下にある確認埋蔵量より多い状態になっています。

国内に入った量と国外へ出ていった量の差から**都市鉱山の埋蔵量**を推定すると、日本は世界でも有数の資源国となります。特に、電子部品に多用される金や銀、プラスチックの難燃助剤として用いられるアンチモン、透明電極としてディスプレイや太陽光発電に用いられるインジウムは世界の埋蔵量の15%以上と高い比率を占めています。

都市鉱山の埋蔵量には使用中、使用済み、散逸のすべてのものが含まれています。この眠ったままの貴重な資源を有効に活用するとともに、小型家電に含まれる鉛などの有害物質を適正に処理するため、平成25年4月に「小型家電リサイクル法」が施行されました。これまでの家電リサイクル法の対象になっていなかった、携帯電話やデジタルカメラ、ゲーム機、時計、炊飯器など、ほぼ全ての家電がリサイクルの対象になり、具体的な品目は市町村ごとに決定し回収を行います。

MEMO　レアメタル（希少金属）とレアアース

レアメタルの分類や定義は、解釈の仕方や時代とともに大きく変化します。東京大学生産技術研究所の岡部徹氏の解釈に従うと、レアメタルとは、鉄やアルミニウム、銅、鉛、亜鉛などの汎用金属を除いた金属の総称です。レアメタルには、貴金属やインジウム、タンタルのように資源的に稀少な金属や、チタンやケイ素のように資源的に豊富でも純度の高いものを得ることが困難なものも含まれます。純度や用途によって、レアメタルとなる場合やそれ以外となる場合があるように、対象となる元素を一義的に定義することはできません。

レアアースはランタンなど計17種類の希土類元素のことで、レアメタルに属します。

MEMO　携帯電話の中の金

日本LCA学会誌で示された値を用いると、携帯電話には、1個当たり約7mgの金が使われています。2007年時点での契約台数は1億20万台なので、約840kgの金が、携帯電話の中に使用中の状態でした。年間生産量2,600万台のうち新規の分500万台を差し引いて、買い換えられた携帯電話は2,100万台あります。回収された携帯電話は660万台だけですので、46kgの金は回収される状況にありますが、未回収の分約100kgは有効に利用されていません。
買い替え時の回収率はほぼ横ばいです。スマートフォンの普及等で、端末の多機能化・高機能化が進展し、通信機器として使わなくなった端末を手元に保管し続ける利用者が増え続け、回収が難しくなっているようです。

急増する有害廃棄物の越境移動

廃棄物等は、すべて有用なものとしての可能性を持つことから、**循環資源**といえます。循環資源は、適正なリサイクルに利用されると有用な資源になりますが、有害物質を含有する場合も多く、その有害物質によって環境が汚染されることがあります。また、有価で無害な循環資源であっても不適切な処理をとることにより二次的な環境汚染が生じる恐れがあります。循環資源の国外への流出は、資源の流出・散逸であるとともに**潜在的な有害性の輸出**であるということができます。

近年、中国など東アジア諸国には急速な経済成長が見られます。それに伴って各種資源の価格高騰や供給不足が発生し、有価で流通する**循環資源の国際的な移動が急激に増加**してきました。

テレビ、パソコン、エアコン、冷蔵庫、携帯電話などの電気・電子機器から生じる廃棄物は**E-waste**と呼ばれ、中古品として使用するため、あるいは部品や金属を回収する目的で越境移動が急増しています。

ヨーロッパでは2006年に、電気・電子機器に含まれる特定化学物質（鉛、水銀、カドミウム、六価クロム、PBB（ポリ臭化ビフェニル)、PBDE（ポリ臭化ジフェニルエーテル）の6物質）の使用を制限する「**RoHS指令**」を施行しました。日本では2006年日本工業規格「**J-Moss**」により、電気・電子機器の特定化学物質（同上6物質）の含有表示を規定しています。現在は、これらの規定に対応する機種の開発が進んでいますが、市場に出回っているE-wasteは有害物質を含むものがほとんどです。

越境有害廃棄物が途上国で深刻な社会問題に

有害廃棄物の国境を越える移動は、**バーゼル条約**により規制されています。しかし現実は輸入国の同意があれば輸出が可能であったり、あるいは中古品と偽る、輸入禁止の廃家電をスクラップして雑品扱いで輸出するなど不法な手続きによって、特定地域への集積が進んでいます。先進国としては大量に発生するE-wasteを適正処理しきれない、途上国で処理すると安価である、途上国側としては中古品として十分使用に耐える、金属などを回収して収益があるなどの理由が挙げられますが、途上国の特定地域に集められたE-wasteは適正に処理されず、深刻な環境問題を引き起こしている場合が少なくありません。最近では途上国内でもE-wasteの発生量が増加しており、リサイクル制度の未整備な国の多い中、希少資源の有効利用も含めて緊急に対策を取る必要があります。

日本では、アジア地域において二国間協定やネットワークを形成することによって、アジアにおける廃棄物などの不法な輸出入を防止するとともに、3R（後述）に関する経験、技術を提供し、アジア地域での資源循環のための方策を推進しています。

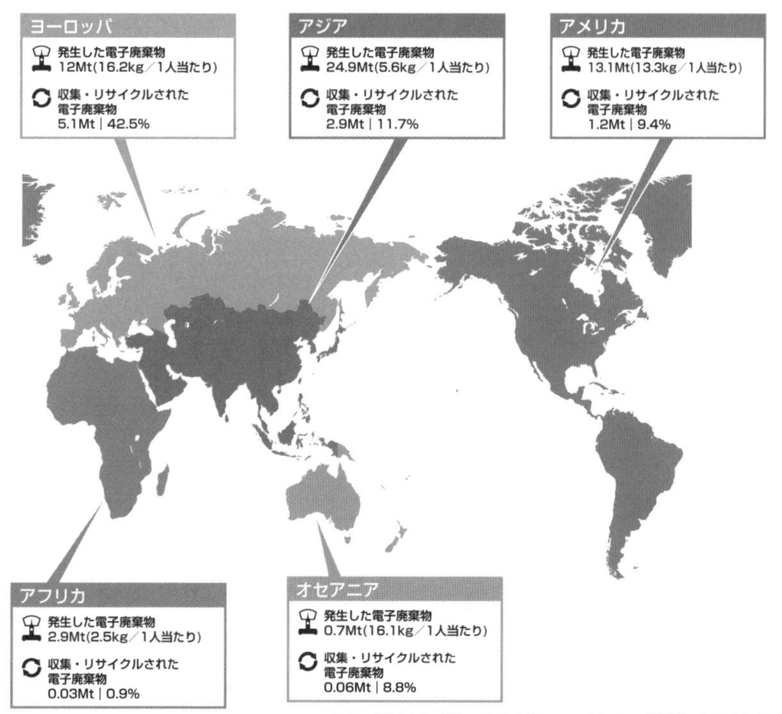

出典：国連大学「The Global E-waste Monitor 2020」をもとに作成

図 2.25 世界の電子廃棄物発生量（2019年）

2-11 持続可能な開発と循環型社会

近代の資源浪費型社会は、大量の廃棄物を生み出し、種々の環境問題を引き起こしてきました。社会のスタイルを根底から見直して、廃棄物が循環資源として活用されるような社会、Reduce（廃棄物の発生抑制）、Reuse（再使用）、Recycle（再生利用）を追求する、循環型社会への移行が強く求められています。

持続可能な開発

1972年、国連人間環境会議が開催され、「かけがえのない地球」を合い言葉に、環境問題について世界的な取り組みが始まりました。そして、今、世界は経済南北問題、人口、貧困問題に直面しています。それぞれの国の事情に合わせて開発が行われ、土壌汚染、水質汚染、大気汚染などの環境問題、大量生産、大量消費、大量廃棄によるゴミ処理問題、資源枯渇問題などが発生し、これらは全球的な問題にまで発展し深刻化しています。

1992年にリオデジャネイロで地球サミットが開催され、これまでの資源浪費型社会を反省し、地球環境を保全しつつ**持続可能な開発**を行う必要性が強調されました。ここで採択された「**環境と開発に関するリオ宣言**」や「**アジェンダ21**」は、現代の地球環境問題に関する各国の取り組みの基礎理念となっています（→P.24　持続可能な発展）。

「アジェンダ21」をきっかけとした取り組み

ゼロエミッション構想

「アジェンダ21」を踏まえて、1994年国連大学は「ゼロエミッション」構想を創設しました。末永く安定した発展が得られる社会（持続可能な社会）を築くためには、先進国、発展途上国ともに持続可能な開発（発展）を進めていく必要があります。原材料を選ぶ時点からそのものの行く末を見据え、何ひとつ無駄のない産業連環を作ることによって、**環境保全と産業活動が両立した社会**を目指します。

ゼロエミッションとは、産業においてまずは原材料の見直しから始め、異業種産業の連携によって廃棄物を活用してゼロにしようという構想です。日本では、1997年にゼロエミッション構想を基本とした「エコタウン事業」を創設しました。2016年からは「地域循環圏・エコタウン低炭素化促進事業」として、環境と調和した産業活動に取り組んでいます。

ISO14000シリーズ（環境ISO）

ISOは正式名称を国際標準化機構（International Standard Organization）といい、本部をスイスのジュネーブにおく、各国の代表的標準化機関からなる国際標準化機関です。電気および電子技術分野を除くすべての産業分野に関して、国際標準規格の作成を行っています。「アジェンダ21」をきっかけとして、環境関係のISOの企画策定が始まり、**ISO14000シリーズ（環境ISO）**が1996年より発行開始されました。

ISO14001は、環境マネジメントシステムに関する国際標準規格で、企業（組織）の活動や製品、サービスによって生じる環境への負荷を低い状態に維持していくための規格です。これを取得することは、環境への意識の高さを内外に表すことにもなります。ISO14001を取得した企業などの間では、たとえばグリーン購入法など本来規制対象ではない法令に配慮するなどの動きが見られます。**ISO14024**はタイプⅠ環境ラベル表示に関する国際規格で、日本では唯一**エコマーク**が該当します。

環境基本法

環境基本法は、日本の環境政策の根幹を成すもので、1993年に制定されました。環境への負荷の少ない持続的発展が可能な社会の構築、国際的協調による地球環境保全の積極的な推進などを基本的理念としています。環境基本法に基づいて環境基本計画が定められ、地球温暖化対策、循環型社会の形成、交通対策、水循環の確保、化学物質対策、生物多様性の保全、環境教育などに重点をおいた施策が展開されています。この中で、循環型社会の考え方は「アジェンダ21」の考え方を基本としています。

循環型社会形成推進基本法

循環型社会形成推進基本法は、環境基本法の基本理念に則り、循環型社会の形成についての基本原則を定めたもので、2001年に施行されました。

循環型社会とは、天然資源の消費を抑制し、環境への負荷が低減化される社会のことです。循環型社会実現のために、廃棄物を出さない（発生抑制）、出た廃棄物はできるだけ循環して有効利用する（再使用、再生利用、熱回収）、どうしても利用できないものは適正に処分するなどのことを促進します。

良い物を大事に使う「**スロー**」なライフスタイル、環境保全志向のものづくり・サービス、そして廃棄物等の適正な循環利用・処分などの循環型社会の形成に関する取り組みが自主的、積極的に行われることによって、環境への負荷の少ない持続的発展が可能な社会の実現を推進するものです。

MEMO いろいろなマーク

みなさんの使用される食料品・清涼飲料・酒類等の商品には下のようなマークがついています。これは「識別マーク」と呼ばれます。このマークの目的は、消費者がごみを出すときの分別を容易にし、市町村の分別収集を促進することにあります。飲料用のスチール缶やアルミ缶と食料品・清涼飲料・酒類のPETボトル、プラスチック製容器包装、紙製容器包装には、識別マークをつける義務があることが、資源有効利用促進法により規定されています。

PETボトル

紙
紙製容器包装

プラ
プラスチック製容器包装

飲料用スチール缶

飲料用アルミ缶

出典：公益財団法人 日本容器包装リサイクル協会

3Rは、循環型社会形成の基本概念

3Rとは**Reduce**（**リデュース**：廃棄物の発生抑制）、**Reuse**（**リユース**:部品などの再使用）、**Recycle**（**リサイクル**:原材料としての再生利用）を表す、循環型社会形成の基本となる概念です。

まず、廃棄物の発生を最低限に抑えます。次にリターナブル容器のように洗浄して再使用できるものを使います。しかしペットボトルのように再使用が不可能なものについては、いったん素材に戻して再度ペットボトルに加工し直すように、物理的、化学的な処理をして再生利用します。このようなリサイクル（材料・製品への再資源化：**マテリアルリサイクル**）が不可能なものについては、燃料として熱利用する**サーマルリサイクル**を行います。廃棄物は循環して使える資源です。廃棄に関する優先順位は、環境に与える負荷の大きさによって変更し、できる限り循環して使用するように努めます。

3Rの取り組みを進めるために、**資源有効利用促進法**や**個別リサイクル法**（食品リサイクル法、家電リサイクル法、建設リサイクル法、容器包装リサイクル法、自動車リサイクル法、小型家電リサイクル法、「国等による環境物品等の調達の推進等に関する法律（グリーン購入法）」）などが整備されています。2004年にアメリカで開かれたG8サミットでは、日本が提案した「3Rイニシアティブ」が採択されました。国際的にも3Rを中心として循環型社会の形成が進んでいます。

地域循環共生圏を作る

資源の地域循環をきめ細かに効果的に行うことは、地域の自立と共生を基本とした循環型社会の実現につながります。

資源の循環には、地域の特性や循環資源の性質に応じた規模があります。たとえば不用になった日用品などは、フリーマーケットのような近所のコミュニティの中で循環されます。都市部から出る生ゴミなどは飼料、肥料に変え、農村部で農畜産物を育てて都市部で消費するというように、都市部と農村部の連携によって循環資源を活用します。

地域で循環可能なものはできるだけ地域で循環し、高度な処理技術を必要とするものはより広い地域、たとえば複数の都道府県からなるブロックで、あるいは全国レベルで、より循環の環を広げて国際レベルで循環するというように、きめ細かに効果的な地域循環共生圏を作り上げていくことで、活力のある資源循環型の地域が育っていきます。

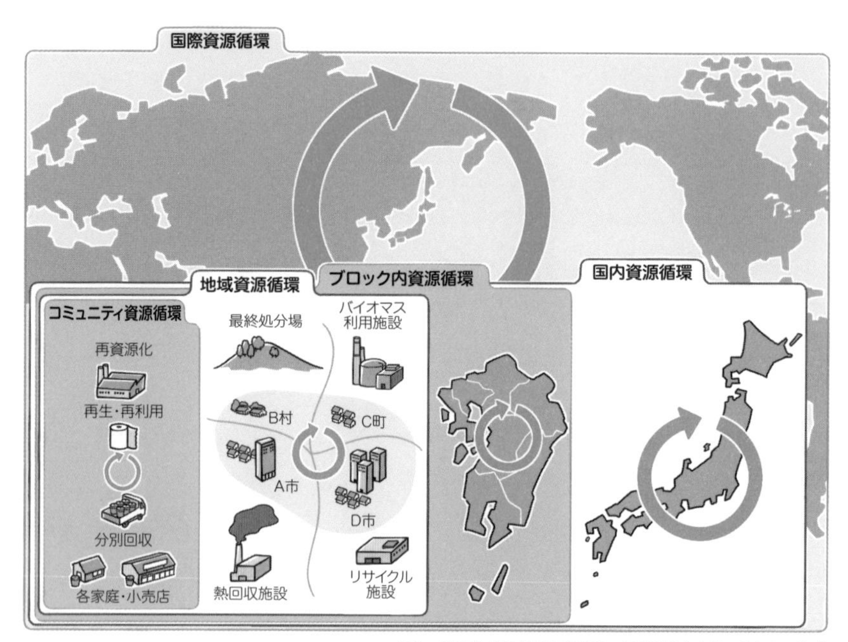

出典：環境省「平成20年版環境・循環型社会白書」をもとに作成

図 2.26 地域循環共生圏

2-12 LCA

LCA（ライフサイクルアセスメント）とは、ある製品やサービスの一生（ライフサイクル）を環境との関わりから定量的かつ総合的に評価する手法のひとつです。LCAで得られる情報は、環境に配慮した製品開発や消費者の製品選択時の判断材料に役立ちます。

LCAとは

ある製品の一生（原材料の採取、運搬、加工・組み立て、流通、使用、廃棄・リサイクルまで）を考えてみましょう。私たちはその製品から得られる利便性と引き替えに、エネルギーや原料となる資源など、多くのものを環境から採り入れて、一方ではさまざまな汚染物質を副産物的に環境中に排出しています。

LCA（Life Cycle Assessment）は、製品またはサービスにおいて、「ゆりかごから墓場まで」環境から採り入れた物質と環境へ排出した物質、それぞれの量を集計して、環境に及ぼす影響の度合いを分析する手法です。この手法を用いて得られる製品の環境情報は、消費者にとっては**製品を選択する際の大切な判断材料**になりますし、企業にとっては、より**環境に配慮した製品の開発や情報公開**に役立ちます。

LCAの歴史

エネルギーや希少資源の消費に関心が集まり始めた1960年代に、コカコーラ社が、飲料製品用容器を対象に、資源消費が少なく環境への排出も少ないものの調査を行いました。

これをきっかけにLCAの研究が発展し、1979年にはLCAの学会が発足、1980年代に大学、研究機関でデータの構築、手法の開発が行われて、一部企業でLCAの試行がスタートしました。その後、LCAの実施者も増加し、手法もさまざまに開発されたために、各国で手法をまとめる努力がなされました。ISOでは1993年から規格化作業を開始し、現在ISO14040シリーズにLCAの適切な実施方法が文書化されています。

LCAの構成

ISOでは、LCAの枠組みとして4つの段階を規定しています。

段階1　目的および調査範囲の設定

①目的の設定

LCAは、目的の設定のしかたで結果が大きく変わります。まず、LCAの調査を何のために行い、結果をどのように利用するかを明確にします。たとえば「ハイブリッドカーとガソリン車とでは、どちらが地球温暖化に

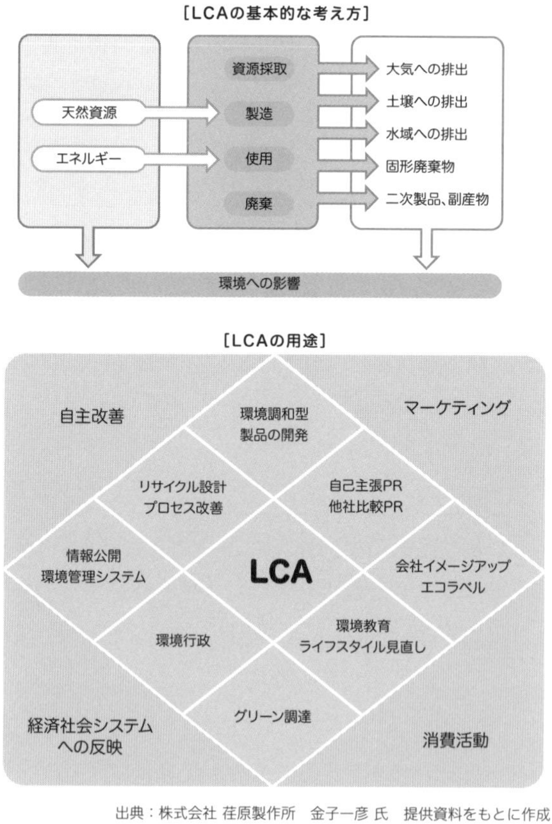

［LCAの基本的な考え方］

天然資源
エネルギー
資源採取
製造
使用
廃棄
大気への排出
土壌への排出
水域への排出
固形廃棄物
二次製品、副産物
環境への影響

［LCAの用途］

自主改善
マーケティング
環境調和型
製品の開発
リサイクル設計
プロセス改善
自己主張PR
他社比較PR
情報公開
環境管理システム
LCA
会社イメージアップ
エコラベル
環境行政
環境教育
ライフスタイル見直し
グリーン調達
経済社会システム
への反映
消費活動

出典：株式会社 荏原製作所　金子一彦 氏　提供資料をもとに作成

図 2.27 LCA の基本的な考え方と用途

対してより良いか？」と設定した場合と、「ハイブリッドカーとガソリン車とでは、どちらが環境に対してより良いか？」と設定した場合とでは、前者は二酸化炭素の排出量を中心とした解析で終わりますが、後者の場合には地球温暖化、酸性雨、大気汚染など、あらゆる環境への負荷を解析する必要があり、大変な作業になります。設定が異なれば解析の中身が異なると同時に、費やされる時間や労力も異なるので、最初に目的を明確に設定します。

②調査範囲等の設定

設定した目的に対して、調査対象、調査手法、およびデータについて範囲を設定します。具体的にどういう製品システムに対して調査するか。原料の資源採取から始まって、製造、使用、リサイクル、廃棄というライフサイクルの中で、どの段階を調査するのか。調査対象としたシステムの中でどのプロセスは調査し、どのようなプロセスは含まないのか。得られた結果をどこまで分析して、どのような報告書を作成するのか。このように調査に対する範囲をひとつひとつ明確にします。

段階2　インベントリ分析

調査範囲が決まったら、プロセスフロー図を作成したり、各プロセスで入出力する環境負荷物質の項目リストを作るなど、**データ収集の準備**をします。

次に、**データの収集**を実施します。文献調査、実測調査、聞き取り調査など、収集の手順は対象となるシステムの単位プロセスによって異なります。

集まった各プロセスの入出力データとプロセスフロー図に基づき、最終的に調査範囲全体について**環境負荷物質の項目ごとに集計**を行います。この過程を**インベントリ分析**といいます。

［LCA手法の枠組み］

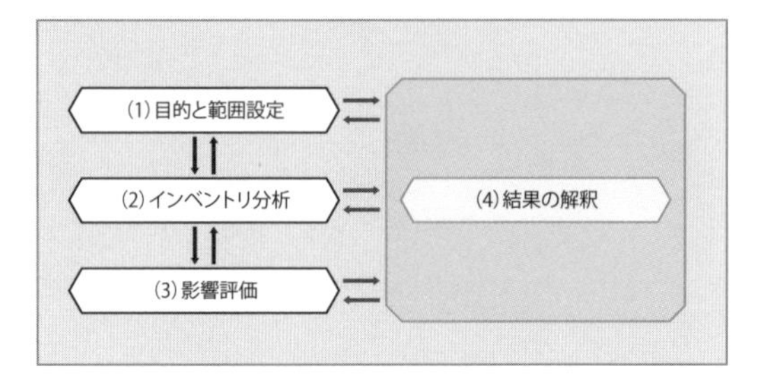

［インベントリ表のイメージ］

		原料採取	製品製造	素材加工	輸送	消費	処分	合計
エネルギー消費	電力	()kWh	()kWh	()kWh	()kWh	()kWh	()kWh	()kWh
	重油	()Kcal	()Kcal	()Kcal	()Kcal	()Kcal	()Kcal	()Kcal
	軽油	()Kcal	()Kcal	()Kcal	()Kcal	()Kcal	()Kcal	()Kcal
	蒸気	()Kcal	()Kcal	()Kcal	()Kcal	()Kcal	()Kcal	()Kcal
	…	…	…	…	…	…	…	…
大気への影響	CO_2	()Kg	()Kg	()Kg	()Kg	()Kg	()Kg	()Kg
	NOx	()Kg	()Kg	()Kg	()Kg	()Kg	()Kg	()Kg
	SOx	()Kg	()Kg	()Kg	()Kg	()Kg	()Kg	()Kg
	…	…	…	…	…	…	…	…
水質への影響	COD	()Kg	()Kg	()Kg	()Kg	()Kg	()Kg	()Kg
	BOD	()Kg	()Kg	()Kg	()Kg	()Kg	()Kg	()Kg
	…	…	…	…	…	…	…	…
資源消費	原油	()t	()t	()t	()t	()t	()t	()t
	原木	()t	()t	()t	()t	()t	()t	()t
	…	…	…	…	…	…	…	…
固形廃棄物量		()t	[illegible]	()t	[illegible]	()t	[illegible]	()t

図 2.28 LCA 手法の枠組みとインベントリ表のイメージ

段階3　影響評価

インベントリ分析で得られた環境負荷物質のそれぞれの定量値を、それらが環境に影響を及ぼす領域、すなわち地球温暖化、オゾン層破壊、酸性雨、富栄養化、資源消費などという**環境影響領域**に割り振って分類します。たとえば地球温暖化の領域では、インベントリ分析で得られた二酸化炭素（CO_2）、亜酸化窒素（N_2O）、メタン（CH_4）など温室効果ガスの項目が対象になります。

環境影響領域内では、環境負荷物質ごとにそれぞれ及ぼす影響の強さが異なるので、影響の度合いを個々の排出量に上乗せして、得られる合計値を環境影響として算出します。たとえば地球温暖化の環境影響領域では、影響結果はCO_2換算の重量として得ることができます。

さらに環境影響領域ごとに得られた影響結果を、人間の余寿命に与える影響や、社会資産に与える影響、生物の絶滅期待値、植物の生長ダメージなどへ振り分け、統合する試みも行われています。

段階4　解釈

インベントリ分析と影響評価の結果に対して、まず数値の確実性と信頼性を検証します。次にライフサイクルの中で環境影響の大きい重要なプロセスと、その環境影響の原因を特定します。以上から、優先して環境影響を減らしていくべき重要なプロセスと、おもな対策について提言を行います。

LCAの事例と問題点

近年、製品やサービスをライフサイクル的視点に立って評価する事例を多く見かけます。

事例1　プラグインハイブリッドカーの比較（トヨタ自動車）

ハイブリッドカーの1段階進行したものがプラグインハイブリッドカー(PHV：ハイブリッドカーの電池容量を増やし、外部から充電できるようにしたハイブリッドカー) である。17年モデルのプリウスPHVは12年モデルのプリウスPHVと比較して、素材製造から廃棄までを含めてCO_2排出量が5%減であるが、再エネ由来の電力で充電するとCO_2排出量が36%減となる。

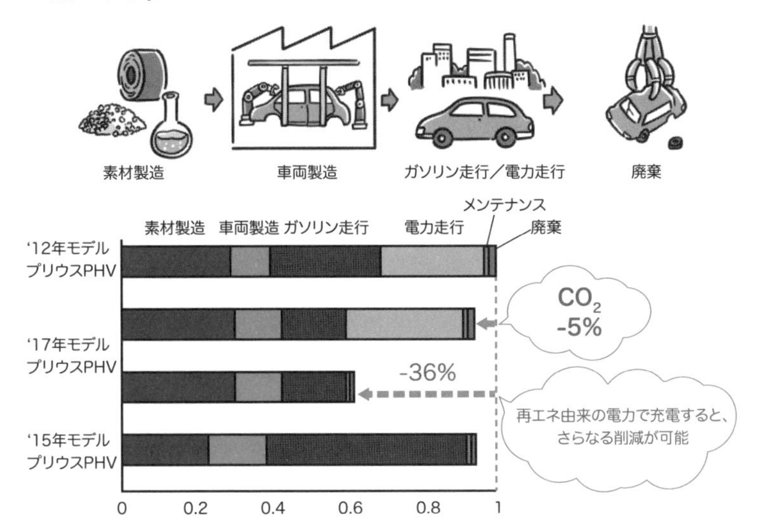

出典：トヨタ自動車株式会社「プリウスPHVのライフサイクル環境取り組みーライフサイクルCO_2ゼロチャレンジ」（2022年閲覧）をもとに作成

図2.29 ハイブリッドカーのLCA（トヨタ自動車）

事例2　二酸化炭素の見える化

最近、食品や生活用品の包装にカーボンフットプリントの表示を見かける機会が増えたのではないでしょうか。

カーボンフットプリントとは、製品の原材料調達から製造、流通、使用を経て、廃棄・リサイクルに至るまでに排出する温室効果ガスの量を、CO_2に換算して重さで「見える化」したもので、LCAの手法が活用されています。

「カーボンフットプリントマーク」は、製品の環境負荷を算定し、第三者の認証を受けて使用することができる、環境ラベルです。このマークは消費者に製品の環境負荷量を伝えるだけでなく、生産者の地球温暖化へ取り組む姿勢を伝えるシンボルとして、CO_2排出の少ない社会を作るためのよい仲介役になることが期待されます。

カーボンフットプリントマーク

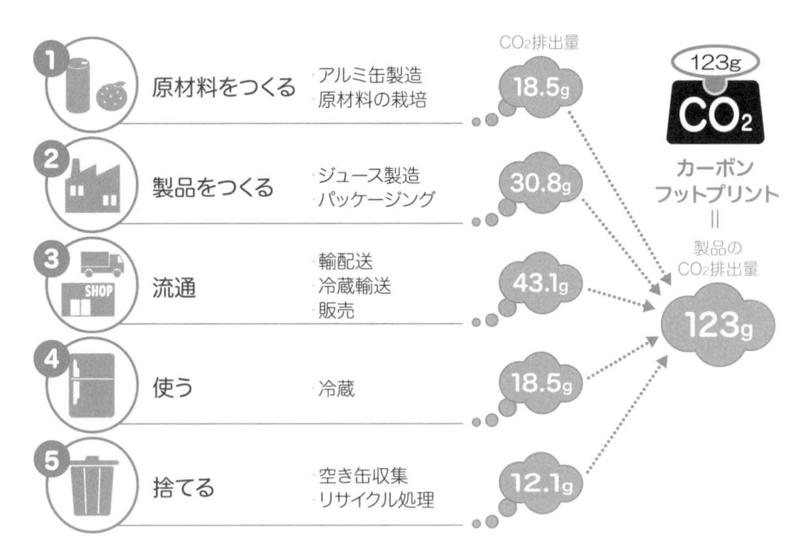

出典：一般社団法人 サステナブル経営推進機構「SuMPO 環境ラベルプログラム」をもとに著者改変

図 2.30　カン入りみかんジュースの「ライフサイクルシンキング」

2-13 原子力発電のリスクと地球環境問題

原子力発電は安定した電力を供給することができ、また発電過程で二酸化炭素や大気汚染物質を排出しないクリーンなエネルギー源と見なされています。地球温暖化問題が声高に叫ばれ、再生可能エネルギーの使用に多くを望めず原子力発電の進捗に期待がかけられていた中、2011年に福島第一原子力発電所事故が起きました。

原子と核分裂反応

原子は、陽子と中性子から成る原子核とその周りに存在する電子とで構成されており、陽子の数が同じで、中性子の数が異なる物質を同位体といいます。ウランの陽子数は92、天然ウランは同位体ウラン235が約0.7%、ウラン238が約99.3%の割合で存在しており、全て放射性物質です。ウラン235は核分裂性物質で、中性子が衝突すると原子核が分裂して、2、3個の中性子と熱エネルギーを出して2つの物質になります。発生した中性子はさらに核分裂反応を引き起こすので、反応は連鎖的に続き、桁はずれの熱を発生します。生成する二物質は不安定なため、安定な状態になるまで放射線や熱を出しながら変化します。

［天然ウランと濃縮ウラン］

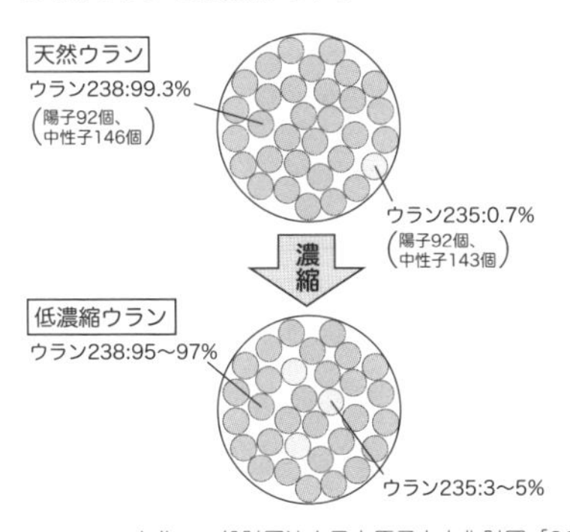

［ウランの核分裂とプルトニウムの生成（軽水炉）］

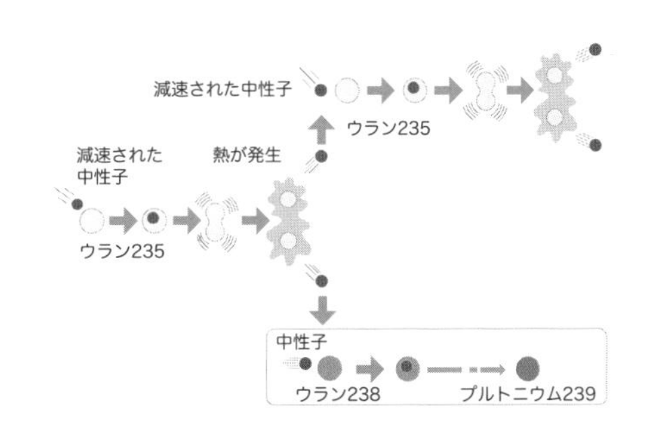

出典：一般財団法人日本原子力文化財団「2章　原子力開発と発電への利用－原子力発電のしくみ」をもとに作成

図 2.31 核分裂反応のしくみ

ウラン238はそれ自体核分裂を起こしにくく、中性子が衝突するとウラン239となります。ウラン239は不安定で、放射線を出しながら崩壊してネプツニウム239からプルトニウム239になります。発生したプルトニウム239は核分裂性物質なので、中性子が衝突して核分裂を起こし、連鎖反応となって莫大な熱エネルギーを発生します。

原子力発電のしくみ

火力発電は、石炭、石油、天然ガスなどを燃やして水を蒸気にし、タービンを回して電気を起こしますが、原子力発電は、水の中でウランなど核燃料物質に核分裂反応を起こさせ、図2.32に示したように発生する熱で蒸気を作り、タービンを回して電気を起こします。

天然ウランにはウラン235の含有量が少ないため、一般的な原子力発電所で使われている原子炉内で核分裂反応を継続させるには、ウラン235の含有量が3～5%になるように濃縮した低濃縮ウランを燃料として使用す

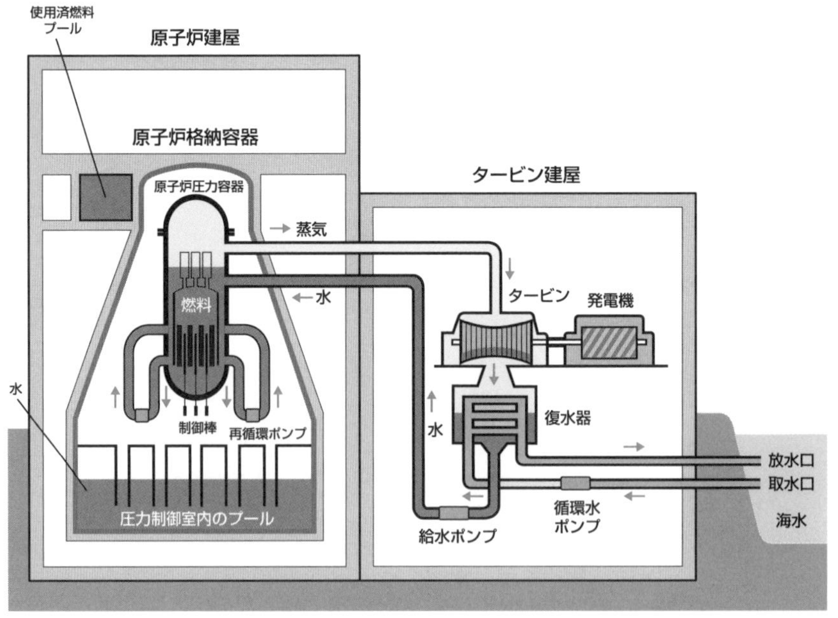

出典：一般財団法人 日本原子力文化財団
「2章 原子力開発と発電への利用ー原子炉の種類ー沸騰水型原子炉(BWR)」(2022年閲覧)をもとに作成

図 2.32 東日本の原子力発電所に多い沸騰水型軽水炉の原子炉建屋とタービン建屋

る必要があります。原子炉で使用する燃料は、核燃料物質をセラミックでペレット状に固め、被覆管に密封した棒状のものを束ねた状態です。

核分裂の連鎖反応が同じ割合で続く臨界状態を維持するため、中性子の量を調整します。中性子を吸収する制御棒の位置を変化させる方法や燃料の回りの水流を変化させる方法によって、反応を制御します。

原子炉内で、ウラン235は核分裂を起こして少なくなりますが、ウラン238から発生したプルトニウム239の核分裂反応が進み、その結果平均すると約3割のエネルギー、取り替え前で約6割のエネルギーがプルトニウムから得られます。取り替えるといっても、核分裂性の物質を使い尽くしてからではありません。発電所では一定の出力を年間通して確保するために、燃料棒は余裕を持って新品に交換します。

使用済核燃料の行方

使用を終えた燃料棒は、核燃料物質のウランとプルトニウム、そして核分裂反応の生成物が封印され、放射線と熱を発生しています。原子炉内の使用済燃料プールで一年冷却した後、発電所内の貯蔵プールで一定期間冷却します。

核燃料を有効に活用し放射性廃棄物を減らすため、使用済燃料棒からウランとプルトニウムを回収します。日本は今まで、フランスおよびイギリスの再処理工場に一部委託して再処理してきました。分離されたウランやプルトニウムは燃料として再利用するため、分離濃縮された反応生成物は高レベル放射性廃棄物であるためガラス固化体の状態で、日本に返還されます。

現在日本では、初めての商業用再処理工場を青森県六ヶ所村に建設しましたが、まだ試験運転の段階なので使用済燃料は各原子力発電所に多く保管されており、合計すると管理容量の七割におよびます。そこで、使用済燃料を再処理するまでの間原子力発電所の外に貯蔵しておくために、中間貯蔵施設を青森県むつ市に建設中です。

使用済燃料の運搬は、非常に頑丈な超重量の輸送容器に格納してしっかりと放射能を封じ込め、専用の船で海上輸送します。

放射性廃棄物

全ての工程で放射性廃棄物が発生します。

原子力発電所で発生した低レベルの放射性廃棄物は、減容や切断した後ドラム缶に収納しセメントなどで固型化して、発電所の貯蔵庫で安全に保管します。その後低レベル放射性廃棄物の中でも比較的放射能の低い廃棄物は、六ヶ所村の低レベル放射性廃棄物施設に搬送して地中10m前後に埋設処分を行っています。処分後は約300年に渡って段階的な管理を続けることになります。低レベル放射性廃棄物の中でも比較的放射能レベルの高い廃棄物は、地中50～100mの深度に埋設処分しなければなりません。現在同施設では、この廃棄物の埋設に向けて地質、地下水、地盤などの調査・検討を行っています。

高レベル放射性廃棄物であるガラス固化体は、六ヶ所村の高レベル放射性廃棄物貯蔵管理施設で30～50年間冷却・貯蔵します。その後地下300mより深い地層に処分して、何万年もかけて放射能の減衰を待ちますが、その処分する場所は未だ決まっていません。高レベル放射性廃棄物の放射能の減衰状況を図2.33に示しました。

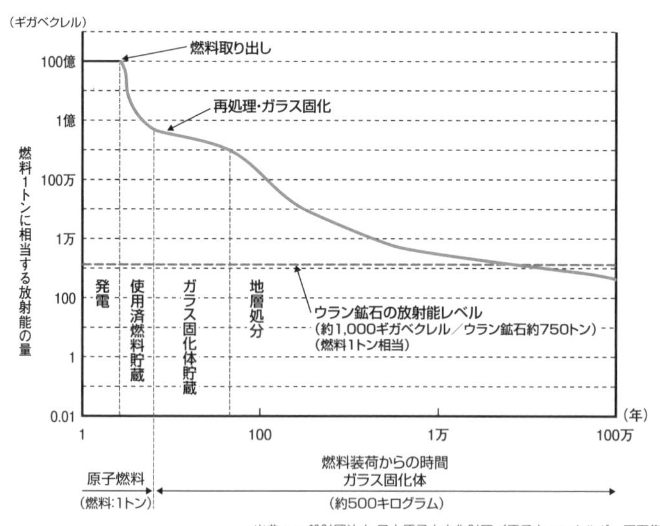

出典：一般財団法人 日本原子力文化財団／原子力・エネルギー図面集「高レベル放射性廃棄物の放射能の減衰」(2016年)をもとに作成

図2.33 高レベル放射性廃棄物の放射能の減衰状況

原子力発電所の事故

日本では、1999年茨城県東海村の核燃料加工施設臨界事故や幾つかの原発におけるずさんな運営・管理による事故に加えて、2007年には新潟中越沖地震に伴う柏崎刈羽原発の事故が発生しました。2011年の福島第一原子力発電所事故の重篤さは、ここに記載する必要がないほどです。

世界に目をやると、原子力発電はオイルショックを契機として増加してきましたが、1980年代後半より伸びは小さくなっています。1979年アメリカのスリーマイル島原発の炉心溶融事故、1986年旧ソ連のチェルノブイリ原発の爆発炎上による大事故は、原子力発電の危険性を世界に印象づけました。

特にヨーロッパでは脱原子力派によるエネルギー政策に基づいて、原子力発電所を将来的に全廃する予定の国々があります。一方、原子力発電設備容量が着実に増加しているアジア地域に加えて、エネルギーの安全保障のためにエネルギー対外依存度の低減化を計るアメリカや、脱原子力政策に懸念を示す政府関係者の間で、原子力発電見直しの動きが見られます。

エネルギー政策と原子力発電

世界各国の原子力発電の規模は、2010年時点で1位アメリカ（発電電力の20%）、2位フランス（発電電力の74%）に次いで世界3位（発電電力の11%）でした。世界の原子力発電設備容量を図2.34に示しました。2020年は1位アメリカ（発電電力の8%）、2位フランス（発電電力の36%）、以下中国（発電電力の2%）、日本となります。日本は福島第一原子力発電所の事故の影響で稼働率が落ち発電量の3%となっています。以下ロシア（発電電力の6%）、韓国（発電電力の11%）と続きます。

原子力発電、地球環境問題、エネルギー問題、この3者を同時に論ずることは非常に難しいことです。原子力発電所は事故が無く、放射性廃棄物が出なければ夢のエネルギー製造装置であり、今後も使用を続けるべきです。しかし、事故が絶対に起こらず放射性廃棄物が出ないということはまずあり得ません。人間がやることでありミスは絶対にあり得るし、自然は人類が想像したことがない制御できないことを起こすことがあります。放射性廃棄物を人類の生存地域から遠く離れた場所に長期間保管できるとい

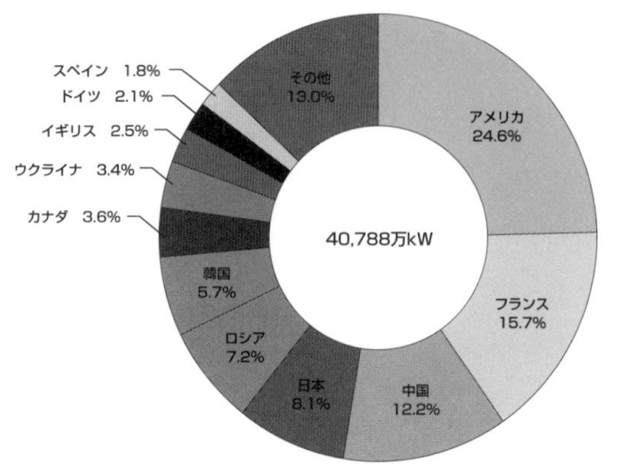

出典：経済産業省・資源エネルギー庁「エネルギー白書2020」をもとに作成

図 2.34 世界の原子力発電設備容量（2020 年）

う保証もない状況であれば、原子力発電所は人類にとってとても容認できるものではないという立場があるにもかかわらず、現実には電力という便利なエネルギーが大量に欲しいため使用され続けています。

すべての人々にとって寄って立つ立場は異なり、たとえば日本であれば民主党政権の脱原発から自民党政権の原発積極推進まで、この何年かで180度の転換がありました。しかもそれは、福島の極めて深刻な原子力発電所の事故の体験を踏まえての意見ということになります。世界的に見ても、これまで大きな事故が少なくとも3回は起こっているにもかかわらず、脱原発を唱える国が幾つかあったとしても、世界的に見れば原発の使用が急速に衰退していくとは考えられません。人類は原子力発電所とどのように向き合っていくかを未だに決められず、ずるずると使用し続けているというのが現状でしょうか。

発電にかかるコスト

かつては、原子力発電はその他の電力製造手段に比べて安価であるので、積極的に導入していくという意見が多数を占めました。しかし、今回の福島原子力発電所の事故による除染や廃炉には、今後荒い見積もりでも11兆円の費用が必要になると言われています。さらに各地の原子力発電所の安全性を補強するために莫大な費用が必要になるでしょう。これら全てが電力製造コストに含まれるのです。想定外に大規模な事故だったため、事故にかかる費用は原発による電力製造コストに入れないとする人達がいます。しかし、原発だからそれだけの費用がかかるのです。大事故が起こった時の費用は棚上げして議論するのは、おかしい話です。

他の電力製造手段にかかるコストと比較してどうでしょう。発電密度が薄いため設置費用が割高になる、発電量が自然に大きく作用されて安定供給が難しいなど、なかなか再生可能エネルギーの普及が進みませんが、原発と同程度の費用をかけると蓄電機能の開発も進み、結構な電力供給量になるはずです。

将来世代を考えて

日本の原子力発電所は、政府の政策によって電力が必要だからということで、次々に作られてきました。当初は正しかったかも知れませんが、それも人々の生存へのリスクとの兼ね合いです。時は過ぎ、省エネが一般化し、今後日本の人口は減少していきます。企業は国内から安い労賃と安い税ということでアジアの国々に移転していった今、国内で必要なエネルギーは減少して、原発なしでもエネルギー的に成り立つような国になってきました。今後さらに企業が海外へ出ていく状況を考えれば、今以上の電力量が必要かという意見はあっても不思議ではありません。原発再稼働の意味づけに納得できない人も多いと思われます。

現在商業用原子力発電所は48基あり、さらに3基は建設中、8基は着工準備中の状態です。たとえば準備中のものは白紙に戻し、運転できるものだけ稼働して発電所の寿命を待つとすると、急速な脱原発はできなくてもいずれ卒原発することができます。その後のエネルギーをどうするか、それまでに出てきた危険な放射性廃棄物をどのようにするか、これは政府や国民の課題となります。

福島第一原子力発電所の事故は原子力発電のリスクを大きくクローズアップさせました。コントロール不能と背中合わせの核分裂反応、使用済核燃料の増加と長期間地中深く埋設するしかない高レベル放射性廃棄物の存在、そして日本という国の地理的地質的状況、これらを考え合わせると、私たちは原子力発電に対してどこまで責任を持てるでしょうか。よりベストな方角へ、一人ひとりの意識でかじ取りしていきたいものです。

column

コラム

青色発光ダイオードの開発による環境対策

2014年のノーベル物理学賞は青色発光ダイオードを開発した赤﨑勇（名城大学大学院・特別栄誉終身教授）、天野 浩（名古屋大学・特別教授）、中村 修二（カリフォルニア大サンタバーバラ校・教授）の3人に授与されました。授賞式は12月10日にスウェーデンのストックホルムで行われ、これら日本人3人の受賞は新聞、テレビ、雑誌などに大々的に取り上げられました。

この青色発光ダイオード（LED）の技術は、環境対策を進める上で非常に大きく貢献する新しい技術です。青色発光ダイオードとはp型半導体とn型半導体を接合させ、両端に電圧をかけると青色に発光するものです。青色が開発されたことによって赤、緑、青の光の三原色がそろい、組み合わせて全ての色を表現することが可能になりました。青色発光ダイオードを20世紀中に開発することは無理だろうという大方の予想はありましたが、赤﨑、天野は窒化ガリウムという物質にこだわり続け、ほとんどの研究者が窒化ガリウムから去っていく中自分達のグループだけ愚直にこの物質を突き詰めて、最終的には望むように結晶化させることによって青色発光ダイオードの開発にこぎつけました。このことがノーベル物理学賞の対象となったのです。

世界の照明器具をLED照明に変えると、非常に大きな省エネルギーができると考えられます。現在の白熱灯や蛍光灯による照明装置は暖房器具と言えるほど発熱量が大きいため、与えた電気エネルギーは圧倒的に発熱に使われ、発光には非常に少ない量しか使われていません。その点LED照明は発光効率が高いので、同じ光量を得るのに電力が少なくて済み省エネルギーとなります。また、LEDは白熱灯や蛍光灯に比べて寿命が非常に長いため廃棄、交換の回数が激減します。特に蛍光灯の廃棄という点で考えると、蛍光灯は以前に比べて少なくなったとは言え水銀を使用している（2－8「水銀循環と水俣条約」参照）ために、たとえば日本の場合かなりの量の蛍光管は北海道のイトムカ鉱山に輸送し水銀を抜かなければなりません。LEDを廃棄する場合には、この複雑な作業は必要が無くなります。ガリウムは金属なのでそれなりの対処は必要ですが、窒素はもともと空気中に大量に存在している成分なので、これが大気中に漏れても問題ありません。これからも素材など研究開発の途上にあり、青色発光ダイオードの開発は環境対策に革命的に役立つことになりました。

第3章

地球温暖化

気候は地球上のさまざまな自然環境を育む、地球自然の母といってもよいでしょう。その気候が世界的に変わろうとしています。なぜそのようなことになったのでしょうか。どんな変化が予想されているのでしょう。どうすれば今の安定な気候を保てるのでしょうか。

3-1 地球温暖化のメカニズム

地球は、おおむね一定の温度に保たれていて、その温度に適応した生物が住みついています。大気には二酸化炭素などの温室効果ガスがあり、そのおかげで地表面は適切な気候に保たれています。ところが、人間が化石燃料を燃やして二酸化炭素を大気に放出し、地球の温度を高めて、地球の気候を変えつつあります。これが地球温暖化といわれる現象です。

定常に保たれる地球全体のエネルギーバランス

高い温度の物体は比較的短い波長の電磁波でエネルギーを放出しますし、低温の物体は比較的長い波長の電磁波でエネルギーを放出します。6千度の太陽からは、比較的短い波長の電磁波で地球にエネルギーが届けられます。一方、地球の平均気温は約14度とされ、このような低い温度の地球からは長い波長の電磁波（赤外線）で、エネルギーが放出されています。

地球の大気は主として窒素と酸素ですが、ごくわずかながら**二酸化炭素**、**メタン**、**一酸化二窒素**などの**温室効果ガス**といわれる気体が存在します。温室効果ガスは、短い波長の電磁波には反応しませんが、比較的長い波長の電磁波と共鳴して熱を蓄える性質があります。

太陽から地球に入る短い波長の電磁波は温室効果ガスに影響を与えません。しかし、地球から放出された長波長のエネルギーは、大気中の温室効果ガスに一部取り込まれ、周辺大気を熱します。温まった空気からは、またエネルギーが宇宙と地表とに放出されます。このとき、そこから宇宙側に放出されるエネルギー量は、地球が太陽から受け取るエネルギー量と等しく、地球全体のエネルギーバランスが定常に保たれています。しかし、温室効果ガスによって大気の温度は上がるのです。

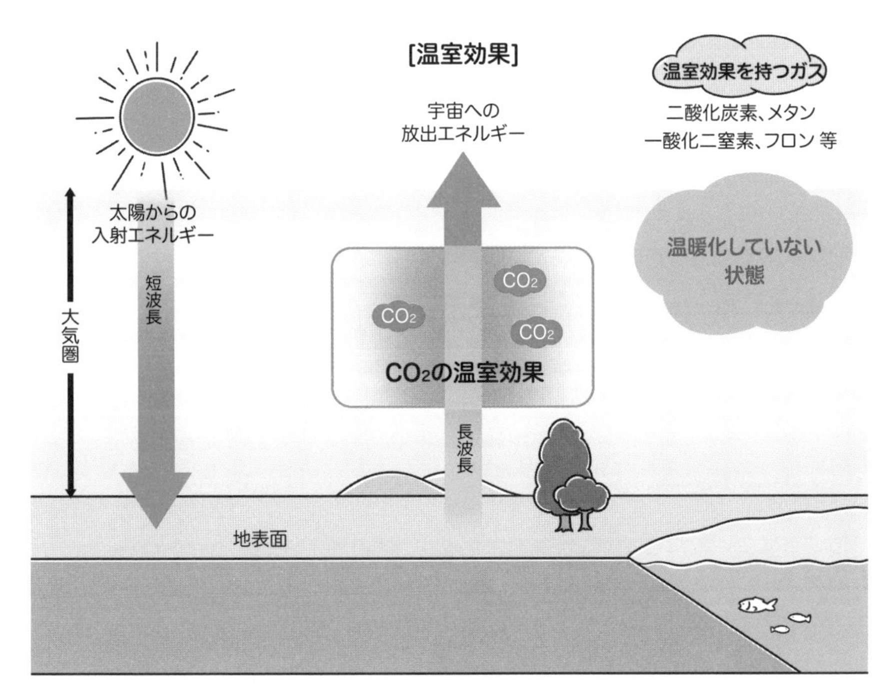

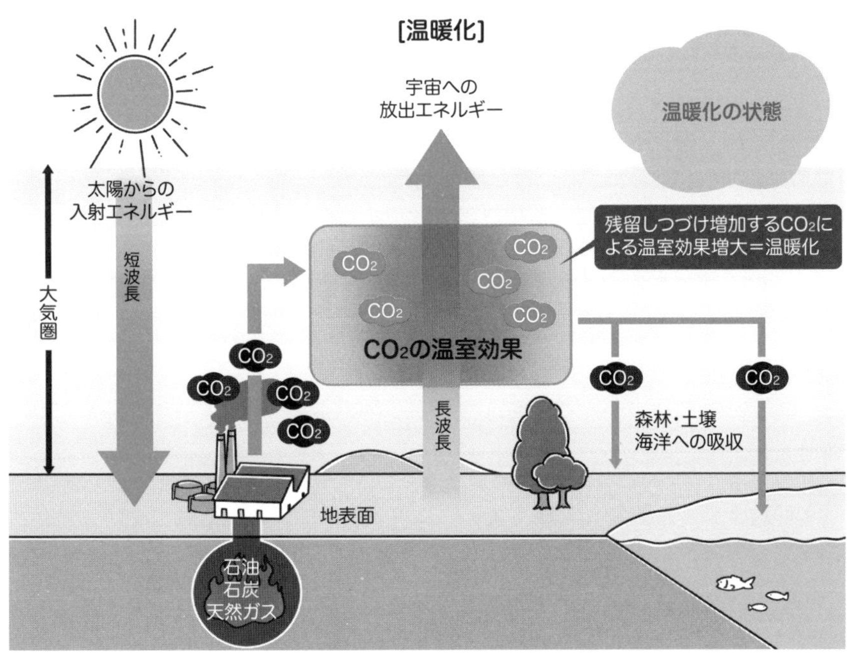

図 3.1 温室効果と温暖化

第3章 地球温暖化

温室効果のおかげで住みよい地球がある

温室効果ガスで温まった大気から地上に向けて放射されるエネルギー量が、最初太陽から注ぎ込まれたエネルギー量に加わって、地球の温度を高めます。この温室効果ガスによるエネルギー追加分で、地球の温度が高まっていることが**温室効果**といわれているものです。

もし温室効果ガスが大気中になければ、地球の温度はマイナス19度になると計算されますが、温室効果ガスがあるおかげで、33℃ほど暖められ、地表面は平均14度と生物の生育に適した温度になっており、そのエネルギーバランスに応じた気候が各地で形成され、現在の地球環境を維持しているのです。

温室効果ガスが増えすぎると、暑くなり気候が変わる

大気中の温室効果ガス濃度が増えると、温室効果も強まり、地球の温度が高まり、それに応じて地球の気候が変わります。地球の温度は20世紀から高まりつつあり1970 年以降、少なくとも過去 2000 年間にわたり、他のどの 50 年間にも経験したこと のない速度で上昇し、2011～2020年の世界平均気温は、産業化の始った1850～1900 年の気温よりも 1.09℃上がりました。これは産業革命以降、人間活動が活発になり、石油や石炭などの化石燃料を使って二酸化炭素などを大気中に放出し続けた結果、大気中の温室効果ガス濃度が増え、温室効果が強まったためと考えられています。この人間活動で温室効果ガスを増やしたため地球温度が上がることを**（地球）温暖化**と呼んでいます。温暖化では地球の平均温度が上がるだけでなく、それにともなって世界中の気候のありさまが大きく変わりますので「（人為的な）**気候変動**」といういい方をされます。

あまり地球の温度が上がりすぎると、気候も大きく変化して、気象災害が増え、これまで人々がそれぞれの地域気候条件の下で築き上げてきた水利用、農業生産あるいは快適な生活が損なわれるのではないかという恐れから、**温暖化防止**のための手段が考えられています。

しかし、もうすでに温暖化は進行しつつあり、人間生活をその変化した気候に「**適応**」させていく工夫も必要になってきています。

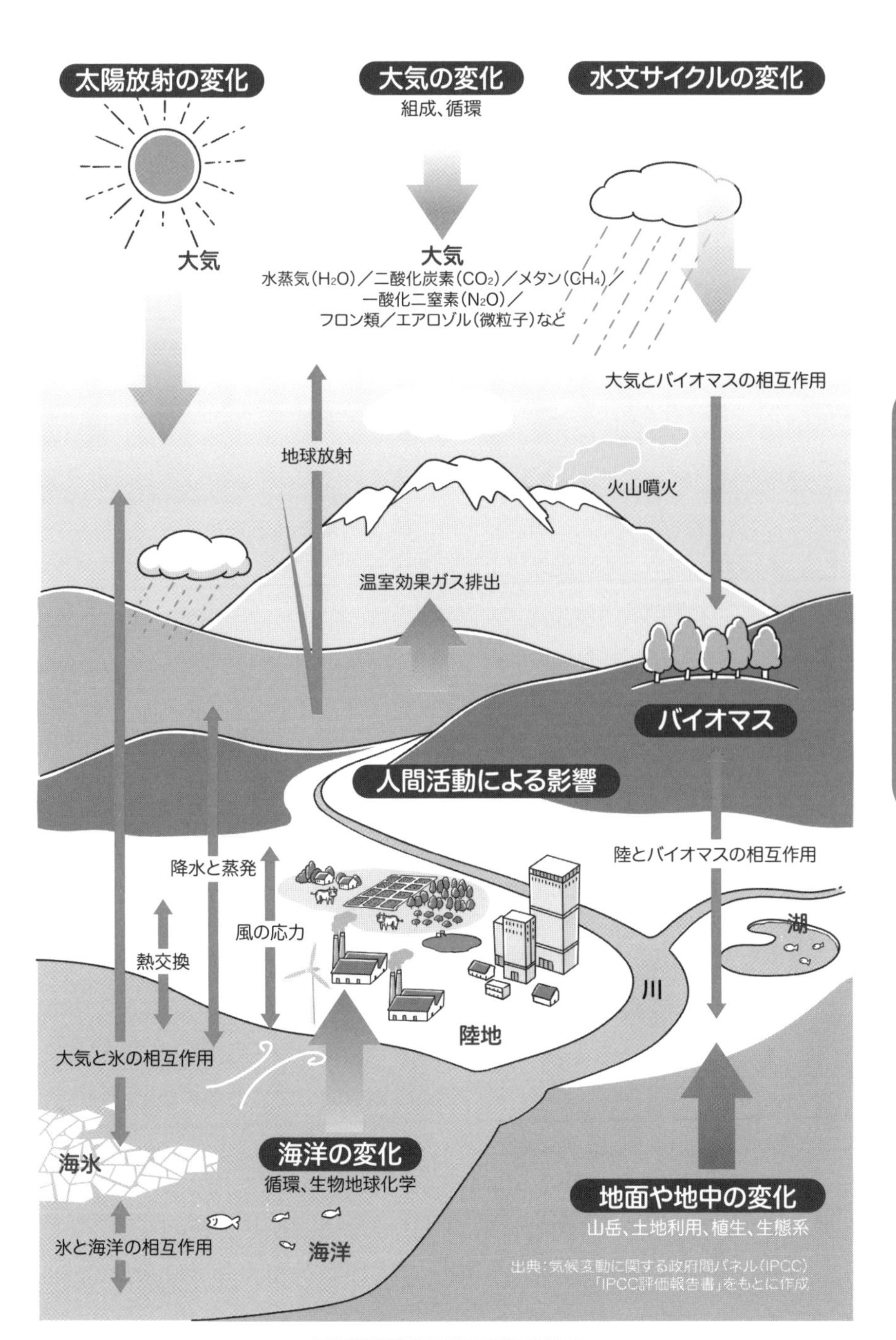

図 3.2 気候を決める要因

3-2 炭素循環と収支

温暖化を起こす一番の原因は、化石燃料燃焼から生じる二酸化炭素です。陸上や海には樹木や土壌、プランクトンなど多くの炭素を含んだ有機物があり、二酸化炭素の形で大気との間で炭素のやり取りをしています。

微妙なバランスで成り立つ地球の炭素循環

陸上や海の有機物が大気との間で炭素のやり取りをすることを、**地球の炭素循環（炭素サイクル）**と呼んでいます。このやり取りは微妙なバランスで成り立っていて、今の大気中の二酸化炭素濃度が保たれています。

そこに人間が二酸化炭素を急に注ぎ込むと、すぐには全体の循環が対応できず、大気中の二酸化炭素が増えてしまいます。温暖化を止めるには、人為的な二酸化炭素の排出を、地球の吸収能力に合わせるように、バランスが崩れないように制限することが必要になってきます。しかし地球の吸収力は多くはなく、人為的な二酸化炭素の排出をほとんどゼロにしなければ温度上昇が止まらないことがわかりました。

炭素は大量に循環しているが、人為的排出量の吸収はわずか

代表的な温室効果ガスである二酸化炭素は、大気と森林や土壌のような陸上生態系と海洋生態系との間で、吸ったり吸われたりしています。

森林の炭素循環と吸収

大気と森林の間（図の左側）では、夜は、森林の呼吸作用で二酸化炭素が大気中に放出されますが、昼には、太陽の光を受けて森林が炭酸同化作用を起こし、大気中から二酸化炭素を取り込みます。この**循環量は地球全体で年間に約1300億トン**（炭素換算*）と見られます。

森林が取り込んだ二酸化炭素の一部は、森林の成長に使われ、木として蓄積されますが、寿命が来て、倒れて朽ちていく木から二酸化炭素が排出

＊　二酸化炭素のうちの炭素分だけ計算。二酸化炭素量に直すには、3.7倍する。以下同じ。

されます。毎年生じる落ち葉は、土壌となって土の中に二酸化炭素を溜め込みますが、土が養分を分解して二酸化炭素を出すことで、これも循環しています。今のところ出入りのバランスとしては、**出入りの差の31億トンだけは森林土壌が吸収してくれています**。陸上ではその他淡水・火山などから8億トンの放出があります。

海洋の炭素循環と吸収

海洋（図の右側）のほうでは、大気中の二酸化炭素がそのまま溶け込んだり、植物性プランクトンが陸上の木と同じ働きで二酸化炭素を吸収しています。

しかし、プランクトンやそれを食べる動物性プランクトンが死ねば、有機物が分解されて二酸化炭素を放出しますし、別の場所では海洋から大気中に排出したりしていますので、全体としては**年間約800億トン規模の循環**がなされています。動物性プランクトンの死骸が海底に沈み込んだり、表層に取り込まれた二酸化炭素が海水の循環機構に乗って深層水に持ち込

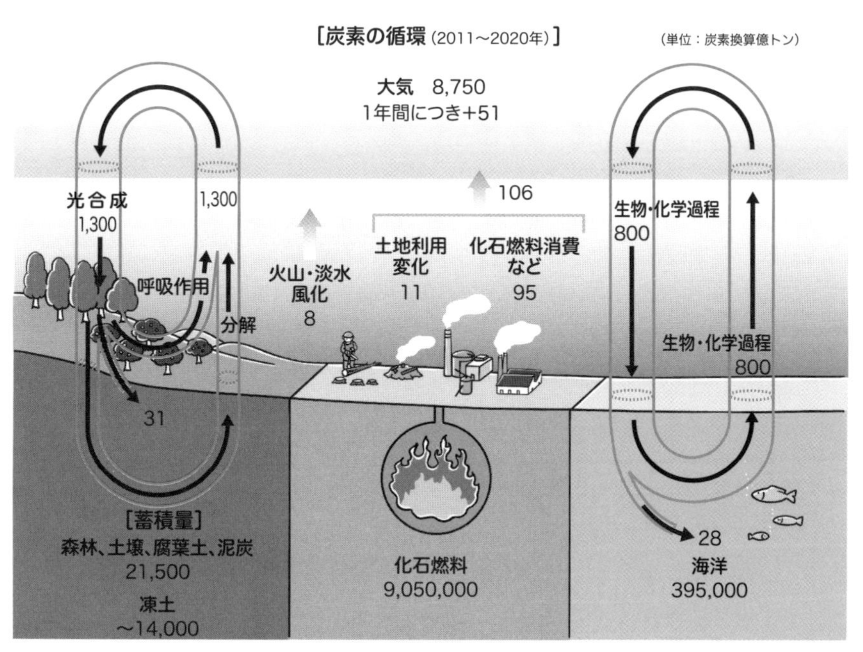

出典：Pierre Friedlingstein 他「Earth Syst. Sci. Data, 14, 1917–2005, 2022」(2022年)をもとに作成

図 3.3 炭素の循環とバランス

まれたりして、今のところのバランスとして、海洋は年間**28億トン**の二酸化炭素を吸収してくれています。

人間が排出する量は吸収できずに半分近くが大気に残る

人間活動からは、化石燃料の消費で炭素換算95億トン、森林伐採や土地改変から11億トンの合計106億トン（炭素換算）の二酸化炭素が放出されます。

上記のように、今の地球の二酸化炭素吸収能力は、陸上31＋海洋28＝59億トンです。その差**年間約51億トンが大気中に残され**ます（不明な吸収分は約3億トン）。毎年大気に排出された二酸化炭素はその後数百年かけてゆっくり吸収されるまでたまり続け、温度を上げ続け、気候を変化させます。

気候安定化には、今の排出量をほとんどゼロに

出している限りその半分が大気に残り、温度を上げるのですから、温度上昇を止めるには、二酸化炭素を一切出さないようにするしかありませんそれには、大気中への人為的二酸化炭素排出量を人為的吸収可能量にまで減らすしかありません（**ゼロエミッション**、あるいは**炭素中立**とも言う）。

いつか吸収量まで排出を下げて、ある濃度にとどめたとしても、今より高い温度になってしまっています。温度が高いと、土壌内の有機物分解が進むなど、陸上生態系からは全体として二酸化炭素が吸収から**放出**のほうに進みます。また、**海洋への溶け込みが困難に**なってきます。

その結果、最終的には、深層水に送り込まれる分ぐらいしか、地球の吸収量は期待できないようです。こうしたバランスに到達するには、100～200年かかりますが、気候を安定化するには、究極的には**今の排出量をほとんどゼロにするまでの大幅な排出削減**が今すぐ必要になってきます（→P.116）。

主要発生源である化石燃料は、今の人間社会を支える重要なエネルギーですから、これほどの削減には大変な努力が要るのです。

column
コラム

IPCCとノーベル平和賞

2007年のノーベル平和賞は、IPCC（気候変動に関する政府間パネル：Intergovernmental Panel on Climate Change）とアル・ゴア元アメリカ副大統領が受賞しました。人為的な気候変化に関する広い知識の確立と普及、その変化に対処する必要手段の基礎を築いたことに対しての功績とされています。

IPCCは、各国政府が推薦する、気候変化とその影響や防止対策に関する約1千名の研究者・専門家の会合です。1988年から開始され、5～6年ごとに6回の報告書を出しています。2021～2022年に出された第6次報告書では、「人間の影響が温暖化をもたらしている事には疑う余地がない。それは世界のあらゆる場所で既に気象・気候に影響を及ぼしている。人為的温暖化をあるレベルで止めるには、二酸化炭素排出をゼロにし、他の温室効果ガスを大幅に削減しなければならない。1.5℃以下に抑えるには、あらゆる部門での迅速・大幅な削減が不可欠である。」と報告しました。

気候変化に関して、特にそれが人為的な原因で起こるのか否かに関しては、いくつかの論議があります。気候システムは極めて複雑で、多くの自然要因が関係します。地球の公転や自転のブレは、太陽からのエネルギーの受け方を変えるため、10万年単位の温度変化を起こします。黒点活動変化に代表されるように、太陽エネルギーも11年ほどの周期で変わります。さらに、温室効果ガスでもたらされる放射エネルギーが雲を作るとき、その水滴の大きさで熱の交換状況が変わります。火山の爆発で噴煙が成層圏まで上がると、太陽光線をさえぎり地球を冷やします。一方、山火事で発生する黒いススは、エネルギーを吸収して地球を暖めます。

この複雑な気候のメカニズムに関して、今の科学がどこまで解明できているかを調べて、世界に報告するのがIPCCの科学者です。彼らは、学会審査を経て学術的に正しいと認められた研究を数万件読み解き、総合的にまとめます。人工衛星観測では海面温度は下りつつあるのに、陸上数千の測候所データでは上がりつつあるといったデータの突合せを数年かけて行い、衛星観測データの間違いがわかったこともありました。

このように、IPCC報告書は、世界の英知を集め、辛抱強く綿密な研究分析の作業の上にまとめられたもので、温暖化防止という世界の重要政策を進めるための科学的基盤として、信頼されるものとなってきています。巷には、まだ多くの疑問を呈する書物も出されていますが、そこでの論拠がIPCCでどのように評価されているかを見ると、科学の面白さがわかります。IPCCでは、気候政策に関連する研究は偏見なしにすべて取り上げること、しかし、研究の評価には政治的な判断を入れてはならないとして、学問の中立性を厳しく保っています。

3-3 温室効果ガス

温暖化を引き起こすのは、大気中に増えてきた温室効果ガスです。気候を安定化するには、大気中の温室効果ガスの濃度を安全なレベルで、一定に保つ必要があります。そのためには、増えすぎた温室効果ガスの排出を急いで減らしていかなければなりません。

温室効果ガスが増えてきた

この温室効果ガスとはどのようなものでしょうか。

大気中にもともとある、二酸化炭素、メタン、一酸化二窒素、オゾンなどのガスは、**地上から放射される熱エネルギーを吸収して大気を暖める**性質があります。

地上からの熱エネルギーは長めの波長を持った電磁波で出されています。二酸化炭素などのガスは、それぞれの分子構造の違いによって異なる一定の波長のエネルギーを取り込んで、ガス自身が熱を発生します。なお、6千度の太陽から地球が受け取るエネルギーは、短い波長の電磁波ですので、温室効果ガスには反応しません。

ガス自身が発する熱が大気全体に広がり、地球大気を暖めます。これが

	産業革命前	2005年	地球温暖化係数※	人間活動による主な排出原因
水蒸気 (H_2O)	1～3%	1～3%	—	
二酸化炭素 (CO_2)	280 ppm	391 ppm	1	化石燃料燃焼やセメント製造、土地利用の変化など
メタン (CH_4)	0.7 ppm	1.80 ppm	28	農業、畜産、天然ガスの輸送、ゴミの埋め立てなど
一酸化二窒素 (N_2O)	0.27 ppm	0.32 ppm	265	肥料の使用、化石燃料燃焼
フロン	—	0.000538 ppm (CFC-12のみ)	数百～14,000	スプレー、冷蔵庫などの冷媒、半導体の製造、絶縁体など

※100年間の値

出典：気候変動に関する政府間パネル（IPCC）「IPCC 第5次報告書」などをもとに作成

図 3.4 さまざまな温室効果ガスと排出原因

温室効果で、このような作用を持つガスを温室効果ガスと呼びます。温室効果ガスが大気にあるおかげで、地球大気温度は平均14度に保たれています。温室効果のおかげで地球は私たちにとって住みよい場所になっているのです。しかし温室効果ガスが増えてきたことによって、温室効果が高まりすぎて、温暖化が進んでいます。

ガスによって異なる地球温暖化への影響

こうした温室効果ガスは50種類以上あげられます。代表的なガスは図3.4のとおりです。ガスの種類によって、性質や大気中の存在量や寿命が違いますし、温暖化への効き方が異なります。

同じ重さで二酸化炭素と比較した効き方を地球温暖化係数（GWP）と呼んでいますが、メタンは二酸化炭素の28倍効くとされますから、同じ重量を削減するのならメタンのほうが効果的です。人工的に作られたフロン類は、ものによっては二酸化炭素の1万倍以上の効き方ですから、少量でも出してはいけません。水蒸気（雲）も温室効果ガスで、大気中に1〜3%程度存在します。しかし雲はその構成がさまざまであり、太陽光線を反射するなどの性質もあり、効き方を定めることができません。また、雲が増えてもその制御はできませんので、削減対象ガスとはしません。オゾンは、一部大気汚染物質間の反応で生成しますから、制御が厄介です。また、成層圏オゾン層の破壊は、わずかに地球を冷やします。

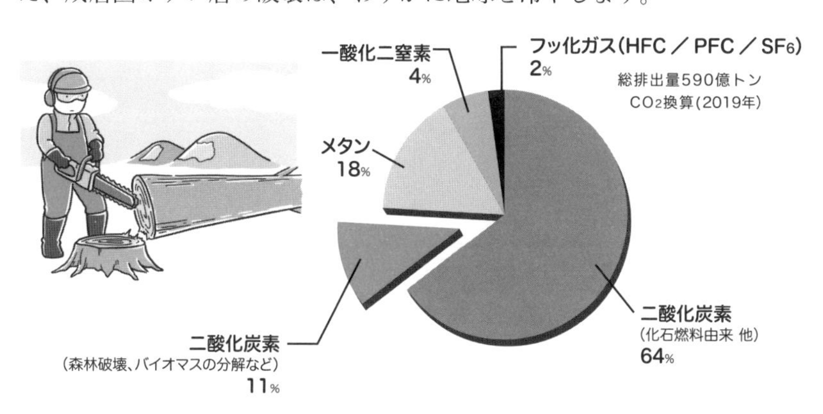

出典：気候変動に関する政府間パネル(IPCC)
「IPCC 第6次評価報告書」をもとに作成

図 3.5 温室効果ガスの内訳(2019年)

こうした性質と大気中の存在量から計算した現在の温暖化への効き方は、**二酸化炭素**が約**75%**を占め、**メタン18%**、**一酸化二窒素4%**の順です。ですから、二酸化炭素が温室効果ガスの代表として、まっ先に削減対象となっています。

人間活動から出される温室効果ガス

石炭や石油などの**化石燃料を燃焼**すると、燃料中の炭素が酸素と反応して二酸化炭素を出します。**森林を伐採**すると、森林の二酸化炭素吸収能力が失われ、木を燃やすと二酸化炭素が出ます。メタンは**ゴミの埋立地や水田**からでますし、家畜のゲップにはメタンが含まれます。畑地に**窒素肥料**をまくと、一酸化二窒素を排出します（→2-7　窒素循環）。

このように、温室効果ガスは**人間の生産/生活活動から出される**ものですから、削減はなかなか困難です。国別に見ると、先進国と途上国の排出量比は現在ではほぼ同じですが、将来は途上国の排出量が増えていくでしょう。先進国の人口は途上国の4分の1ですから、1人当たりでは先進国の排出量は途上国の5〜10倍になります。ですから削減を話し合う国際交渉では、途上国は「まずは先進国が温室効果ガスを減らすように」と要求します。

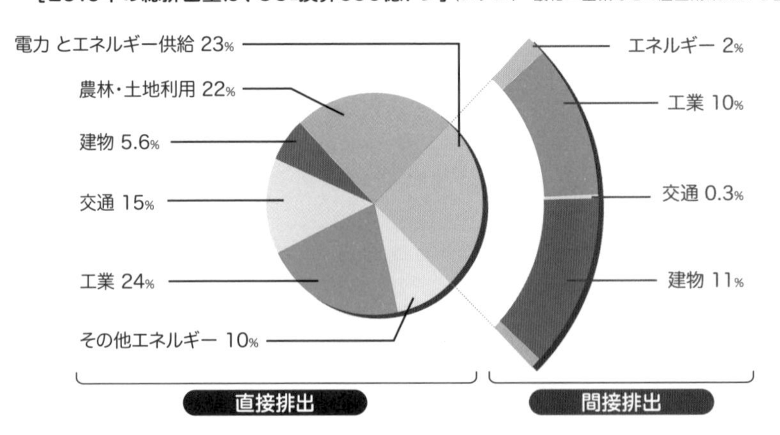

図3.6　温室効果ガスの分野別排出量（二酸化炭素換算）

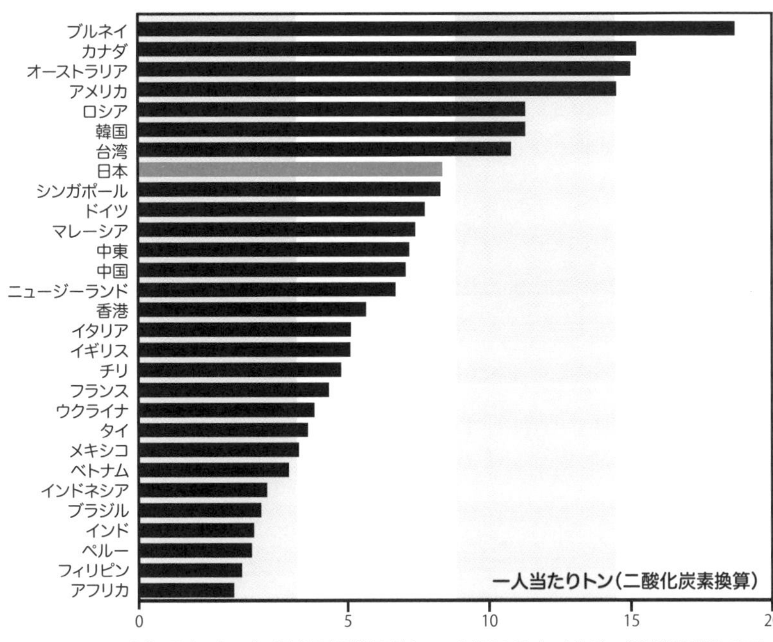

出典：日本エネルギー経済研究所計量分析ユニット「EDMC／エネルギー・経済統計要覧 2022」「世界の一人当たりCO_2排出量」をもとに作成

図 3.7 国別１人当たりの二酸化炭素排出量（2019 年）

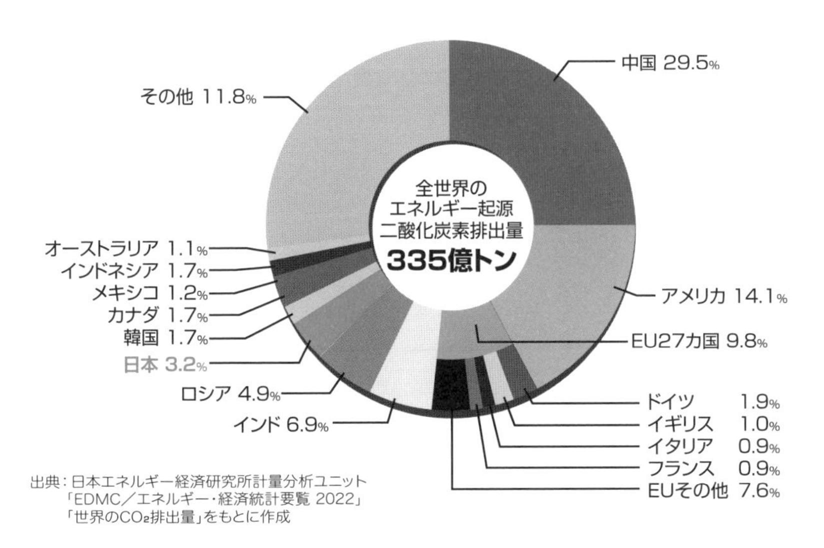

出典：日本エネルギー経済研究所計量分析ユニット「EDMC／エネルギー・経済統計要覧 2022」「世界のCO_2排出量」をもとに作成

図 3.8 国別二酸化炭素排出量（2019 年）

人間活動からの温室効果ガス排出は頭打ち？

人間活動から排出される二酸化炭素量は、19世紀末までは森林伐採などの土地利用変化からの排出だけでしたが、1900年頃から石炭利用からの化石燃料使用が増え、第2次大戦後からは石油・天然ガスが加わり急速に増加してゆきました。そしてその総排出量の約半分が吸収されずに大気中に放出されてきました。現在は、再生可能エネルギーの導入などが進み始め2019年には伸びが止まっています。今後減るか増えるかは、世界の気候政策によって決まります。

大気中の二酸化炭素は過去最高の濃度

温室効果ガスである二酸化炭素の大気中濃度が急激に増加しています。産業化開始（1850～1900年頃）から2019年までに、二酸化炭素の大気中濃度は260ppmから410ppmまで上昇しました。今の濃度は、80万年前から見ても最高の濃度です。「3-2　炭素循環と収支」で示したように、人間が出した二酸化炭の約半分が大気中に溜まり続けたため濃度が高まっ

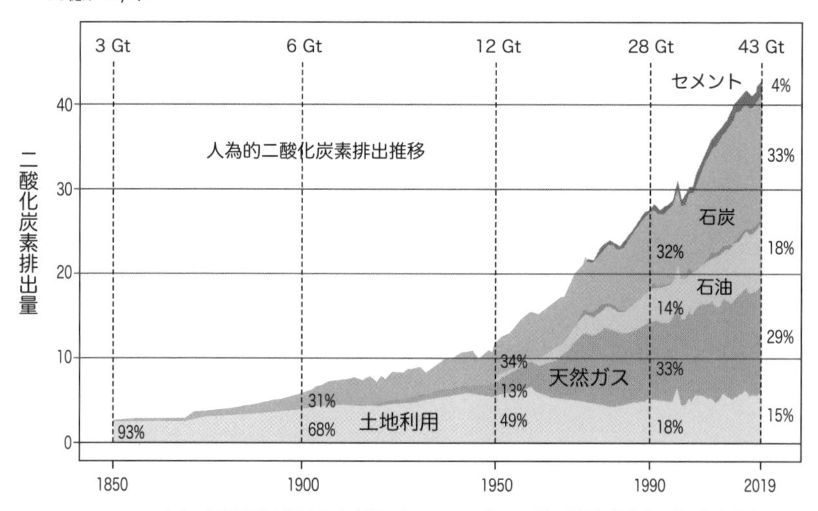

出典：気候変動に関する政府間パネル(IPCC)「IPCC 第6次評価報告書　第3作業部会(WG3) FIGURE TS3」をもとに作成

図 3.9　人為的二酸化炭素排出推移

たのです。この濃度増加がもたらす放射強制力増加が温暖化の原因と見られます。メタンなどほかの温室効果ガスの濃度も、同様に増えています。

文明化した人類がはじめて経験する温度上昇

気候変化は急速に進んでおり、地表面でさまざまな変化を引き起こしつつあります。

まず2011年から2020年までの10年間の世界平均気温は、産業化以前(1850～1900年頃）から1.09℃高くなりました。これは、地球上にある多くの測候所や海上に設置したブイで計った温度を、ヒートアイランド現象のある都市部などのデータを取り除いて世界中で集計して計算されます。たった1℃かと思うでしょうが、この1000年間でも自然の変動はせいぜい上下0.5度程度の上がり下がりで、中世の温暖期にはグリーンランドに人が住んでいたり、17世紀の小氷河期でヨーロッパでは震え上がっていたのです。

1975年頃から急な温度上昇が続いて、直近50年の温度上昇は、少なくとも過去2000年間には見られなかった早い速度であり、12万年前からの前の間氷期（氷期と氷期の間の温暖な時期）のどの時期の温度より高温に達してます。今や我々は文明期の人類が経験したことがない暖かい世界に突入しようとしているのです。

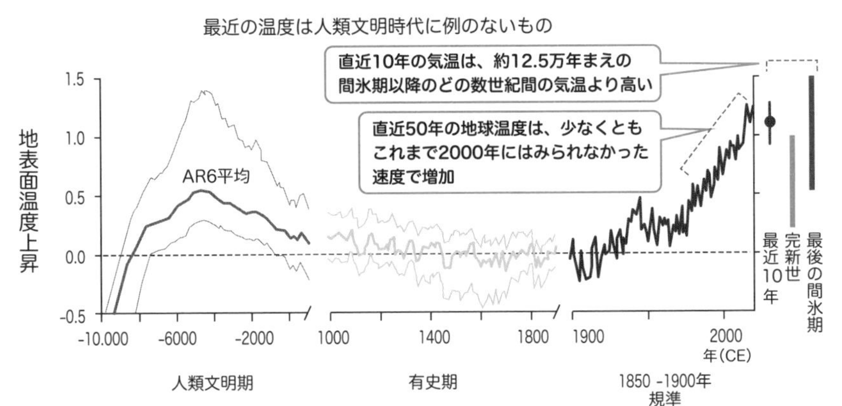

出典：気候変動に関する政府間パネル(IPCC)「IPCC 第6次評価報告書 第1作業部会(WG1) Cross-Section Box TS1, Fig.1」をもとに作成

図 3.10 地表面温度の変化

温度が上がって起きていること

1950年代以降観測された気候関連事象の変化の多くは数十年から数千年にわたり前例のないものです。

ヨーロッパ・アジアで熱波の発生頻度増、暑い日の頻度増、寒い日の頻度は減少しています。温暖化に伴い海水などの蒸発が増え降水量が増えます。1900年からの降水量観測によると、世界的に平均降水量が増加しており、1980年頃からはその増加率が加速していますし、大雨の頻度が増えています。

南北両半球で山岳氷河と積雪面積は縮小しています。1990年代から世界中で氷河が解けて後退し始めています。氷河やグリーンランドの氷床など陸上の氷が解けて海に流れ込み、海水も温度が上がり熱膨張するため、海水面が上がります。世界の海水面は1901年～2018年の間に20cm上昇しました。

北極は世界平均の2倍の速さで温暖化しており、夏の平均海氷面積は1978年以来10年で約10％の割合で縮小しています。北極海ではこれまで太陽光を反射していた海氷面がなくなり、現れた海面が今度は太陽光を吸収するので温暖化は倍加されるのです。

大気中に増えた二酸化炭素が海中に溶けこんで海水酸性化が進んできました。産業革命以前の海の平均的なpHは8.17でしたが現在pH8.1まで酸性化しています。酸性化が進むと甲殻類やサンゴなどが炭酸カルシウムの殻や骨格を形成できなくなります。

温暖化で気候帯が北半球では北の方へ、南半球では南の方に移動しており、これに伴い陸域の生態系がさまざまにかわりつつあります。

こうした事象は、人間活動が引き起こす温暖化がなければ生じなかっただろうと考えられています。

気候システムに対する人間の影響は明白

地球の**気候**は、温室効果ガスだけでなく**さまざまな要因で変化**します。地球の自転・公転の軸がぶれると太陽からの入射エネルギーが変わり、長期の気候変化を引き起こします。太陽活動が11年ほどの周期で変わります。火山が爆発すると、噴煙が成層圏に舞い上がり太陽光線を反射しますので地球が冷えます。雲は温室効果ガスですが、一部は冷却効果を持ちます。

このようにさまざまな要因で決まるため、人間が出す温室効果ガスが今の温度上昇の原因であるかは議論の的でした。人為的なものでなければ、化石燃料の使用を制限しても温暖化は止まらず、温度上昇を耐えていくしかありません。しかし人為的なものなら人間の力で気候を安定化できます。1990年にIPCCは、あと10年たたないと人為的か否かの判別は困難としていました。その後地球観測が進み、温暖化の科学が進展し高速コンピュータによって気候モデルが精緻になると同時に、気候の変化自身が進み、2013年IPCC第5次報告書は、「気候システムに対する人間の影響は明瞭である。これは大気中の温室効果ガス濃度の増加、正の放射強制力、観測された温度上昇、そして気候システムに関する理解から明白である」としています。また2021年のIPCC報告は、人間の影響が大気、海洋および陸域を温暖化させていることには疑う余地がない。大気、海洋、氷雪圏および生物圏において、広範囲かつ急速な変化が表れている、と再確認しています。

column

コラム

温暖化が人為的であることの証明

「地球大気に二酸化炭素を注入すると大気温度は上がる」という仮説を検証するには、大量の二酸化炭素を大気中に放出して温度上昇を測定するという実験を何回か繰り返し、いつも同じ結果が得られれば科学的に真否を証明できたといえます。今まさに我々はその「温暖化大実験」を実際の地球を使ってやっている最中と言えます。だけど困ったことは、この実験を途中で止める方法を知らずに始めてしまったのです。止められなければ灼熱地球にまで温暖化が暴走してしまうという警告すらだされていますから、「否」の結果になる方がいいのです。だから多くの「温暖化は人為二酸化炭素排出とは無関係で自然の現象に過ぎない」という説がいくつも出され、抑止に向かう事を遅らせて来ました。しかし科学的理解が進み、かつ温度上昇が急速にかつ確実に進んできたことから、「今の温度上昇が人為的なものであることが明白である」とされるようになり、止めるにはゼロエミしかないこともわかり、世界は今いま大急ぎで脱炭素転換に向かっているのです。

図は、いま進行している温度上昇は人為的温室効果ガス排出に「関係ない」という仮説での気候変動予測モデル結果（下側）と「関係ある」とした結果（上側）の比較です。「関係ある」とした予測の方が、時間がたつにつれて温度上昇実測値とよりよく重なり合うようになってきています。これによって仮説はほぼ「真」と検証され、ここらでこの大実験をたたまないと危ない、すぐに温室効果ガスの注入をやめようぜと、危機一髪のところで転換に向かおうとしています。

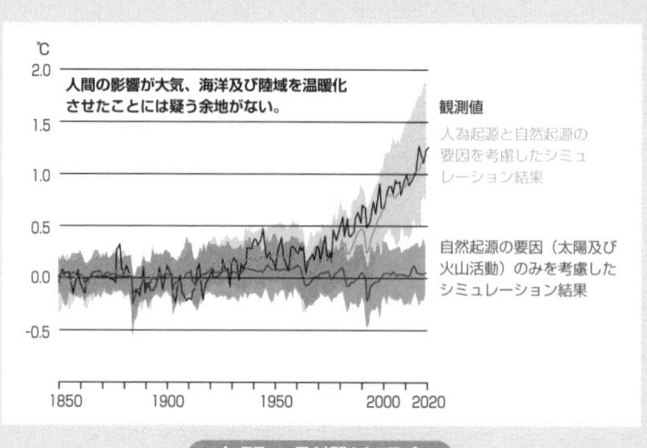

出典：気候変動に関する政府間パネル（IPCC）「IPCC 第6次評価報告書　第1作業部会（WG1）FIGURE SPM1」をもとに作成

人間の影響は明白

3-4 温暖化を予測する

気候変化は今後どのように進むのでしょうか。スーパーコンピュータを使った気候モデルが、このままでは人類が経験したことのない温暖化の進行を予測しています。

気候予測モデルで気候変化を予測

気候変化の予測は、毎日の天気予報と同じくコンピュータによる気候モデルの計算でされます。地球の大気層と海洋全面を、数kmから数10kmほどの立体格子で区切り、それぞれの格子点での温度・風・エアロゾルの濃度といった物理量を与え、エネルギー、大気や海洋の流れについて大気・海洋の変化を支配している物理法則の方程式を近似して解いていくと、地球全体の気候が再現できます。

方程式では表されない要因もありますし、モデルの組み方や、格子の細かさ、観測データの処理の仕方などでモデルごとに予測結果がいくらかは変わってきます。

このモデルに大気中に出す温室効果ガスの量を変えて計算すると、どれだけ温度が上がるか、そのときには世界の各地でどのような気候になっているかが予測されます。多くの研究所でこうしたモデル計算を行っており、細かな点で異なるところもありますが、全体として温度上昇が進むという結果には変わりありません。

台風やハリケーンの強さがどうなるかは世界の関心の的ですが、格子点をずっと細かくしなければその発生が再現できません。今後、さらにコンピュータの性能が上がり、多くの地球観測の結果が得られると、それらを用いて予測の精度は上がっていくと思われます。

排出量は社会の姿で変わる

将来の気候は人間が排出する温室効果ガスの量によって決まります。もともと排出量の多い工業社会では、排出規制が緩ければ排出は相当大きいでしょうし、厳しくすればいくらかは減ります。自然共生社会では排出規制が工業社会と同等の緩い規制でもあまり多くの排出はないでしょう。将来どのような社会になるか、どれだけ規制を強められるかで、いろいろな排出のシナリオが書けます。

表には、将来ありうる典型的な5つのシナリオが描かれており、排出モデルと気候モデルで計算されたそれぞれのシナリオに対応する温度上昇予測が図3.11に示されています。

将来予測シナリオ

シナリオ	シナリオの概要	2081-2100 温度（℃）
① 1.5℃	持続可能な発展の下で、工業化前を基準とする21世紀末までの昇温（中央値）を概ね（わずかに超えることはあるものの）約1.5℃以下に抑える気候政策を導入。21世紀半ばにCO_2排出正味ゼロの見込み。	1.4
② 2.0℃	持続可能な発展の下で、工業化前を基準とする昇温（中央値）を2℃未満に抑える気候政策を導入。21世紀後半にCO_2排出正味ゼロの見込み。	1.8
③ 現状政策	中道的な発展の下で気候政策を導入。2030 年までの各国の「自国決定貢献(NDC)」を集計した排出量の上限にほぼ位置する。工業化前を基準とする21 世紀末までの昇温は約 2.7℃(最良推定値)。	2.7
④ 政策なし	地域対立的な発展の下で気候政策を導入しない中～高位参照シナリオ。エーロゾルなどCO_2以外の排出が多い。	3.6
⑤ 化石燃料依存継続	化石燃料依存型の発展の下で気候政策を導入しない高位参照シナリオ。	4.4

出典：気候変動に関する政府間パネル(IPCC)「IPCC 第6次評価報告書」第2作業部会(WG2) SPM／第1作業部会(WG1)をもとに加筆・作成

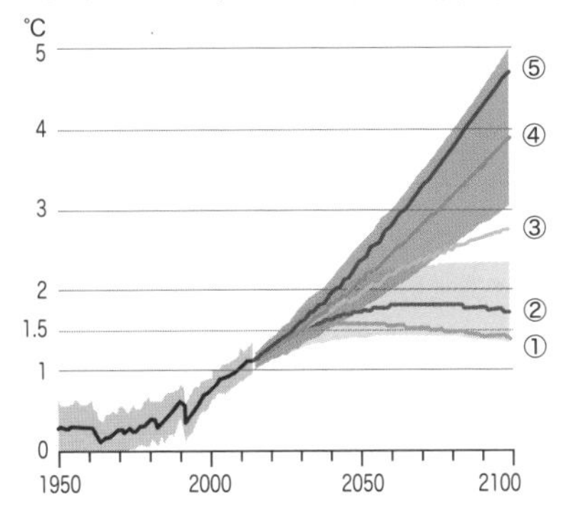

出典：気候変動に関する政府間パネル(IPCC)「IPCC 第6次評価報告書」第2作業部会(WG2) SPM／第1作業部会(WG1)をもとに加筆・作成

図 3.11 温暖化予測　5つのシナリオ

どのシナリオを選択するか?

シナリオ①は、今世界が目標としている、温度上昇を産業化以前から1.5℃以下に抑えるためのシナリオです。経済発展態様をより持続可能なものに変え、かつ厳しい政策をすれば、今世紀半ばにはゼロエミに抑え込め気候は安定化しそうです。シナリオ②は同様に2℃上昇あたりで気候を安定化しようというシナリオです。ここでも持続可能な社会への転換が必至で政策の強化も必要です。シナリ③は、今、世界でなされている削減努力でどこまで温度が下げられるかを見ています。まだまだ努力不足で、このままだと温度は2℃を超え、今世紀末には2.7℃まで上昇します。シナリオ④は世界協力がなされなく、それぞれの国がそれぞれに発展し続けるとしたときの結果で、今世紀末の温度上昇は3.6℃までになります。シナリオ⑤は、今のような化石燃料依存型の世界が続いたらどうなるだろうという最悪のシナリオですが、これだと世紀末には4.4℃にも上がります（温度上昇に伴うリスクについてはP.115「column　気候変動のリスクをどう判断するか？」を参照)。

今、世界は、シナリオ①や②を目指しています。早くその道筋に乗らないとどんどん③などの道筋に乗ってしまうのです。

3-5 気候変化で何が起きるのか

地球温暖化により、地球の平均温度が上昇しますが、それだけでなく、世界の気候全体を徐々にさまざまに変えます。地球の気候は、きわめて複雑なしくみで構成されており、ひとつの変化がいろいろな変化につながって人々の生活に影響を与えます。

豪雨と干ばつの増加

温暖化でどの場所でどのような変化が起きるかを正確に予測することは、まだまだ困難です。しかし、大筋のことがわかってきました。たとえば、温度が上がると海面からの蒸発が盛んになって、雲の発生が多くなります。その水蒸気が雨や雪になって地上に降り注ぎますから、世界全体に**水の循環が強まり、雨量が増加**します。雨の降り方も、スコール型の雨が多くなるようです。

ところが、内陸深くの、今でも砂漠の地域では、温度上昇のほうが効いてきて、蒸発がより盛んになり**干ばつが進み**ます。ですから、温暖化すると、雨の降りやすいところはますます豪雨の頻度が増え、今でも降雨の少ないところはますます干ばつの頻度が増えます。

農産物生産や居住地への影響も大きい

もともと、人間は水のあるところを求めて住んでいますから、このことは農産物生産や居住に大きな影響を与えます。温暖化により温暖な地域が、北半球では北のほうへ上がっていきますから、これまで雪に閉ざされていた地域でも農業に適した気候になります。その一方で、これまでも高温に耐える品種での穀物栽培を行ってきた熱帯地域では、開花・受粉時に高温が続くと実がならなくなります。

生存環境の変化で絶滅する生物も

生存環境が大きく変わりますから、**2度の上昇**で生物が**15%**絶滅し、

気候変化に脆弱な分野では、
0〜1℃の気温上昇でも温暖化の悪影響が生じると予測される！

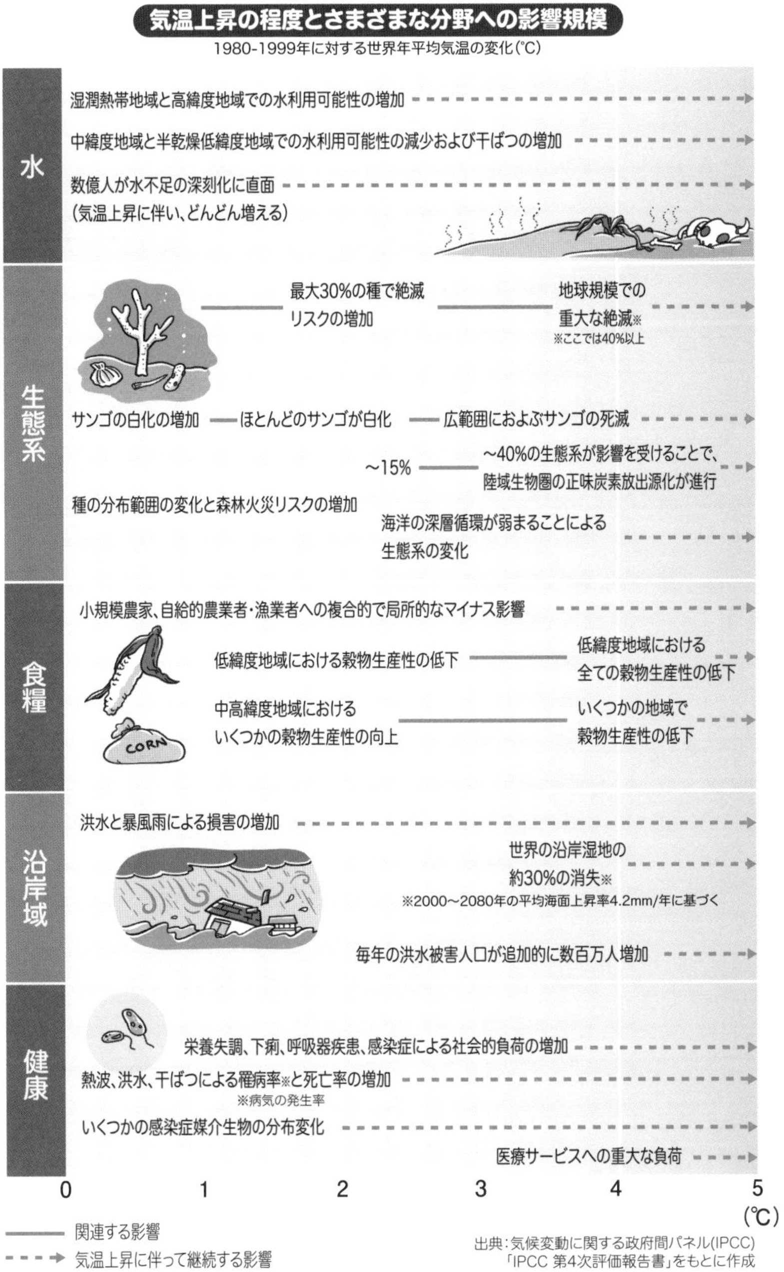

気温上昇の程度とさまざまな分野への影響規模

1980-1999年に対する世界年平均気温の変化（℃）

水

湿潤熱帯地域と高緯度地域での水利用可能性の増加

中緯度地域と半乾燥低緯度地域での水利用可能性の減少および干ばつの増加

数億人が水不足の深刻化に直面
（気温上昇に伴い、どんどん増える）

生態系

最大30%の種で絶滅リスクの増加 ― 地球規模での重大な絶滅※
※ここでは40%以上

サンゴの白化の増加 ― ほとんどのサンゴが白化 ― 広範囲におよぶサンゴの死滅

〜15% ― 〜40%の生態系が影響を受けることで、陸域生物圏の正味炭素放出源化が進行

種の分布範囲の変化と森林火災リスクの増加

海洋の深層循環が弱まることによる生態系の変化

食糧

小規模農家、自給的農業者・漁業者への複合的で局所的なマイナス影響

低緯度地域における穀物生産性の低下 ― 低緯度地域における全ての穀物生産性の低下

中高緯度地域におけるいくつかの穀物生産性の向上 ― いくつかの地域で穀物生産性の低下

CORN

沿岸域

洪水と暴風雨による損害の増加

世界の沿岸湿地の約30%の消失※
※2000〜2080年の平均海面上昇率4.2mm/年に基づく

毎年の洪水被害人口が追加的に数百万人増加

健康

栄養失調、下痢、呼吸器疾患、感染症による社会的負荷の増加

熱波、洪水、干ばつによる罹病率※と死亡率の増加
※病気の発生率

いくつかの感染症媒介生物の分布変化

医療サービスへの重大な負荷

0 1 2 3 4 5（℃）

―― 関連する影響
- - → 気温上昇に伴って継続する影響

出典：気候変動に関する政府間パネル(IPCC)「IPCC 第4次評価報告書」をもとに作成

図 3.12 温暖化で予測される分野ごとの将来影響

4度を超えると**40〜70%**の生物が絶滅すると推定されています。

サンゴは水温上昇で共生生物がいなくなり、白化が進みます。すでに世界の10%のサンゴ礁が被害にあっていると見られ、2度の上昇でほとんどのサンゴが白化します。北極海の解氷でシロクマが絶滅しようとしているような状況が、あちこちの生物で見られるでしょう。大気中に二酸化炭素が増えると、それを吸収している海洋では**海水の酸性化**が進みます。すでにpHが0.1減少しており、貝や甲殻類の幼生に影響が出ます。

生態系の変化による影響は予測がつかない

温暖化で温暖な季節帯が北上していきますが、植生や動物のような生態系はそれに合わせて移動しなければなりません。しかし気候帯移動の速さは年間数キロ、植生移動可能距離は数百メートル程度ですからだんだん枯れていき別な植生に変わっていきます。鳥や動物は変わった気候に合わせて、北に、あるいは高地に移動します。植物は移動速度が遅いため、なかなか変化についていけず、枯れて弱まっていきます。弱まった森林では山火事の発生が多くなります。

生態系は、植物と動物が共生してその機能が保たれていますが、こうした移動の時間的なギャップで、**生態系が大きく変化**すると見られます。その正確な様相はなかなか予測できませんし、生態系の変化が私たちの生活にどのような影響を与えるかの定量的な評価は、非常に難しい状況です。

蚊などが媒介するマラリヤやデング熱のような**感染症**は、その媒介動物と原虫が移動することによって地域を広げます。

気候システム自体を変える急激な変化の可能性

温度上昇が進むと、こうした徐々に進む影響だけでなく、地球の気候システム全体を変えてしまうような急激な変化が起こる可能性も増えます。

ひとつは、地球の熱を大きく溜め込み地球の気候を支配している**海流の変化**です。海流は2千年の周期で回っています。太平洋からの表層流が喜望峰経由でメキシコ湾流として太西洋を北上し、蒸発で塩分が濃くなり、北上で低温となって比重が重くなり、ノルウェー沖で深海にもぐり込み、今度は深層水となって太平洋に向かいます(→2-2　水循環と海洋大循環)。

温暖化で北極海近くの陸氷が溶けると、塩分濃度が低くなって比重が軽くなり、海流の沈み込みが弱まり、メキシコ湾流の北上を妨げます。そうすると世界中の熱バランスが大きく変わり、北半球が冷え込みます。

もう1つは、**グリーンランドや南極の氷床や張り出した棚氷の崩壊**の恐れです。陸上の氷が溶けると海面が上昇します。グリーンランドの氷が全部溶けると、世界で7mの海水面上昇が起こりますが、こうしたことは数百年かけて起こります。しかし、氷が溶けるというより滑り出て海中に落ち込むと、大きな海面上昇が一挙に起こり、沿岸にある世界の都市や工場、農業地帯のほとんどが使えなくなります。

こうして現象がいくつかの複合的な極端現象の連鎖を引き起こし、人為的手段では温度上昇が止められなくなる可能性も指摘されており、気候リスク評価に考慮されるべきとされています。

気候変動影響への「適応」力をつけておく

すでに世界の各地で人為的気候変動による影響が観測されはじめました。日本でも九州のコメが高温で実りが悪くなり、在来種では白濁した未熟米が増えてきたので、暑さに耐える品種を開発しました。一方で北海道のコメの生産適地が増えています。四国のみかんも、ころあいの色付きで採果しても、中身が熟しすぎになるようなちぐはぐが起こってきています。日本を取り巻く海水の温度が上昇気味で、取れる魚の種類がこれまでと変わってきました。夏の猛暑が続き熱中症で病院に運ばれたり死亡する人が急増しています。ヒトスジシマカの生息域が青森あたりまで北上し、デング熱のウイルスを媒介する可能性が増えています。豪雨が増え、日本各地で土砂災害や洪水被害が目立つようになりました。

作物影響には品種改良や変更で、熱中症にはこまめに水分を補給したりエアコンをつけたりで、個人で気候の変化に「適応」できます。災害の頻発には、様々な公共事業での防止策での「適応」が必要です。気象災害の増加に対しては、ダムや堤防等の構築によるハード的対応と、災害時を想定した避難活動や救助活動等を強化するハザードマップなどソフト的対応の、適切な組み合わせが必要です。

今では世界の多くの国がすでに起きている気候影響に対応するため、気候変動への「適応計画」を作り始めています。日本でも2018年「気候変動適応法」が作られ、自治体にも適応計画の努力義務が課されました。今、世界は、なんとか適応が可能な1.5℃あるいは2℃上昇以下に抑えるという政策目標を共有していますが、その対応が遅れてしまうリスクも考えての適応対応も、長期的には想定しておかねばなりません。

温暖化による気候変化の不可逆性

温室効果ガスを出し続けると起こる、海水深部の温度上昇、海水面上昇や、海水酸性化などの大きな変化は、いったんおきると数百年から数千年かけないともとには戻りません。また、累積排出量がふえると、陸海域での炭素吸収の割合が減ってゆき、ますます大気中の二酸化炭素が増えて温暖化をすすめます。大気中に拡散された二酸化炭素を人工的に大量に回収するのは非常に困難ですから、いったん上がった温度はなかなか元に戻せません。ですから目標温度をこえても当分の間は適応策で耐えしのんで、あとで下げるという対応策には大きなリスクがともないます。

まずは抑制策、そして適応策を今からすぐに

このように、気候システム自体を変えてしまう変化が起こると、あらゆる分野に影響が及び、それが拡大し続けることが予想されます（→図3.12）。生物も人間も人間社会も、ある程度の変化ならそれに**適応**することができます。しかし、いつかは大気中の温室効果ガス濃度を増やすことをやめて、気候を安定させなければなりません。一体**何度の上昇までなら耐えられるのか**、安定化のための対策は、こうした温暖化のリスクを十分に考慮して決めることになります。温暖化の影響は、いったん起こるとそれを元に戻すことはほとんど不可能で。安全側に立った、予防的な政策として、最大限の抑制策を尽くし、同時に既に始まっている温暖化影響には長期を見据えた適応計画にもとづいて今すぐ手を打たねばなりせん。抑止策・適応策には、地域の省エネ・防災インフラ整備や地域分散型エネルギー供給での非常時対応など共通な対策があり、それぞれの地域の発展計画に合わせて統合してすすめてゆくのが効率的でしょう。

column

コラム

気候変動のリスクをどう判断するか?

気候変動枠組条約の目的は、「危険にならない水準で、大気中の温室効果ガス濃度を安定化すること」とされています。2015年のパリ協定では2℃できれば1.5℃以下、2021年グラスゴーでは1.5℃以下に抑える努力を追求することが合意されました。「危険にならない水準」はどのようにして決められるのでしょうか。

予想される気候変動とその影響は、世界的には場所や対象によっていろいろ違った形で起きますし、それに対する人々のリスク判断もまちまちでしょうから、一体どうやって危険な水準を判断すればいいのでしょうか。IPCCでは数万件の研究成果をもとにして、温暖化の進展に伴う危険の目安を次図のような形で表しています。

影響やそれに対する順応/適応可能性によって、影響のタイプを(1)から(5)の5つに分けています。そして、予想される温度上昇に対応して、それぞれのタイプへの影響リスクがどう高まるかを色の濃さの変化で示しています(次ページ図)。

(1) 独特で脅威に曝されているシステム：北極の海氷、サンゴ礁、絶滅に瀕した生物、大河デルタ地帯の都市や農地、果樹、スキー場等で、すでに多くの気候変動影響が出ているものも多くある。

(2) 極端な気象現象：熱波、極端な降水、沿岸洪水のような極端現象による気候変動リスクはすでに中低緯度であり、暑熱などは2℃上昇になると非常にリスクが高まる。

(3) 影響の分布：リスクは偏在しており、どこでも恵まれない境遇にいる人々や地域社会は大きな影響を受ける。特に作物生産への影響は地域的に異なるが、すでに中程度である。ほかに水利用可能性等こうした不均等に分布する影響のリスクは2℃以上で高まる。

(4) 世界総合的影響：世界全体で総計した影響のリスクは1～2℃の上昇では中程度であるが、3℃になるとリスクが高くなる。

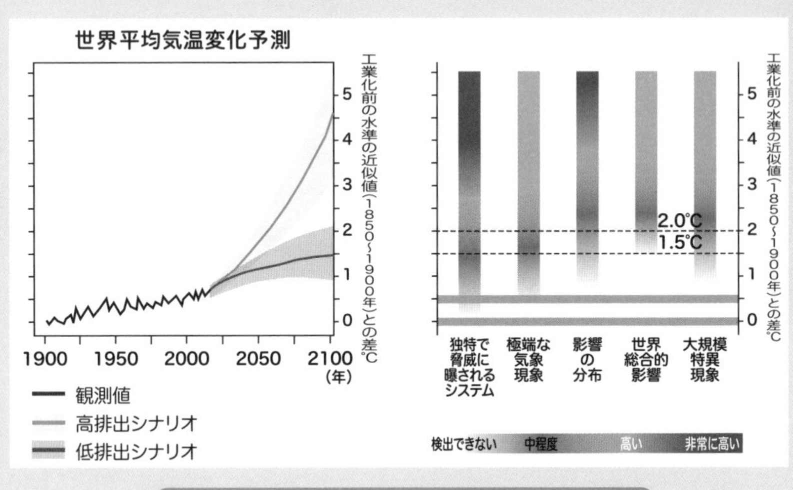

気候変動の「危険なレベル」をどう判断するか？

(5) 大規模な特異現象：地球の物理・生態系システムが急激に変化し、いったん起きると取り返しのつかないような現象。南極棚氷の崩落による数メートルの海面上昇、シベリア凍土の融解によるメタン排出での温暖化加速、海洋循環の弛緩や停止等。3℃を超えると南極等氷床の融解で海面上昇が止めようもなく続く可能性がある。

産業化以前から2℃にとどめたとすると、世界総合的影響や大規模特異現象のリスクは中程度にとどめておけますが、脆弱な地域社会や生態系への影響、洪水・干ばつ・台風といった極端な気象現象増のリスクは「高い」レベルに入り込みます。一方1.5℃にとどめれば脆弱なシステムへの被害が2℃よりも明確に減ることから、現在各国が削減に努力しているところですが、すでにこれまでに1.0℃上がってしまっており、1.5℃目標までの残された短期間でのゼロエミ転換には更なる努力が必要です。

3-6 気候をどのようにして安定化するのか

温暖化で変わりつつある気候を、どうしたら安定化できるでしょうか。「3-2　炭素循環と収支」で見たように、人間が自然のサイクル以上に排出した余分な二酸化炭素は、すぐには吸収されずおおむね半分は大気中に残り、溜まり続けます。このため温室効果ガスを出し続けている限り濃度が高まり、それに応じて温度が上がり、気候の変化は続きます。ですから、人為的排出をいつかゼロにしなければ、気候は安定化しません。いつ、どのような道筋でゼロにしなければならないのでしょうか？

温室効果ガスを排出している限り温度上昇は止まらない。

産業革命以前のエネルギー利用量はあまり多くなく、薪炭で賄われていました。薪炭は今でいうバイオマス燃料で、その燃焼で大気中に出された二酸化炭素は、成長しつつある樹木にゆっくりと炭酸同化作用で吸収されていき、その樹木がまた薪炭で使われるという自然循環の中でバランスが取れていました。18世紀後半産業革命が起こって、工業生産や家庭生活、自動車交通、そして発電のために多くのエネルギーが必要になりました。そのため、石炭、石油、天然ガス等多くの炭素分を含む化石燃料を、地中から掘り出し燃やしてエネルギーを得ています。

化石燃料は、これまで地球表面の炭素循環に無関係でしたから、こうした化石燃料の燃焼から出る二酸化炭素の約半分は自然に吸収されずに大気にどんどんたまっていきます（→図3.3）。この残った二酸化炭素がすっかり吸収されるには100年から数百年かかりますから、毎年出した二酸化炭素の吸収されなかった分が毎年毎年たまってゆき大気中の二酸化炭素濃度が高まり、それに比例して温度が上昇するのです。

その結果、化石燃料燃焼などで人間がこれまで出してきた温室効果ガスの総量（累積排出量）と、これまでおよび将来の大気温度上昇の関係は図のように「温度上昇はほぼ累積排出量に比例する」ことになります。いいかえると、出している限りその半分が大気に溜まり温度を上げ続けるのですから、温度上昇を止めるには、「**一切排出しない（排出ゼロ）**」* ことしかありません。

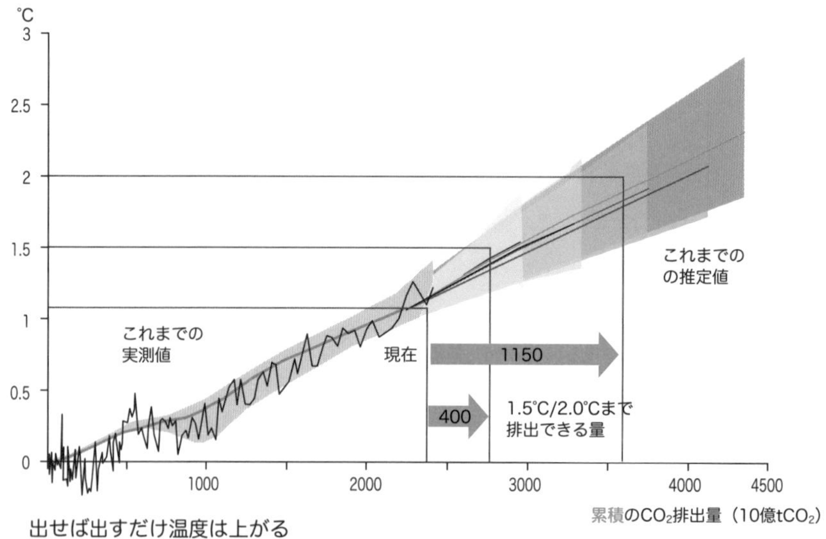

出典：国土交通省・気象庁「IPCC 第6次評価報告書 第1作業部会(WG1)報告書 政策決定者向け要約(SPM)暫定訳」(2022年)をもとに加筆・作成

図 3.13 累積 CO_2 排出量と気温上昇はほぼ線形関係

究極にはゼロエミッション社会が必然

このことの重要な意味は、人為的排出が少しでもあれば、そのうちいくらかがたまり込み温度を上げるのですから、ある温度以内に温度上昇をとどめようとするのなら、その温度になった時にはもうそれ以上いっさい排出しないようにしなければならない、ということです。二酸化炭素を排出しない**ゼロエミッション社会**にしないと温暖化は止まらない、ということなのです。それでは何度ぐらいの上昇で止め、いつまでにゼロエミッション社会を達成するのでしょうか。

＊ 排出ゼロ、ゼロエミッション、「脱炭素」。正確には、人為的排出から人為的吸収量を引いた分をゼロにする「炭素中立」。

1.5℃以下を目標に2050年ゼロエミッション社会を目指す

気候変動の影響が世界で顕著になり始め、このままの排出を続けていると被害がいろいろな分野で深刻になることが予測されることから、国連気候変動枠組み条約は2015年パリ会合で、世界は「産業化以前からの平均気温を2度より充分低く保ち、1.5度に抑える努力を追求する」ことを約束し、2021年グラスゴー会合ではさらに「気温の上昇を1.5度に抑えるための努力を追求する。そのために、二酸化炭素の排出量を2030年までに2010年比で45%削減し、今世紀半ばには実質ゼロにする」としました。その後多くの国は1.5℃以下を目標とし2050年頃にはゼロ排出にすることを計画中です。日本でも2021年10月に当時の菅義偉内閣総理大臣が「日本は2050年カーボンニュートラル、脱炭素社会の実現を目指す」と宣言しました。

大急ぎで排出量を下げねばならない

先に示した「温度は累積排出量にほとんど比例して上昇する」（→図3.13）という関係から、今からあとどれだけ排出したら1.5℃あるいは2℃上昇に到達するか」がわかります。

2020年からだと二酸化炭素量で、それぞれ4000億トン、1兆1500億トンです。2019年の世界排出量は約400億トンですから、このままの排出をしていると、10年後、29年後には1.5℃、2℃上昇に到達し、それ以降はもう排出できません。このような短期間で、これまで250年間で築き上げてきた化石エネルギー中心世界を脱炭素世界に転換するのは大仕事です。でも例えば今すぐ直線的にゼロエミッションに向かうならば、それは20年間に、さらに今すぐそれよりも減らせば20年以上にも引き延せます。一方、今の排出を増やし続けていると10 年を待たずに排出できなくなります。削減のスタート（ピークアウト）が遅れれば遅れるほど残り時間が無くなりますから、大急ぎですべての国が削減に向かわなくてはならないのです。

1.5℃目標を達成するための排出経路と必要な対策

すでに平均温度は1.1度上がっていて1.5℃への残り時間は多くありません。

世界でも日本でも、そして地域でも今すぐ削減に向けて行動しなければなりません。そのおおむねの道筋と対策は、図3.14に示すようになります。

初めに大幅に減らしておけば転換に使える時間はもっと稼げます。ですから、今すぐできるエネルギー節約や自然エネルギー利用など、今ある技術をどんどん利用してこれから10〜20年の間に可能な限り減らしてゆきます。森林伐採や農業などの土地利用からの排出も減らしてゆき、植林などを進め排出から吸収にむかうようにし、差し引き排出量ゼロの炭素中立社会に到達します。しかし最大限の努力をしても排出量をゼロにおさえられなくなるオーバーシュートの危険もあります。いったん上がってしまった温度を下げることは非常に困難ですので、オーバーシュートは最小に抑え込まねばなりません。そのため、排出される二酸化炭素を集め地中に埋め込む二酸化炭素回収・貯留技術（CCS）のような回収技術の開発・利用も必要です。

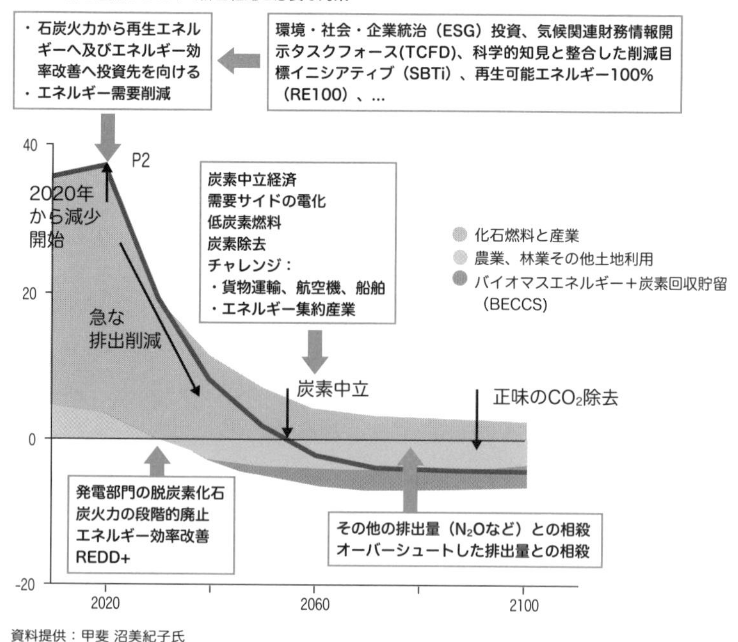

出典：気候変動に関する政府間パネル(IPCC)「SR1.5℃ SPM Figure SPM 3」をもとに作成

図 3.14　1.5℃目標を達成するための排出経路と必要な対策

3-7 脱炭素社会の構築に向けて

温室効果ガス排出ゼロに向けて、世界も日本も大きな転換期です。産業革命以降大量のエネルギー使用を前提とする経済発展を続けてきた近代文明を、この30年から50年の間に脱炭素社会に変えていくことができるでしょうか。

日本で2050年ゼロエミッションをどうやって達成するか

日本は1950～60年代の高度成長期に一挙にエネルギー利用が増え、それに応じて二酸化炭素発生も増大しました（→図3.15）。しかし1970年代の石油危機の時には省エネルギー技術で乗り越え、少ないエネルギー増で経済成長を遂げました。ところがその後の80～90年代のバブル期ではGDPの伸びを上回るエネルギーの伸びを示し、その後の不景気でエネルギーの伸びは止まっています。

今後、2050年に温室効果ガス排出をゼロにするとなると、より少ないエネルギーで豊かな社会をつくる、経済成長をエネルギーと切り離す「デカップリング」の方向に向かう必要があります。温暖化の原因は化石燃料利用で支えられてきたエネルギー多消費型技術社会構造自身にあり、経済・社会の大転換が必要です。あらゆる技術を動員し、都市の構造を変え、人々の意識・行動を変えてゆかねばなりません。

この目標達成には、エネルギー消費をなるべく少なくすること、次に供給エネルギーを排出ゼロのエネルギー源に転換すること、そして排出した二酸化炭素を吸収する能力を増やすこと、の組み合わせが要ります。

最終エネルギー消費を半分に

消費側でのエネルギー節約は、住宅やオフィスなどの民生・業務部門で進んでいます。エアコンやTVなど機器の省エネ化はもちろんですが、建物全体の断熱強化と、太陽熱・太陽光利用と組み合わせたHEMS(ヘムス)／BEMS(ベムス)によるゼロエミッション住宅などが普及しつつあります。

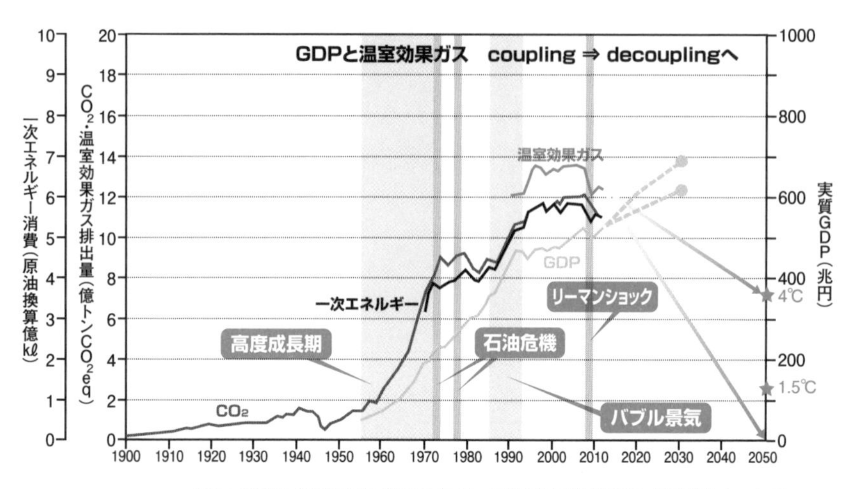

出典：環境省「2020年度（令和２年度）の温室効果ガス排出量（速報値）について」（2021年）をもとに著者作成成

図 3.15　1900～2050年 日本の排出経路

さらに視野を広げて、街の造り自体をコンパクトにすると移動の少ない都市にもでき、公共交通の敷設・利用拡大もコストが安くでできます。自動車から公共交通へのシフト、自動車の電動自動車（EV）化、燃料電池車への展開等確実な削減が期待できます。重化学工業からソフト産業への構造変化は確実に進展するとみられ、その分エネルギー使用が減ります。いろいろな工夫で、消費側でのエネルギー需要総量を60～50％程度削減することが可能とみられ、それにより供給側のエネルギー源選択が容易になり、かつエネルギー自給率が高まり、エネルギー安全保障にも役立ちます。

再生可能エネルギーを供給量の70%に

一次エネルギーの低炭素化には、太陽エネルギー、風力、地熱、バイオマス燃料、中規模水力発電のほかに波力や潮力発電などいろいろな再生可能エネルギーがあります。原子力も運転時の二酸化炭素排出の少ないエネルギーですが、事故の危険性をどう考えるか、が国民の選択です。今後は使用済み燃料処理や安全確保費用などがかさみ、経済的にもほかのエネルギーより安いとは言えなくなっています。日本では、再生可能エネルギーを急速に増やしつつあり、2020年には電力の20％ほどに増加しました。

・2050年炭素中立は、節エネ5～6割、再生可能エネを供給の7割、ネガティブエミッション技術で可能

最終エネルギー消費量

最終エネルギー消費量は2018年比▲42～▲49%。電力割合は2018年26%から2050年49～51%と大幅増加

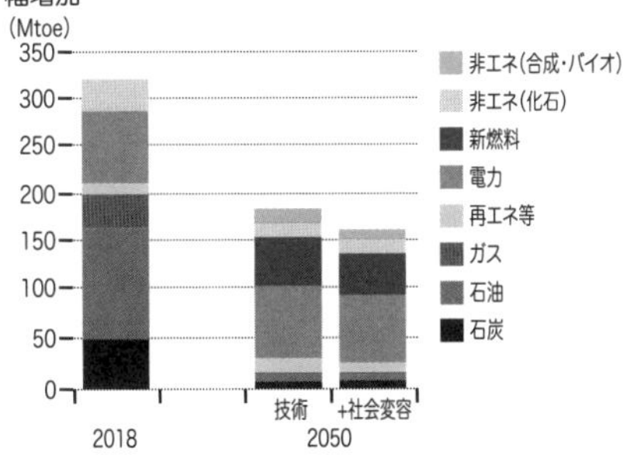

一次エネルギー供給量

一次エネルギー国内供給は再生可能エネルギーが7割程度を占める。エネルギー自給率は2018年15%から2050年には70%以上と大幅改善

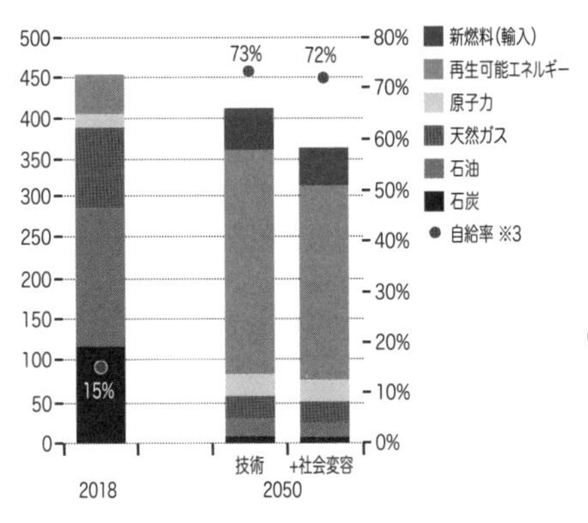

出典：アジア太平洋統合評価モデル(AIM)「国立環境研究所AIMプロジェクトチーム分析（2021年)」をもとに作成

エネルギー起源CO_2排出量

2050年におけるエネルギー起源 CO_2排出量は合成燃料(化石燃料起源の炭素分) からの排出が多くの割合。脱炭素対策を推し進めてもある程度の排出は不可避。GHG排出量をネットゼロとするためにはネガティブ排出技術が必要

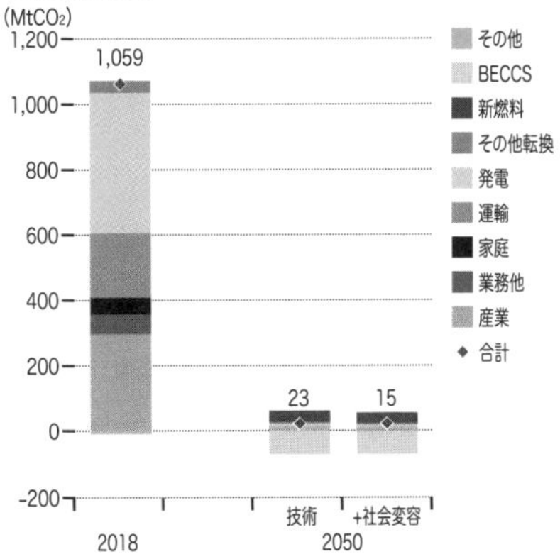

図3.16 日本の2050年ゼロエミッション化の可能性

日本でも自然エネルギーの徹底利用によって70%を占めるまでに広げることが可能とみられます。

省エネや再生可能エネルギーだけで炭素中立にすることはなかなか困難です。森林地の保全での吸収源維持のほかに、燃焼時に出る二酸化炭素を回収し高圧で地中・海中に押し込める二酸化炭素回収・貯留（CCS）技術なども並行して開発しておかねばなりません。

日本の将来ビジョンをどう描くかでも変わる可能性

2050年には日本の社会はどうなっているでしょうか。たとえば、研究開発力で経済を支える国であれば、重化学産業からの排出は少なく、ブランドものや観光で生計を立てるサービス主体の国でもエネルギー使用は減るし、地域エネルギー・資源を徹底活用し自給自足・地産地消社会にもなれます。脱炭素社会への転換はあたらしい国造りでもあります。

インフラ整備や利用者の意識改革、技術標準や技術選択のための制度改革や融資制度、さらに炭素税や排出量取引等を組み合わせた脱炭素社会形成のための政策枠組みも必要です。早めに日本の将来社会の形を国民が共有して、時間をかけて確実に変えていかねばなりません。

3-8 気候安定化対応と技術

温暖化防止の鍵を握るのは技術です。といっても、これさえあれば、という万能薬的な技術はなく、あらゆる知恵を集めて技術開発し、それをうまく組み合わせて使っていくことが必要です。

いろいろな段階で削減が可能

日本で温室効果ガス排出の90%を占めるのはエネルギー利用からです。二酸化炭素が増える要因を、図3.17の式のように5段階に分解して考えると、どんな段階でどんな政策、対策、技術が必要となるかを順序だてて見つけられます。

第1の要因は人口です。日本では今後減少していきますが、途上国では増加します。人口を増やすか減らすかは、それぞれの国に任せねばならないことです。第2は一人当たりのGDP(経済成長率)です。GDPは国全体で年間になされる民間・政府の最終消費、民間住宅投資、企業設備投資、インフラ形成投資の総額で表される経済活動の大きさですから、1人あたりGDPの縮小はあまり望ましくありません。

第3のGDP当たりのエネルギーサービス需要の削減です。これには社会・経済構造をエネルギーサービスを減らす方向に変えねばなりません。産業構造をエネルギー多消費型の重化学産業から、小売、金融、文化、観光等のサービス産業に変えソフト化していくと減らせます。また都市計画でコンパクトシテイに変えてゆくと車での移動量が減り、共同住宅での省エネがやりやすくなります。

第4の要因は、エネルギーを必要とするサービス（例：必要とする明るさ（照度×時間)、移動したい距離(人×km)など）あたりのエネルギーを減らすことです。、照明をLEDに変えるとかの省エネ技術普及や公共交通機関を使うといった**エネルギーをなるべく使わないインフラ利用でできます。技術開発**とそれを受け入れる人たちの**意識改革・行動変容**がいります。

第5の要因は、供給エネルギーの選択です。4つの要因から集計さるエ

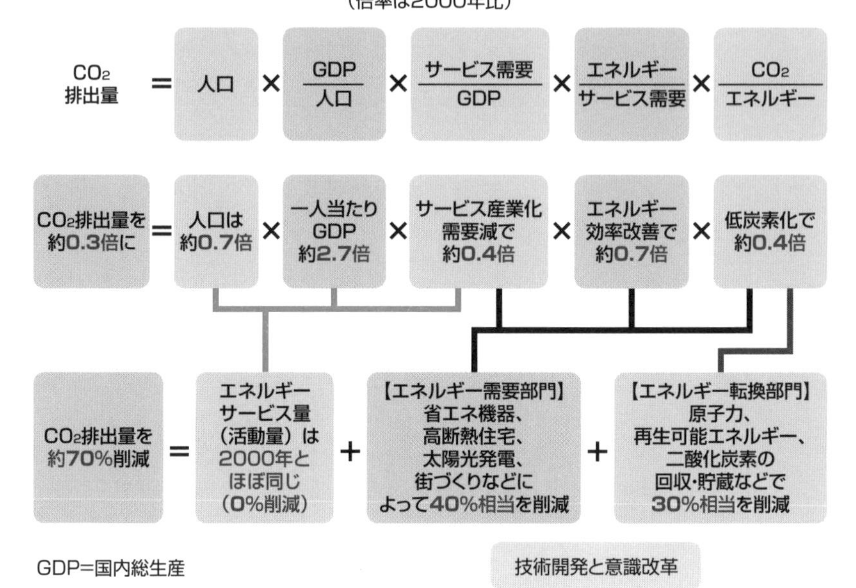

出典：国立研究開発法人 国立環境研究所「低炭素社会プロジェクト」(2007) をもとに作成

図 3.17 脱炭素化のさまざまな段階

ネルギーを、発生エネルギー量あたり温室効果ガスの排出の少ないエネルギーを使って供給するのです。これまでの化石燃料を、自然エネルギーや原子力などの脱炭素エネルギーに置き替えてゆくと、エネルギー当たりの二酸化炭素排出量は少なくなってゆきます。化石燃料の発熱量当たり二酸化炭素排出比は、おおむね石炭4、石油3、天然ガス2ですから、まずは石炭から減らしてゆくのが賢明です。このほかに二酸化炭素回収・貯留(CCS)などの技術も有効です。

このような5つの要因の掛け算で温室効果ガス排出量は決まります。

エネルギーシステムの要件

世界は1.5℃目標の達成を目指し、2030年までを勝負の10年として大幅削減を目指しています。脱炭素転換でエネルギー需給システムは、広く地域に分散した再生可能エネルギーを電力網でつないだ地域分散ネットワーク型に形成されます。需要側では電力化が進み、家庭やオフィスでの

ZEH／ZEBや省エネ行動、ソーラーパネルでの自家発電力利用、EV電池につないでの地域ネットワーク調整参加、高熱を必要とする鉄鋼・化学品の製造工程の技術転換などで脱炭素化を図ることになります。吸収量確保とバイオマス利用のための森林管理、CCS開発なども重要です。

エネルギーシステムは、**S（安全）＋3E**（経済性、環境、エネルギー安全保障）が必要とされています。安全は2011年東日本大震災時の福島原子力プラント事故のあとくわえられました。エネルギーは誰でも安い値段で手に入るものでなくてはならないし、大気汚染や温暖化、あるいは自然破壊を起こすようなものであってはなりません。日本はエネルギー資源に乏しく、エネルギー自給率は12％にすぎず、世界のどこかで戦争が起こると石油などの輸入が途絶える恐れがあります。脱炭素化をいい機会ととらえ、より安全で、経済にも環境にも安全保障にも良いエネルギーシステムにせねばなりません。

2030年半減に期待できる対応

図3.18に、世界で2030年半減を可能にするための対策・技術が部門ごとに示されています。それぞれ、最大いくらぐらいのコストがかるか、その対策で年間にどれだけ温室効果ガス排出を削減できるかのポテンシャルが示されています。

たとえは最初の風力発電は､20〜３０ドルほどのコストでできる対策で、4ギガトンほどのポテンシャルがあります。そして、その半分以上は零ドル以下のコスト、すなわちこれまでの標準電力コスト以下で可能です。ということはコストを掛けないでできる、やったら得する対策です。太陽光発電も同様です。家庭での節約や機器の効率改善、運輸部門の軽量車電化や公共交通機関への利用シフトなどもやって得する対策です。エネルギー・発電部門では、バイオマス発電、原子力、CCSはコストが高いがポテンシャルもかなりあります。

世界的には、農林業・土地利用部門での耕作手法の工夫、保全管理対策の効果が大です。産業部門では、高熱利用の製造プロセス転換技術開発に資金を費やし、コストをかけてでも化石燃料からの脱却を進めねばなりません。コストの推計はむつかしいのですが、食品ロス低減や、食事自体をベジタリアンにするなどでの削減ポテンシャルもかなりなものです。二酸化炭素に次いで温暖化に効くメタンの排出削減（石炭採掘、石油・ガス田、廃棄物）も今すぐの削減に有効です。

削減には十分な技術がすでにある

こうした対応はほとんど今すでにある技術とその改良で実現できます。200年から2020年の間に、太陽光発電、陸上・海上風力発電やEV用バッテリーのコストが大幅に低下し、化石燃料価格に引けを取らなくなってきました。これからの問題は、どう素早くこうした対応を進めてゆくかの政策に重点が移りつつあります。

100ドル/tCO_2以下での緩和策によって、2030年の世界GHG排出量は1019年比で少なくとも半減させることが可能。その半分は20ドル以下の対策である。自然エネルギーや運輸、省エネでは正味でコスト削減につながる対策も多い20ドル以下で寄与が大きいものは、太陽光と風力、エネルギー効率改善、自然生態系の転換の減少、CH_4排出削減（石炭採掘、石油・ガス田、排気物）である。

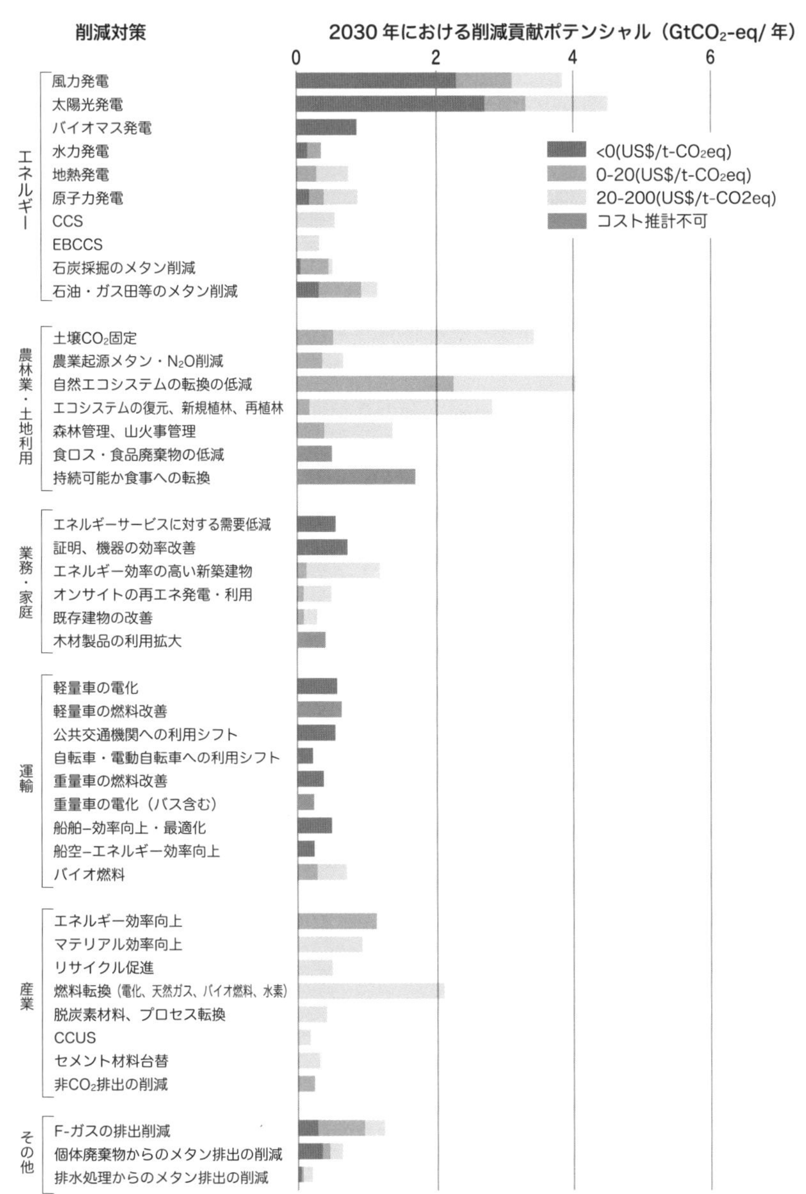

出典：気候変動に関する政府間パネル(IPCC)「IPCC 第6次評価報告書 第3作業部会(WG3)　FIGURE SPM.7」をもとに作成

図 3.18 2030 年排出半減を可能にする対策（コストとポテンシャル）

第3章 地球温暖化

3-9 日本の温暖化対応

世界で気候安定化の協力が進みつつあります。日本の温室効果ガス削減の政策はどうなっているのでしょうか。日本が得意とする省エネ・環境技術を駆使して低炭素世界の構築をリードすることがのぞまれます。

気候安定化に向けた世界の協力

気候は「地球公共財」です。誰もがそれぞれの地域での安定した気候のもとで、それぞれに工夫して生存し生活しています。地球気候は全体につながっており、二酸化炭素をどこかで排出すると、それは自然生態系に長い間吸収されず、世界に拡散し、地球全体に温室効果を強めます。

二酸化炭素排出を世界で減らそうとしても、誰かが協力しないで出し続けると、気候変動からくる悪影響で世界中の人が苦しみます。出している人だけが安いコストでもうけることができるとなると、ほかの人も削減協力する意欲が薄れます。ですから、世界の全ての国が抜け駆けなく、削減に協力するという約束をして、実際に削減を進めてゆかねばなりません。1992年国連は「気候変動枠組条約（UNFCCC）」を採択し、リオデジャネイロの地球サミットでの各国署名を経て、1994年それが発効しました。

ここでは､気候変動には「共通だが差異ある」責任が各国にあるとして、先進国が率先して対応することになり、1997年京都で開催された会合で、ヨーロッパや日本が率先して削減するという「京都議定書」を採択しました。これに基づき、2010年までに1990年の排出量から日本は6%、ヨーロッパは8%の排出削減を行うことを決め、2012年の期限までに削減目標を達成しました。しかし、一番の排出国であるアメリカが京都議定書に参加せず、経済成長著しく排出量も多い中国の排出削減目標がなかったこと等で、世界の排出量はこれまでよりも増加の方向に動いています。

その間に各地で気候変動被害が出始め、日本もはじめ世界のいくつかの国では気候変動への「適応計画」を作成するなどで備えようとしています。また気候変動枠組条約では、2015年のパリ協定で2020年から世界の全

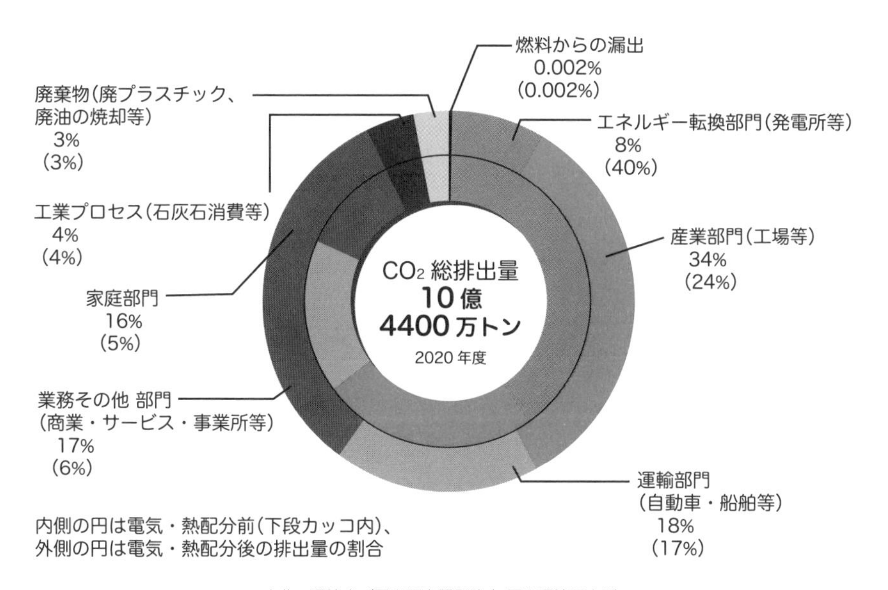

出典：環境省／国立研究開発法人 国立環境研究所
「2020年度温室効果ガス排出量(確報値)概要」(2022年)をもとに作成

図3.19 2020年度 CO_2 排出量の部門内訳

部の国が削減することを約束しましたし、多くの国が2050年炭素中立の1.5℃目標に向かっています。日本政府は福島原発事故の後、エネルギー政策を見直し2019年に気候変動対応長期戦略を定め、2021年10月菅首相が、日本は2050年に炭素中立の脱炭素社会を目指す」と宣言しました。

日本の温室効果ガス排出状況

日本の温室効果ガス排出量は、世界の約3%を占めています（→図3.8）。1960年代の高度成長時期に増えた排出量は、石油危機時にいったん増加が止まりましたが、1980年代の経済成長とともにまた増加しました。国際的に気候変動が課題になって、日本は1997年「京都議定書」で2010年に1990年レベルから6%削減する約束をし、2010年(前後5年平均)にそれを達成しました。6%削減の中身には、国内森林での吸収分や議定書参加国との国際協力での削減分、さらに国際排出量市場からの購入分が含まれており、そうした量を除くと、京都議定書期間での国内排出量は微増しています。2011年の東日本大震災での福島原子力発電事故の影響で54基あった原子力発電が止まり、代わりに化石燃料発電が増えたため、排出が再び増えました。しかし2013年排出量14億900万トンをピークに減少に向かっています。

2020年の日本の温室効果ガス排出量は、二酸化炭素換算で11億5000万トンで、人口一人当たりでは約9トンです。その内容は二酸化炭素91%、メタン2.5%、一酸化二窒素1.7%、代替フロン等5%という構成です。全体排出量の84%はエネルギー起源、7%は非エネルギー起源の二酸化炭素、6%がセメント製造や廃棄物燃焼からの二酸化炭素です。

ほとんどを占める二酸化炭素の排出場所が図3.19に示されています。内側の円はそれぞれの部門がその場所で排出した量（電気・熱配分前）で記されていますから、たとえば産業や家庭で使う電力は実際に発電をしている電力部門に含まれます。これで見ると、電力が40%を占め、以下、産業、運輸、業務、家庭の順に排出が多くなっています。これから、発電部門で低炭素のエネルギーを使うことの重要性がわかります。

それがどこで使われての排出なのかを見るために、発電の分をそれぞれ電力使用者に配分した結果（電気・熱配分後）が、外側の円で発電などエネルギー転換部門8%、産業部門34%、運輸部門18%、業務その他17%、家庭部門16%、工業プロセス・廃棄物か9%となっており、エネルギー消費側では、産業・業務・運輸・家庭部門での削減が重要なことがわかります。運輸18%のうち、5%が家庭の自家用車で13%は商業・サービス事業者等の業務用の車や船です。消費側で見た時、発電部門も入れて企業や公共部門関連は78%を占めると推算されますから、企業や政府・地方自治体の現場での削減努力がなくては大幅削減はできません。

部門別の排出推移が、図3.20に示されます。2019年はコロナ（COVID-19）の影響で経済が停滞したため巣籠りした家庭部門以外は全般に排出量が減っています。それまでの削減進行は、産業構造のサービス化の進行、製造部門の国外移転、運輸部門での運送サービスのIT利用等での効率化やハイブリッド車など低排出自動車への転換、全体に省エネの進展および再生可能エネルギーの拡大や原発再稼働による電力の低炭素化によるものですが、代替フロン類の排出増加もありました。

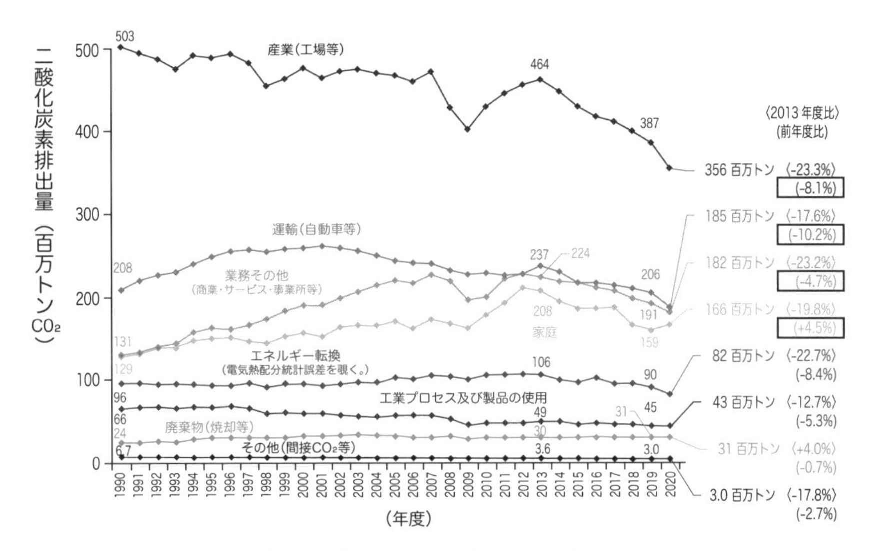

図 3.20　2020 年度 CO_2 の部門別排出量（電気・熱配分後）の推移

日本はどう対応できるか

　2050年炭素中立に向けては、どの部門もそれぞれに削減策を強めゼロエミにしなければなりません。二酸化炭素の発生原因は、産業革命以降の化石燃料エネルギーを前提とした技術文明社会にあるのですから、それを技術革新によるエネルギー総量削減と非化石燃料エネルギーへの転換で変えてゆくことが必要です。この先30～50年には脱炭素社会に転換しなければならないことは確実で、この方向を見失ってはいけませんが、日本にはそこに至るまでにいくつか越えなければならない課題があります。

省エネルギーと国内エネルギー開発で国の安全力強化

　近代社会では、エネルギーは、安全で豊かな国民生活を保ち、経済的に安定した社会を維持するために不可欠です。しかし日本国内で使用する石炭・石油・天然ガス等エネルギーの約88％を外国からの輸入に依存しています。自給しているのは、水力が3.8%、再生可能エネルギーなどが約5%、国内化石燃料がほんのわずかです。原子力は燃料のウランが比較的確実に確保できるということで、準国産エネルギーとされますが、福島原発事故以前で全供給エネルギーに占める割合は１１％でした。
最近の化石燃料輸入額は15兆円を超えており、中東への石油依存度は90％です。中東紛争などで世界の政治状況が動くと、石油や天然ガス等化石燃料に供給不安が起こり国際市場での値上がりが起こります。こうしたエネルギー安全保障の観点からのエネルギー供給の分散化、国産化が必要です。太陽エネルギー利用やバイオマスエネルギー利用など再生可能エネルギーの拡大は国産エネルギーを増やす観点からも効果的です。もちろん省エネを進め、わずかなエネルギーでもやってゆける体質をつくることは重要です。

日本社会の長期方向を見据える

成熟社会に入った日本は、成長期の人口増ではなく人口減の社会に入ります。そして年齢構成が高齢化します。低炭素で快適に住める住宅・都市づくりと、国全体で森林など自然や文化が守られるよう地方に分散した適切な人口配置が求められます。重化学工業や製造業は、原料と市場に近い今の途上国に移り、国内では高度知識産業や互いに専門化された高度なサービスをやり取りするサービス産業が盛んになり、省エネ技術なども進むでしょうから、その分温室効果ガス排出は少なくなるでしょう。個人の生活はもっと豊かになるでしょうが、人々の意識も「豊かさとはなにか」を問うようになり、モノに固執しない心の豊かさや、コミュニティを大切にする生き方になるのではないでしょうか。

自然の摂理を受け止め、「ゼロエミッション世界を作る」という共通の目標をもって自然共生世界にむけて行動するというのは、人類にとってはじめての大きな挑戦であり、今世紀の世代がどうしても達成しなければならない仕事です。日本も1.5℃以下の炭素中立を長期目標に置き、その実現にはなにをすべきか、どのような手順がいるかのロードマップを目標から今を見返す形（バックキャスティング）できちんと作り、今から確実にその方向に向かうための政策を打っていく時です。

第4章

自然環境の改変と汚染

人間は快適な生活を求めて、大量のエネルギーを消費し、大量の製品を作ることにより、大量の汚染物を生態系に排出してきました。地球の回復能力を超えて増え続ける汚染物は、種々の環境問題を引き起こしています。汚染物の引き起こす環境問題は、地球温暖化、成層圏オゾン層破壊、酸性雨、海洋汚染、マイクロプラスチックなど地球規模のものから、土壌汚染のように局地的なものまであり、人間社会はこれらの問題への対応を迫られています。

4-1 成層圏オゾン層破壊

「夢の化学物質」と呼ばれたフロンは分解されずに、成層圏まで達して成層圏オゾン層を破壊しています。1980年代に南極でオゾンホールが生成し始め、今も継続して春季に発生しています。国際社会は「脱フロン類」で足並みを揃え、遅くとも2100年には南極オゾンホールが消失すると予測されています。

成層圏オゾン層破壊の実態

成層圏のオゾン層には、地球上の全オゾン量の約90％を占めるオゾンが存在します。1970年代まではこの成層圏オゾン層に変化は見られませんでした。しかし、1980年代から現在に至るまで南極上空のオゾン層に、オゾンが破壊されてなくなった**オゾンホール**が観測されています。

オゾンホールの面積を示しましたが、1980年代半ばに南極大陸の面積を超え2000年頃まで増加し、その後、微減となり、現在は1990年頃のレベルになっています。

オゾン層は太陽光中の紫外線を吸収して、地表に暮らす人類や生物を紫外線の害から守っています。オゾンホールの直下は、生態系にとって太陽光中の紫外線が降り注ぐ危険地帯となります(→2－1大気の構造と循環)。

日本国内では、以前より札幌、つくば、那覇で、年間オゾン全量が測定されています。高緯度にある札幌では、オゾン全量は1980年代に明瞭な減少傾向があり、1979年から2013年にかけて約4％減少しています。

成層圏オゾン層を破壊するフロン

オゾン層破壊に大きく寄与しているのは、代表的なフロンである**クロロフルオロカーボン（CFC）**です。

フロンは1930年代にアメリカで開発され、当時「夢の化学物質」と呼ばれた物質です。人体に無害で、分解性が低く、蒸発しやすく、引火性や可燃性のない使いやすい物質です。そのために冷媒や洗浄剤、噴霧剤の媒体、

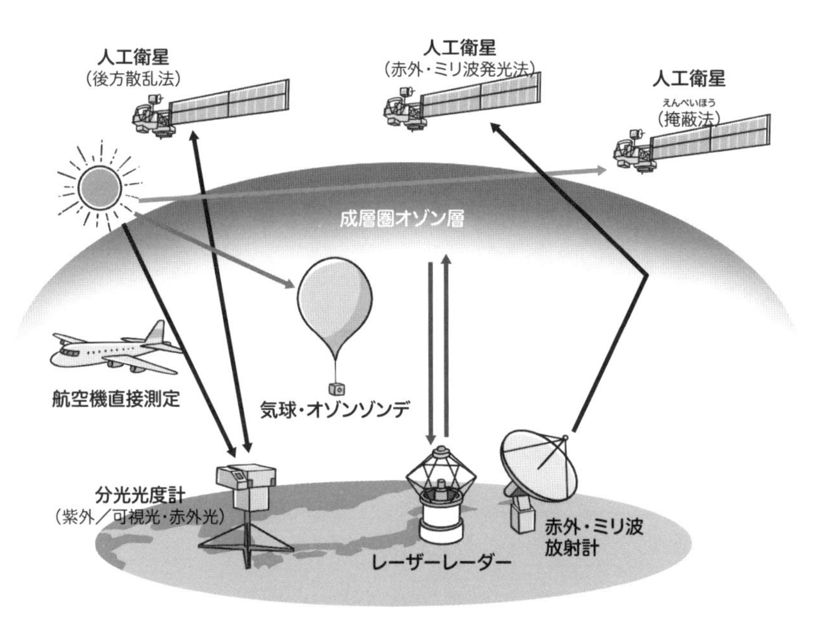

出典：国土交通省・気象庁「南極オゾンホールの経年変化－オゾンホールの年最大面積」(2022年)をもとに作成

図 4.1 オゾン層の観測手法

発泡スチロール等の発泡など、非常に広範に使われていました。生産量は急激に増加し、近代社会の快適な生活を支えてきました。ところが1974年、アメリカのローランド博士（1995年ノーベル化学賞受賞）らは、**フロンが成層圏オゾン層を破壊**することを指摘したのです。

一方、成層圏オゾン層は、以前から科学者の間でいろいろな関心の対象として観測されていました。そして1985年、**南極オゾンホール**の存在を証明する論文が発表されました。これらのことを受けて、国際的にフロン対策が取られることになりました。

オゾン層破壊のメカニズム

成層圏では、フロンが分解して生成した塩素原子が、オゾンを連鎖反応的に破壊し続けます。また、一酸化二窒素（N_2O）も成層圏に達し、オゾンを分解します。

オゾンホールは、南極の春季である9月～10月（日本の秋季）にだけ見られる現象です。

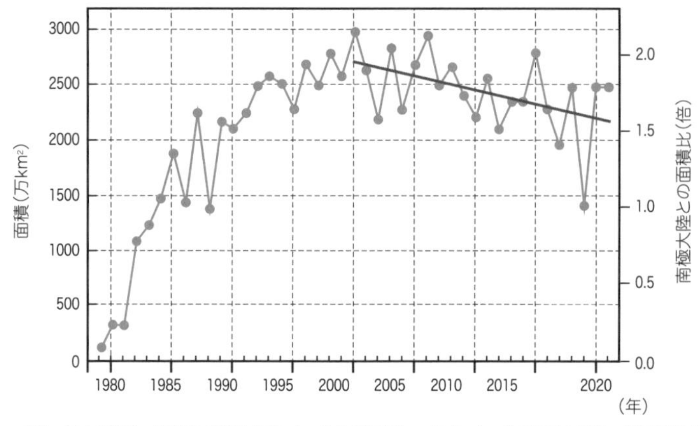

出典：国土交通省・気象庁「南極オゾンホールの経年変化－オゾンホールの年最大面積」(2022年)をもとに作成

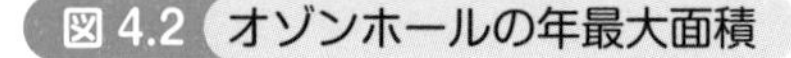
図 4.2 オゾンホールの年最大面積

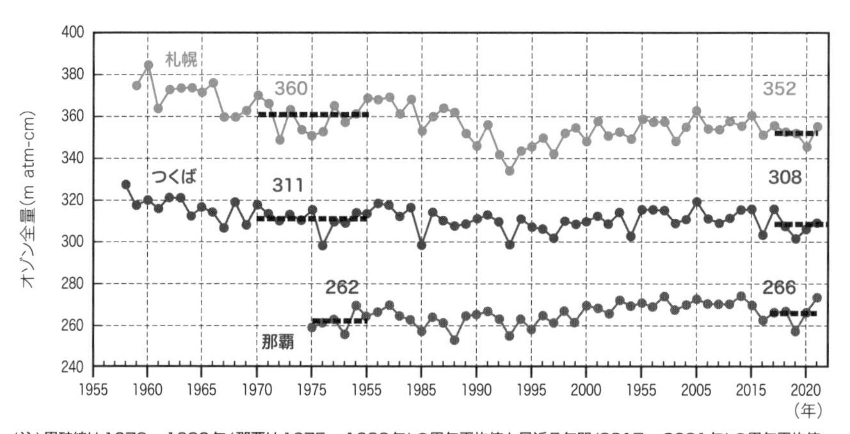

(注)黒破線は1970～1980年(那覇は1975～1980年)の累年平均値と最近5年間(2017～2021年)の累年平均値

出典：国土交通省・気象庁「オゾン全量の経年変化－日本のオゾン全量年平均値の経年変化」(2022年)をもとに作成

図 4.3 日本上空のオゾン全量の経年推移

成層圏の南極上空には、冬季になると、水蒸気量は少ないのですが氷の粒からなる極域成層圏雲ができます。フロンからできた塩素原子は、塩素化合物になり、この極域成層圏雲に捕捉されます。

春になると極域成層圏雲が溶けて、解き放たれた塩素化合物などが太陽光により光分解を起こし、できた**塩素原子がオゾンを分解し続け**ます。そのため、南極上空ではこの時期にオゾン濃度が低くなり、オゾンホールが生成します。季節が進むと、周りとの空気の混合が強くなり、オゾンホールは消失します。

北半球でも同じ機構によって、北半球の春季に北極上空で、南極上空ほどの減少ではありませんが、やはりオゾンの低濃度域が観測されています。

フロン類削減、廃止によるオゾン層保護

1985年、オゾン層保護のための**ウィーン条約**が採択されて、フロンの削減、廃止に向けた国際的取り組みが始まりました。1987年に**モントリオール議定書**が締結され、その後、最新の化学的知見をもとに締約国会議が何度も開催され、フロンの削減や全廃が前倒しされてきました。その結果、先進国では特定フロンの生産を96年までに全廃し、途上国も2010年までに廃止することが決まっています。

代替フロンに関しては、**ハイドロクロロフルオロカーボン（HCFC）**を先進国では2020年までに、開発途上国では2040年までに全廃することとし、さらに2007年モントリオールで開催された20周年記念の締約国会議において、前倒しで2030年までに全廃することになりました。

日本では、ウィーン条約やモントリオール議定書の締結に伴って、

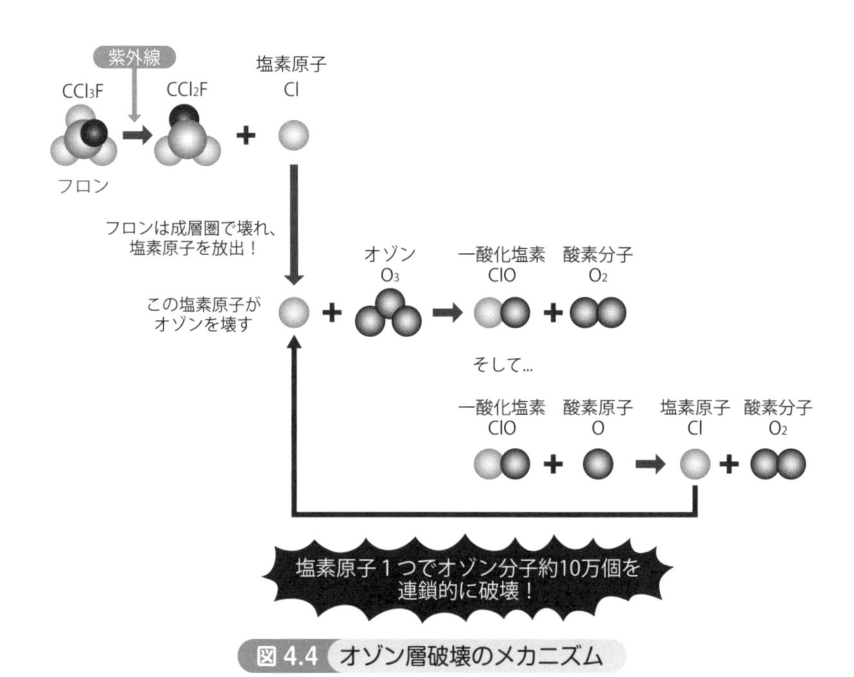

図 4.4 オゾン層破壊のメカニズム

1988年**オゾン層保護法**を制定しました。フロンの製造を規制し、排出の抑制､代替物質の開発などを進めています。また過去にフロンが使用され、現在市中に多量に存在している冷蔵庫、エアコン、カーエアコンなどに関しては、**家電リサイクル法**や**自動車リサイクル法**に基づきそのフロンを回収・破壊するよう対策が進められています。

なお、大気中のフロン濃度は、かつて増加の傾向にありましたが、図4.5に示したように現在では一定、もしくは減少の傾向にあります。

MEMO　さまざまなフロン

CFC	クロロフルオロカーボン。強力なオゾン層破壊物質で代表的なフロン。
特定フロン	モントリオール議定書採択当初に規制されていたCFC-11（フロン11）など5種類のCFCのこと。
HCFC	ハイドロクロロフルオロカーボン。CFCを代替するものとして開発された代替フロンで､オゾン層破壊能力はCFCの20分の1。
HFC	ハイドロフルオロカーボン｡代替フロンで､オゾン層破壊能力ゼロ､ただし温室効果は、他のフロン類同様非常に大きく、京都議定書で削減の対象となっています。

オゾン層の回復予測

南極オゾンホールに関する将来予測によると、2000年から2004年にオゾンホールは拡大し、その後縮小して、2044年以降に消滅するとされていました。

しかし、別の研究によると、回復は遅れて2060年から2075年になると予測されていました。現状の科学的知見に基づく予測ですので、新たな科学的知見が得られた場合には、南極オゾンホールの回復予測がさらに変化することもあり得ますが、遅くとも2100年には、南極オゾンホールは消滅することが期待されます。

図4.6は9つの化学気候モデルを用いた計算結果の平均による推移の予測です。

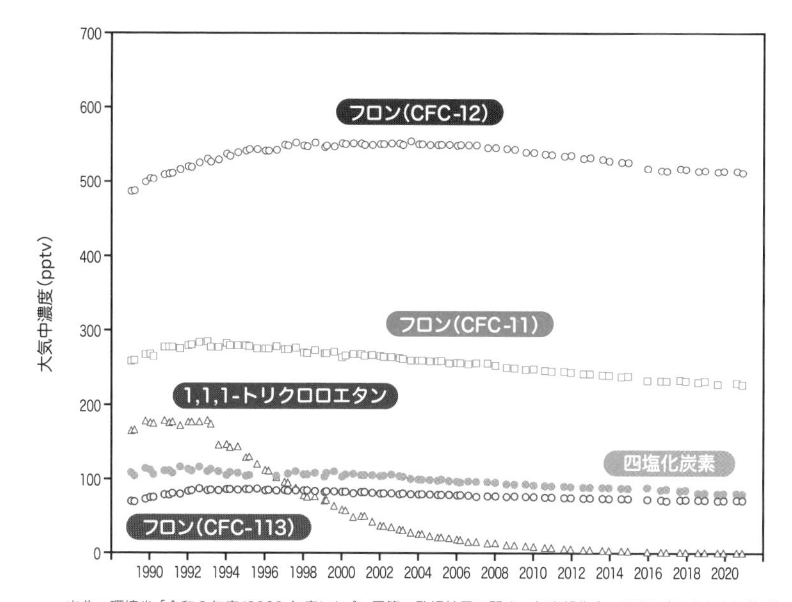

出典：環境省「令和２年度(2020 年度)オゾン層等の監視結果に関する年次報告書」(2021 年)をもとに作成

図 4.5 北海道におけるフロンなどの大気中濃度の経年変化

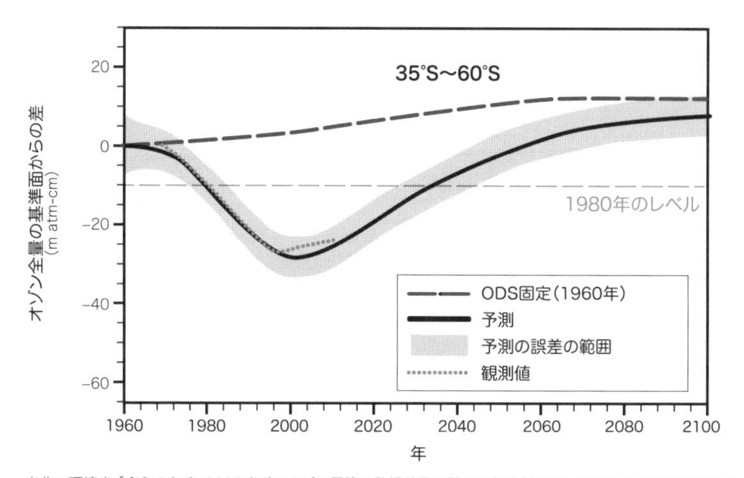

出典：環境省「令和２年度(2020 年度)オゾン層等の監視結果に関する年次報告書」(2021 年)をもとに作成

図 4.6 中緯度域におけるオゾン全量の推移

4-2 大気汚染と酸性雨

酸性雨問題は、ヨーロッパや北米で生態系被害が出て大きく騒がれましたが、大気汚染物質削減対策がとられたために、欧米では沈静化しています。一方、人口が多く、今後経済発展が見込まれる東アジアでは、酸性雨問題が厳しくなることが予想されています。

国境を越えてもたらされる酸性雨

酸性雨とは、酸性を帯びた雨が降ってくることです。広義的には酸性の雪や霧、ガスや粒子状物質、さらには光化学オキシダント（オゾンが主成分）まで含むことがあります。

1960年代から70年代に、スウェーデンやノルウェーなど自国では大気汚染物質をそれほど放出しない国々で湖が酸性化し、魚類が減少して、大きく騒がれました。この原因を突き止めていくと、ドイツ、英国などの工業国から大気汚染物質が国境を越えて飛来し、北欧諸国に酸性雨を降らせて湖沼を酸性化しているということがわかりました。

また同じ頃、カナダとアメリカの間でも、アメリカから飛来した大気汚染物質がカナダに酸性雨をもたらしているというカナダ側の追求がありました。

光化学オキシダント、酸性雨の生成

酸性雨の原因となる物質は、**硫黄酸化物**と**窒素酸化物**です。

工業の発展と自動車の普及に伴って化石燃料が大量に使用され、工場からは硫黄酸化物や窒素酸化物が、自動車からはおもに窒素酸化物が多量に発生しました。硫黄酸化物は燃料中の硫黄成分から生成し、窒素酸化物はおもに大気中の窒素ガスと酸素ガスが高温燃焼で結合して、生成します。また、大気中には、未燃焼のガソリンなどに含まれる揮発性の有機化合物も存在しています。

これらは大気中を輸送される間に太陽光による光化学反応を受けて、オ

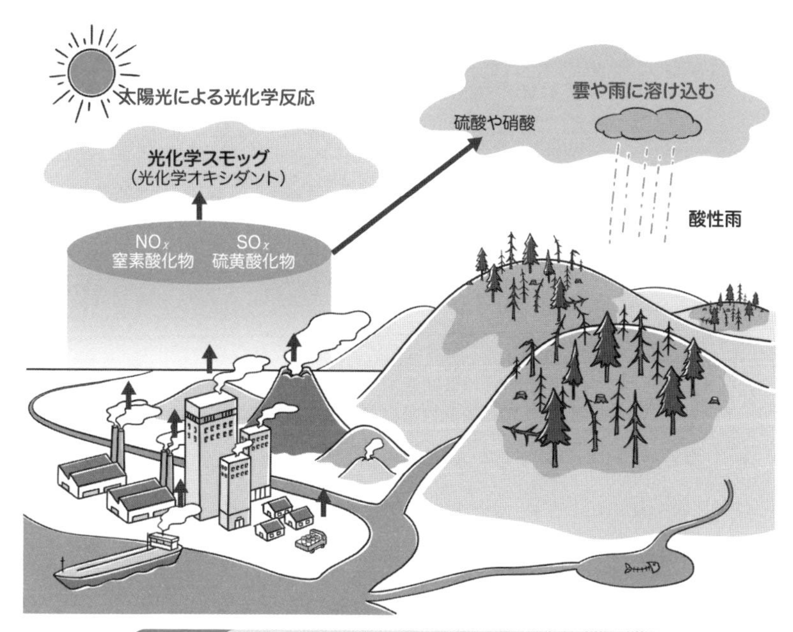

図 4.7 酸性雨と光化学スモッグの生成メカニズム

ゾンや他の酸化性物質を生成し、互いに反応しながらやがて硫酸や硝酸に変換されます。できたこれらの強酸が雲や雨に溶け込むと、酸性雨となります（→「2-6　硫黄循環」、「2-7　窒素循環」）。

太陽光による光化学反応で生成されたオゾンを含む酸化性物質のことを**光化学オキシダント**と呼びます。局所的に光化学オキシダントなどの濃度が高くなることを**光化学スモッグ**と呼び、夏場の高温、無風の状態では光化学スモッグの発生する可能性が高くなります。光化学オキシダントの濃度が高くなると、目やのどに強い刺激を与えるなど健康被害を引き起こすので、光化学オキシダントの濃度が一定以上高くなると、**光化学スモッグ注意報**を発令し、被害を未然に防ぐように努めています。

日本の大気汚染の現状

日本では1960年代、急速な経済発展により深刻な大気汚染にみまわれ、四日市ぜんそくや東京都における光化学スモッグによる人体被害(1970年)などが起こりました。その後、官民をあげて公害対策がとられ、青空を取り戻した北九州市に象徴されるように、工場地帯や都市部の大気汚染は大幅に改善されました。

工場由来の硫黄酸化物濃度は大幅に下がりましたが、完全に大気汚染が克服されたわけではありません。都市部を中心にした自動車由来の窒素酸化物は削減が難しく、東アジアより越境してくる汚染気塊とともに光化学スモッグの原因となっています（→「4-3　越境大気汚染とPM2.5問題」）。

酸性雨の影響

酸性雨による影響は**湖沼、河川の酸性化**によく見られます。ヨーロッパや北米では、表層土が薄くてすぐに岩盤が現れるような地帯の湖沼、河川で酸性化が起こりました。アジア地域では顕在化していません。

日本では、1970年代に関東地方で人体被害が出ましたが、環境省の公式見解によると、現在、酸性雨による被害は顕在化していません。ただ最近、伊自良湖（岐阜県）をはじめとする湖沼で酸性化が見られ、研究が進められています。

森林枯損に関しては、酸性雨の影響は比較的小さくて、ストレスとはなっても酸性雨のみで枯死に至ることはないのではないかと考えられています。

ヨーロッパ、北米、日本の酸性雨対策

酸性雨を防ぐには、その原因となる硫黄酸化物や窒素酸化物の発生量を減らすことです。そのために、工場などに脱硫・脱硝装置をつける、燃料中の硫黄分を減らす、燃焼温度を下げる、ガソリン使用の乗用車には三元触媒（脱硝装置）を導入するなどの方策によって、酸性雨原因物質の発生を抑えてきました。

また、酸性雨問題は国境を越えた問題です。対策も国を越えて講じる必要があります。ヨーロッパでは1979年に**長距離越境大気汚染条約**が結ばれ、それに続く種々の議定書に従って硫黄酸化物や窒素酸化物の削減を実施してきました。その結果、1995年に硫黄酸化物の放出量は、15年前のほぼ半分に削減されました。窒素酸化物はわずかに減少が見られます。これらを受けて、ヨーロッパでは酸性雨問題は峠を越したとの感があります。

北米においては、近年アメリカ、カナダ両国とも硫黄酸化物の削減対策を取っているために、その推移を見守っている状況です。

ヨーロッパ、北米、日本、いずれをとっても、硫黄酸化物の大幅削減には成功していますが、**窒素酸化物は削減に苦労**しており、酸性雨はいまだに降り続いています。また中国などの東アジア地域でも酸性雨が降っていますが、アジア地域における酸性雨対策は遅れています。

東アジアの酸性雨問題

日本の風上側、東アジア地域には経済発展の目覚ましい中国が位置します。国内総生産（GDP）が急上昇し、エネルギー使用量が毎年増加している中国では、2019年の一次エネルギーの58%を石炭に頼っているため、未だに硫黄酸化物の発生量が多いです。

このような東アジア地域の発展に伴う越境大気汚染に、日本は危機感を持っています。環境省は1993年から「東アジア酸性雨モニタリングネットワーク（EANET）」の構築に努めて、2001年に10カ国の参加のもとにこのネットワークを本格稼働させました。すでに20年以上の酸性雨観測データが得られ、東アジア地域における酸性雨の分布に関しては知見が集

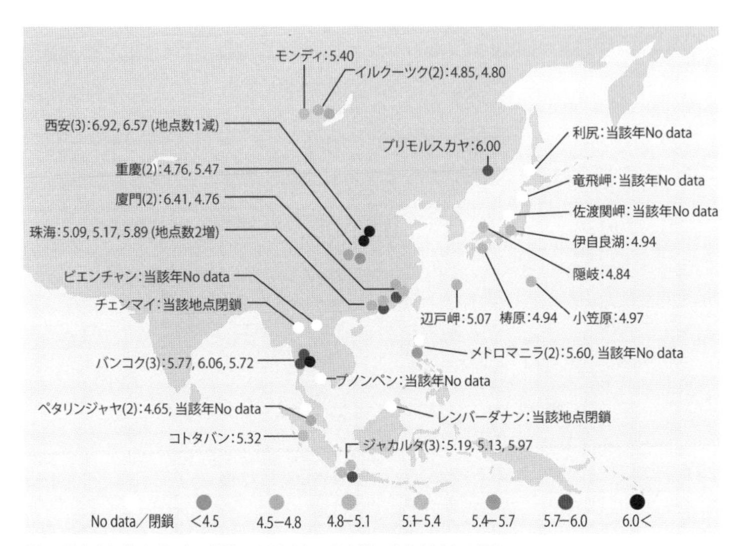

（注）地点名に続く（）内の数値：2012年の地点数。2地点以上の場合
pHに続く（）内の記述：2012年からの地点数の増減
当該年No data：機器故障等による欠測が多く、当該年の年間値は未公開が適当な地点
当該地点閉鎖：本モニタリングネットワークから離脱あるいは観測を終了した地点

出典：一般財団法人 日本環境衛生センター アジア大気汚染研究センター 大泉毅博士作成（環境省データ）

図4.8 東アジアの降水pH（2020年平均値、EANET）

積しつつあります。

今後、日本政府はこのネットワークを各国の財政支援により支えられたネットワークにし、これをもとに東アジア地域の大気環境管理を進めていくことを考えています。

酸性雨問題の現状

日本では酸性雨問題の軽減化の傾向が顕著です。環境省が行っている酸性雨モニタリングの結果によると図4.9のように近年pH値の上昇傾向がみられます。日本国内での大気汚染物質放出削減量は微々たるものであるため、「PM2.5 の影響」（→「4-3　越境大気汚染とPM2.5問題」）で後述するように、中国での大気汚染物質放出削減量が大幅であることが日本での改善につながっています。

ヨーロッパでは酸性雨問題の始まりをスウェーデンの土壌学者スバンテ・オーデンが1967年に地元の新聞に発表した酸性雨問題を警告する新聞記事と捉えています。ヨーロッパは酸性雨問題に真摯に向き合い「科学」と「政策」が両輪となり、科学的知見を酸性雨モニタリング、観測、影響研究、新たな概念の導入、統合評価モデルで酸性雨と酸性雨の影響の将来予測や、酸性雨対策の評価をし、統合評価モデルを行政官に提供して「政策」の方向性を決めることを求めてきました。

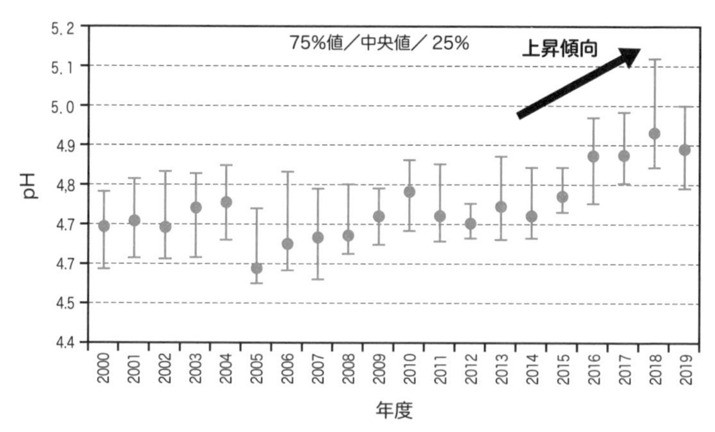

出典：一般財団法人 日本環境衛生センター アジア大気汚染研究センター 大泉毅博士提供（環境省「越境大気汚染・酸性雨長期モニタリング報告書（平成25～29年度）」（2019年）をもとに作成）

図 4.9　降水 pH の経年変化

また、ヨーロッパ全体の取り組みとして、各項目の議定書を作成して、採択、批准と実効を深めていきました。この手法は成層圏オゾン層破壊問題へも適用され、地球環境問題克服のモデル、サクセスストーリーとなりました。ヨーロッパは最大の環境問題にヨーロッパ全域を挙げて取り組み克服したとして大きな自信を得ています。50年の節目になる2017年にストックホルムで、これまでの酸性雨問題の出現と対処、対策、特に成功を誇示する国際会議が開催されました（http://acidrain50years.ivl.se)。

column
コラム

黒い三角地帯

ポーランド、チェコ、旧東ドイツの国境地帯である「黒い三角地帯」では、広い範囲に渡って森林枯損が見られます。この地域では1970年代から80年代に、環境対策が全然取られないまま硫黄分の多い石炭を大量に使い、工業活動が盛んに行われていました。そのために大量に発生した二酸化硫黄が酸性雨となって、これらの地域の森林に多大な影響を与えたと推察されます。

[黒い三角地帯]

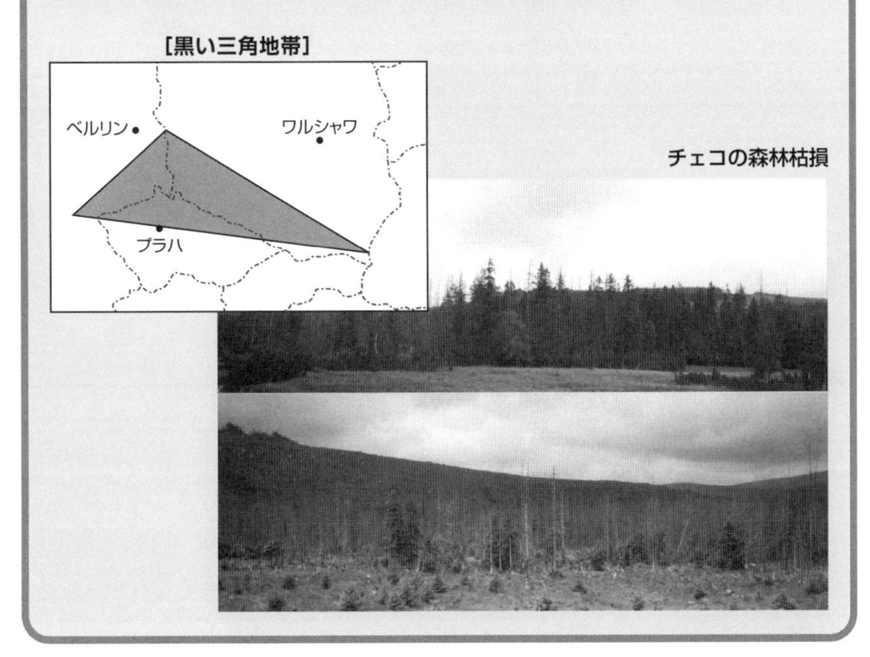

チェコの森林枯損

4-3 越境大気汚染とPM2.5問題

大気には国境がありません。ヨーロッパでは、酸性雨が国境を越えて広がり、越境大気汚染が大きく取り上げられました。日本の風上側には大気汚染物質を大量に発生する中国があり、酸性雨、黄砂、光化学オキシダントの越境大気汚染が危惧されます。

広がりが速く、範囲も広い

汚染物質は、土壌、水、大気、それぞれの場所で広がり方が異なります。土壌汚染の場合には、土壌中のいろいろな含有物と汚染物質との親和性が大きいために、土壌中での汚染物質の移動は極端に遅くなります。このため土壌汚染は局所的なものになります。

河川水や海洋中での物質移動はある程度速いのですが、湖沼や閉鎖性水域になると、移動や拡散は遅くなります。

大気中では、物質の移動や拡散は最も速くなります。北半球の東西方向の場合には、偏西風やジェット気流に乗って汚染物質は運ばれるので、2週間以内で地球を1周します。南北方向の移動ですと、その半球内の場合は1～2ヶ月程度で移動しますが、北半球から赤道を越えて南半球に移動するには、1年位かかります（→2－1大気の構造と循環）。

日本の上空では、おもに**西から東へ大気汚染物質は輸送**されます。日本の上流側には、人口が多く経済発展の著しい中国が位置しているために、日本にとって**越境大気汚染**は大きな関心事になっています。

酸性雨でクローズアップされた越境大気汚染

越境大気汚染を大きくクローズアップしたのは、酸性雨の問題です（→「4-2　大気汚染と酸性雨」）。

1960～1970年代にヨーロッパ、北米地域で話題になった酸性雨問題は、1980年代頃から国境を越えた問題として国をあげて取り組みが行われ、現在は沈静化しています。

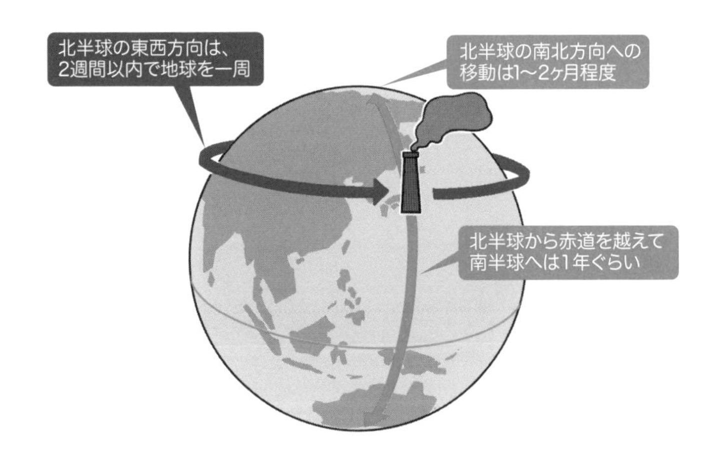

図 4.10 大気汚染物質の移動と広がり

日本では、近年、越境大気汚染としての光化学スモッグが問題になっています。日本海側や日本の西側に位置する離島で、大気汚染物質の観測を続けていますが、さらにコンピューターシミュレーションを行うことによって、酸性物質の越境大気汚染の実態が明らかになってきました。

国境を越える黄砂

越境大気汚染を日本人が肌で感ずるのは、**黄砂**の存在です。黄砂は、中国大陸内陸部のタクラマカン砂漠、ゴビ砂漠や黄土高原などで発生した砂塵嵐によって、砂が数千mの高度にまで巻き上げられ、偏西風に乗って日本付近にやってくる現象です。

従来、黄砂現象は自然現象であると理解されてきましたが、最近では、単なる自然現象から、森林減少、過放牧や農地転換による土地の劣化、砂漠化といった人為的影響による側面も持った環境問題であると認識されています。

日本全国11地点の気象観測所における黄砂観測によると、黄砂の飛来は、1990年代後半まで年間延べ75日を超えることはほとんどありませんでした。しかし、2000年以降2010年まで、頻繁に75日を超えています。し

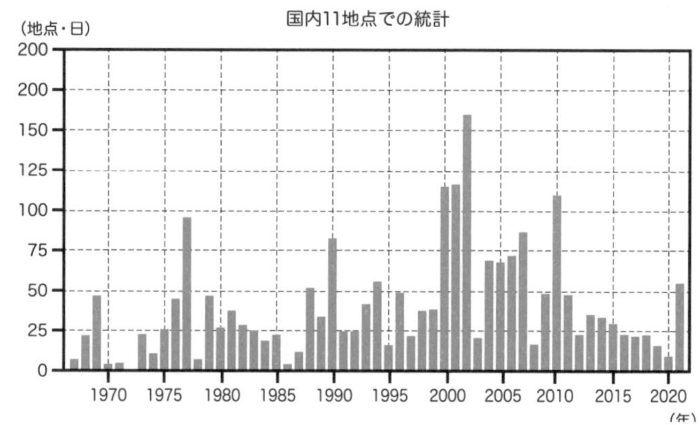

※1日に5地点で黄砂が観察された場合、延べ日数は5日として計算。目視観測を行っている11地点について集計
(注) 国内で黄砂を観測した地点数を合計した日数です（1日に5地点で黄砂が観測された場合には5日として数えます）

出典：国土交通省・気象庁「黄砂観測日数の経年変化－年別黄砂観測のべ日数」(2022年)をもとに作成

図 4.11 黄砂観測延べ日数の経年推移

かしながら2010年以降は日本への飛来は極端に減少しています。

2013年冬の中国におけるPM2.5問題

2013年1月から2月にかけて、北京を含む中国の広範な地域でPM2.5濃度が環境基準値の20倍以上と非常に高くなり、交通障害や人間の呼吸器への障害が大きく報道されました。

PM2.5は、科学的に正確に言うなら粒子の粒径が**2.5μm**（1μm＝1×10－6mまたは1×10－3mmすなわち1mmの千分の一で、目で見ることはできません）以下の、大気中に漂っている**微小粒子状物質**です。

浮遊粒子状物質が高濃度になる原因には、気象要因と発生源（発生量）要因があります。気象要因としては、冬季であったために大気汚染物質が上方へ拡散することを妨害する逆転層が、上空において強く長く継続する気象条件だった可能性があります。発生源（発生量）要因としては新たな発生源が負荷されたというのは考えにくいので、経済発展により発生量が増加したものと考えられます。

経済発展の効果は正逆両方向の効果をもたらします。経済発展すると、北京の人口増加、自動車台数や走行距離の増加、暖房の充実などにより、大気汚染物質発生量が増加します。一方、経済発展すると大気汚染物質発生量の少ない自動車や暖房器具を使うことができるようになります。このことは大気汚染物質発生量を減少させます。

粒子状物質の中でも2.5μmより大きい粗大粒子は、肺の奥深く入り込まず、ヒトの健康に有害な物質は少ないといわれています。中でも海塩粒子の場合には食塩(NaCl)が主成分なので、それほど影響が大きいとは思えません。しかし黄砂粒子に関しては、それ自体鉱物粒子であるので悪影響があると推察されます。さらに黄砂粒子が大気汚染物質の発生地帯を通過する時に、その表面が**大気汚染物質**（水銀、鉛、マンガン、カドミウムなどの重金属粒子や、硫酸、硝酸などの酸性物質）により覆われると、**毒性が強く**なります。

一方、微小粒子（PM2.5）は体内に入り込みやすく、人間や動物が取り込めば、肺がん、アレルギー性ぜんそく、鼻炎など健康面で悪影響があります。アスベストもその健康影響で大きな社会問題となりました。

中国では深刻なPM2.5問題を受けて、2013年以降、大々的な大気汚染物質放出量削減に努めてきました。石炭に代わり都市ガスを使用する等のエネルギー転換、排出削減装置の設置、自動車からの大気汚染物質排出量削減等です。このため、近年はデータでも大気汚染物質放出量削減が明示されています。

4-4 土壌汚染

土壌汚染は典型七公害のひとつで、1967年「公害対策基本法」が制定された当初は重金属類がおもな汚染源でした。最近は、工場跡地において難分解性の有機物質による汚染が顕在化し、大きな問題となっています。有害物質が人の健康に害を及ぼさないように、掘削して土壌を入れ替える、原位置で浄化する、封じ込めるなどの対策を取ります。

広がるのは遅いが、長時間残る

土壌汚染とは、人間の行うさまざまな活動によって、有害な無機物質、重金属類、農薬、有機溶剤、廃油などが放出されて土壌が汚染され、人や他の生物に害を与えることです。

土壌汚染の特徴は、大気や海洋の場合と異なって、**汚染物質の移動、拡散速度が極端に小さい**ことです。大気汚染や海洋汚染の場合には、汚染物質の放出を止めればある時間でその場の汚染はほぼなくなります。しかし、土壌汚染の場合には、汚染物質にもよりますが、いったん汚染されると、自然界による分解が遅いために長期間､時には半永久的に汚染が残ります。

また、土壌汚染は、単に土壌粒子の汚染だけに止まらず、土壌と接触している**地下水や土壌空気まで汚染**します。特に、地下水は汚染物質を溶かして移動させるため､地下水が汚染されると汚染地域はさらに拡大します。

土壌中の汚染物質のモニタリングをする際には、汚染物質が偏在し、また地下水の影響で分布が異なるために、地点数、深度方向ともかなり大きくなりますし、どこまでやるかの判断が難しくなります。

土壌汚染問題の移り変わり

四大鉱害事件

明治時代、富国強兵政策によって**足尾銅山**、**別子銅山**、**小坂銅山**、**日立銅山**などの開発が進みました。その精錬に伴って､重金属類や二酸化硫黄、硫酸などの酸性物質を含んだ排煙、排水が付近の環境を破壊し、魚類、農作物、人体などに大きな被害を与えました。1939年に「鉱業法」が改訂され、汚染の賠償責任を鉱業権者に課すことになりました。

四大公害病

第二次世界大戦後の高度経済成長のあおりで、1950～1960年代に四大公害病が大問題となりました。**四日市ぜんそく**は大気汚染が原因となった公害病で、**イタイイタイ病**、**熊本水俣病**、**新潟水俣病**は工場の排水による水質・土壌汚染が原因となった公害病です。工場の排水溝から水銀やカドミウムなどの有害金属類が地下浸透あるいは河川、近海に流れ出し、井戸水、稲、魚などを経由して人体に大きな害を及ぼしました。

1970年のいわゆる公害国会で「土壌汚染」を典型公害として追加し、農用地に対して**公害対策基本法**の下に**「農用地の土壌汚染防止等に関する法律」**が制定されました。

香川県豊島不法投棄事件

1978年から13年間にわたって産業廃棄物が不法に投棄された、「廃棄物の処理及び清掃に関する法律」(**産廃法**)に違反する最大規模の事件です。放置された産業廃棄物から多量の有害物質が流出し、土壌汚染、地下水汚染を引き起こして瀬戸内海への流失も見られました。

千葉県君津市の地下水汚染

IT産業による有機溶剤の不適切な取り扱いや廃棄のために、地下水がトリクロロエチレンに汚染された事件です。1989年水質汚濁防止法の一部改正のきっかけとなりました。

これらに代表されるように、土壌汚染は経済の発展に沿って変化しています。最近は、土壌汚染を知りながら不動産を開発し販売したことによる土壌汚染被害も見られ、解決への経緯が注目されています。

土壌汚染対策法

近年企業の工場跡地などの再開発等に伴って、重金属類や揮発性有機化合物などによる土壌汚染が顕在化し、人の健康への影響が懸念されるようになってきました。このような状況を踏まえて、2002年「**土壌汚染対策法**」が制定されました。この法律は、「公害対策基本法」を吸収する形で1993年に制定された「**環境基本法**」を背景としており、有害物質によって土壌が汚染されている状況を把握し、人の健康被害を防止する対策を実施することを目的としています。平成22年の法改正により自然由来の有害物質が含まれる汚染された土壌も対象になったために、土壌汚染判明事例件数が増えました。対象となる有害物質は**揮発性有機化合物（VOC）**、**重金属**等、**農薬**等の特定有害物質で、ダイオキシン類、放射性廃棄物などはこの法律の対象となりません。

また人の健康被害のみを取り扱うので、他の生態系への影響などは対象となりません。

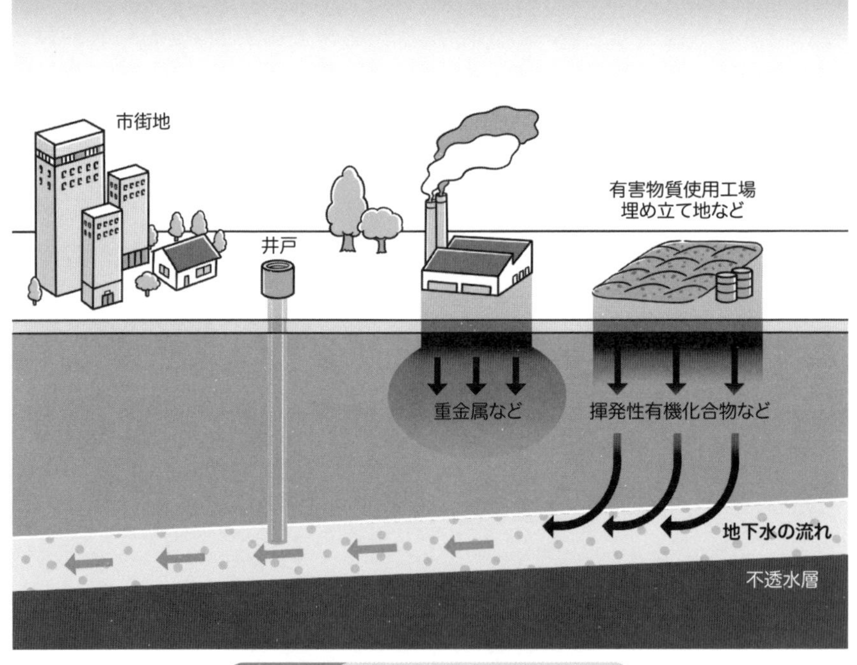

図 4.12 土壌・地下水汚染のしくみ

アメリカにおける土壌汚染事例とスーパーファンド法

アメリカでは産業廃棄物の投棄によって起こったラブキャナル事件を契機として、包括的環境対策保証責任法であるスーパーファンド法が制定されました。

ラブキャナル事件

かつて水路として用いられてきたアメリカのナイアガラ滝近くのラブキャナル運河には、1930年代、化学合成会社の農薬や除草剤など猛毒物質も含む廃棄物が合法的に投棄されていました。その後、運河は埋め立てられ、売却されて、その上に小学校や住宅などが建設されました。

埋め立て後大分経ってから、投棄された有害化学物質などが溶出して、地下水や土壌汚染の問題が表面化し、1978年には社会問題となりました。1980年この地域一帯は立ち入り禁止になり、スーパーファンド法が作られました。

スーパーファンド法

アメリカの環境保護庁が汚染の調査や浄化を行い、浄化費用は汚染責任者を特定するまでの間､石油税などで創設した信託金（**スーパーファンド**）から支出します。**汚染の責任**は、現在の施設所有管理者だけでなく、有害物質が処分された当時の所有管理者、有害物質の発生者、有害物質の輸送業者、融資金融機関など、**有害物質に関与したすべての当事者が負う**こととされ、責任範囲の広範さが特徴的です。

汚染土壌の浄化対策

重金属類は一般に土壌に吸着されやすいので、汚染は深部まで拡散しにくく、表層土壌に止まっています。PCBやダイオキシン類は粘性が高かったり固体であるためにそのままでは浸透できず、重金属類と同様に比較的表層に止まり、揮発性も低いものです。

難分解性の揮発性有機化合物は、土壌に吸着されにくいので地下浸透して地下水を汚染しやすく、また地質によっては土壌中に原液状で留まったり深層まで浸透したりします。

このような汚染物質本来の特性と、汚染の状態に応じて効果的な浄化方法を選択し、さらに浄化対策の進行に合わせて、浄化方法を変えていく必要があります。**地下水**は、いったん汚染されると浄化は容易ではありません。早期に調査と対策とを行い、汚染物質の地下浸透を未然に防ぐことが重要です。

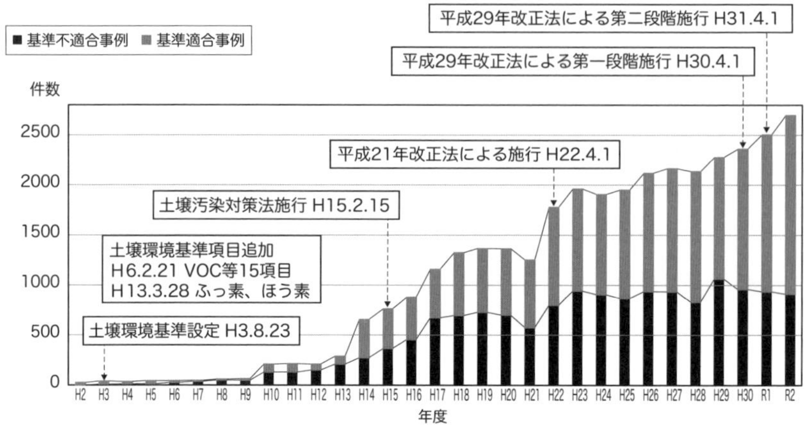

出典：環境省「令和２年度 土壌汚染対策法の施行状況及び土壌汚染調査・対策事例等に関する調査結果」(2022年)をもとに作成

図 4.13 土壌汚染判明事例件数の経年推移

揮発性有機化合物（第一種特定有害物質）	クロロエチレン	重金属等（第二種特定有害物質）	カドミウム及びその化合物
	四塩化炭素		六価クロム化合物
	1.2 −ジクロロエタン		シアン化合物
	1.1 −ジクロロエチレン		水銀及びその化合物
	1.2 −ジクロロエチレン		アルキル水銀
	シス− 1.2 −ジクロロエチレン		セレン及びその化合物
	1.3 −ジクロロプロペン		鉛及びその化合物
	ジクロロメタン		砒素及びその化合物
	テトラクロロエチレン		ふっ素及びその化合物
	1.1.1 −トリクロロエタン		ほう素及びその化合物
	1.1.2 −トリクロロエタン	農薬等（第三種特定有害物質）	シマジン
	トリクロロエチレン		チオベンカルブ
			チウラム
	ベンゼン		ポリ塩化ビフェニル (PCB)
			有機りん化合物

(注1)累計は、土壌環境基準設定(平成3年8月23日)からの数値
(注2)シス-1, 2-ジクロロエチレンの累計は土壌環境基準設定(平成3年8月23日)から令和元年度までの累計件数

出典：環境省「令和２年度 土壌汚染対策法の施行状況及び土壌汚染調査・対策事例等に関する調査結果」(2022年)をもとに作成

図 4.14 土壌汚染対策法特定有害物質一覧

4-5 海洋汚染

地球の表面は約7割が海に囲まれており、その海が人々の生活によって汚染されています。日常の生活排水や工場排水などが原因となって起こる赤潮の問題、海水が難分解性の物質や流出した原油に汚染される問題、浮遊性の固形ゴミによる問題など様々な問題に、周りの生き物は大きな被害を被っています。

日本における海洋汚染の概況

日本周辺海域では2021年に油汚染（332件）、廃棄物汚染（139件）、有害液体物質汚染（14件）その他（工場排水等汚染）（8件）などの海洋汚染が確認されました。

家庭からの排水や農薬、工場排水が河川や大気を経由して海洋に流れ込んだり、沿岸域を開発したりすることによって海洋は汚染されます。また船舶を洗浄した際の排水や船舶塗料の剥離、船舶による海洋投棄によっても海洋は汚染されます。

赤潮汚染

人間活動による生活排水や農村地帯で使われる肥料、また工場排水には、窒素やリンなどの栄養分が豊富に入っています。この栄養豊富な水が流れの緩い海域に流れ込むと、特に気温の高い時期にはプランクトンの成育が活発なために異常増殖が起こります。プランクトンの異常増殖によって、海水が一面赤っぽくなる現象のことを赤潮と呼んでいます。

有害なプランクトンによる赤潮が発生したり、大量に発生したプランクトンが死滅する時に海水中の酸素を大量に消費して海水が酸欠状態になったりすると、魚介類が大量に死滅するなど大きな被害を受けます。

以前は工業化の進んだ国において、人口の集中する地域の内湾や内海などに特に多く見られていました。最近では、欧米諸国以外にもオーストラリア、東南アジア、中国、南米諸国と世界各地で有害赤潮が発生しており、深刻な問題となっています。

海洋生態系に見られる難分解性有害化学物質汚染

化学物質の中には、環境中で分解されにくく、さらに生物体内に蓄積しやすいために、地球上で長距離を移動し生態系に有害な影響を及ぼしかねないものがあり、これを**残留性有機汚染物質：POPs**（Persistent Organic Pollutants）と呼びます。

船舶の塗料に含まれている有機スズ化合物、電気絶縁体や潤滑油など工業活動で幅広く使われた**PCB**、農薬や殺虫剤として使用されるDDTなど有機塩素系化合物、これらPOPsが海産ほ乳類や鳥類、魚介類に検出されることは世界中で多く報告され、アメリカでベストセラーとなったコルボーン博士らの「奪われし未来」執筆のきっかけにもなりました。

POPsは分解されにくいため、一旦環境中に排出されると**長時間残留**します。大気中に飛散、揮発すると、拡散して遠い海洋へ移動することが明らかになっています。北半球では、微量ですが南半球より高い濃度のPOPsが海洋上の海水中に存在し、さらに遠洋の大気中にもPOPsが検出されています。

脂溶性で体内に取り込まれやすいPOPsは、動物プランクトンや小魚に取り込まれた後、大型の魚へ食物連鎖の過程で濃縮され、最終的には食物連鎖の頂点にいる野生生物（イルカやアザラシ、ホッキョクグマ、鳥類など）に**高濃度に生物濃縮**されてしまいます。

POPsによる地球規模の汚染を防ぐために「**残留性有機汚染物質に関するストックホルム条約**」（**POPs条約**）が2001年に採択、2004年5月に発効しました。日本は2002年8月にこの条約を締結しており、2020年3月現在、日本を含む181カ国およびEU，パレスチナ自治区が締結しています。

POPs条約では対象物質によって講ずべき対策が三通りに分けられ、**製造・使用・輸出入を禁止する物質**としてPCBなど18物質、特定の目的・用途での製造・使用に制限する物質にDDT、PFOS（ペルフルオロオクタンスルホン酸）など、非意図的生成物質のため可能な限り排出を削減する物質にダイオキシンなどが対象になっています。またPOPsを含む在庫物

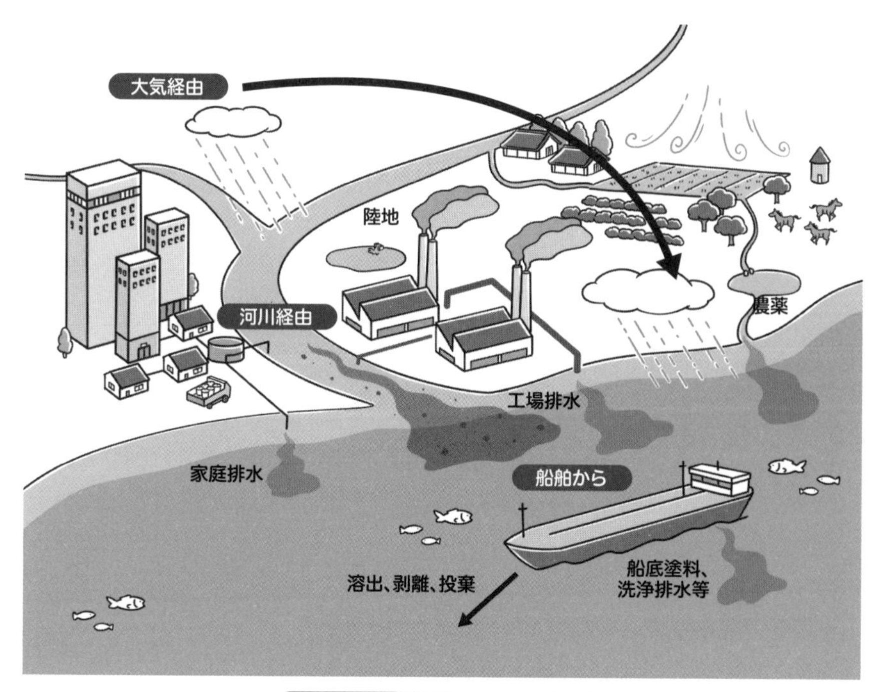

図 4.15 汚染物質の流入経路

や廃棄物を適正に管理、処理する必要もあります。

東アジア地域では、2021年3月現在、日本、韓国、北朝鮮、中国、インドネシア、カンボジア、シンガポール、タイ、フィリピン、ブルネイ、ベトナム、マレーシア、ミャンマー、モンゴル、ラオスの各国が、POPs条約を締結しています。

MEMO

篤志（とくし）観測船

かつての海洋観測は、数も航行距離も限られている専用の調査観測船によって行われていました。近年、環境問題の高まりを受けて、民間の船舶（貨物船、コンテナ船等）から船体の一室や甲板に観測機器を搭載するなどの協力が得られるようになり、広範囲に渡って頻度高く海洋調査ができるようになってきました。このような船舶を篤志観測船（ボランタリーオブザベーションシップ）と呼んでいます。

column

コラム

環境ホルモン

人間が有用であるために作り出した化学物質の中には、生物に対してホルモンのような作用をしたり、その作用を抑制したりする働きを持つ物質があります。環境中にある人工的な物質が野生生物に対してホルモン様の作用をしているとして、これらの物質を「環境ホルモン」と呼ぶようになりました。

1996年、コルボーン博士らは「Our stolen future」(邦訳題「奪われし未来」)を出版しました。外因性の内分泌かく乱化学物質(いわゆる環境ホルモン)が野生生物に後発的な生殖機能障害をもたらすと提唱し、世界に警告を発した書物です。

日本では1998年「環境ホルモン戦略計画SPEED' 98」を策定して取り組みを始め、環境中の有機スズ化合物が海産の巻貝の一種に生殖器異常を引き起こすことが示されました。また、いくつかの化学物質はメダカに対して内分泌かく乱機能を示すことが推察されました。

以降「ExTEND2005」に続き、2010年からは「EXTEND2010」にそって取り組んでいます。化学物質によって野生生物にどういう影響が生じているかを実際の生物で検証していく研究や基盤研究。また対象生物は魚類、両生類及び無脊椎動物として、国内の環境調査で検出された物質の中から検討対象物質を選定して、生殖に及ぼす影響、発達や変態に及ぼす影響、成長に及ぼす影響の有害性を評価する研究。あわせて国際協力の推進を行っており、最終的には化学物質の環境リスクを評価し、必要に応じて管理することを目標としています。

4-6 マイクロプラスチック問題

マイクロプラスチック（海洋プラスチック）問題の根本原因は、世界のプラスチック使用量の急増です。プラスチックは、不法に投棄されると分解されて最終的には海洋に漂い、除去されることがありません。大きければ景観だけの問題ですが、細かくなりマイクロプラスチックになると回収は不可能で、魚類等の消化管に入り込みます。それを食する人間にとっても有害と考えられます。科学的な検証・検討は途上ですが、日本を含めた世界の官民で、発生量抑制や回収を目指す取り組みが行われています。

第4章 自然環境の改変と汚染

マイクロプラスチックとは

マイクロプラスチックは環境中に存在する**微小なプラスチック粒子**であり、一般には、**直径 5 mm 未満**のプラスチック粒子と定義されています。特に海洋環境において、極めて大きな懸念材料となっています。

プラスチックの使用量は増加してきて、日本では近年は買い物時に無料提供されていたプラスチック袋が有料化されています。プラスチックはゴミとして適正に回収されれば、燃焼時は石油とほぼ同等の発熱量があるので、熱源となります。ただ人間の不注意により放棄されると環境では、そのままで景観を損ねます。道路近傍の緑地帯に、ペットボトル、プラスチック袋、カップラーメンの空容器が転がっているのは寂しい気持ちにさせます。

プラスチックは普通の環境では細分化されません。でも無限の寿命があるわけではありませんので、図4.16に示すように長い年月の後には徐々に細分化され、最終的にはマイクロプラスチックとなります。

マイクロプラスチックは土壌圏に存在する時の問題点は少ないですが、小さな分、土壌から飛散して、大気圏、水圏（最終的には海洋圏）に存在するようになると問題が生じます。大きな形態の時には人間の呼吸器、消化器、魚類の消化器に入ることは無かったのが入るようになります。

海洋生物がマイクロプラスチック自体と、それに**付着した有害物質**（**PCB**や**DDT**など）を摂取し、生物濃縮によって海鳥や人間の健康にも影響す

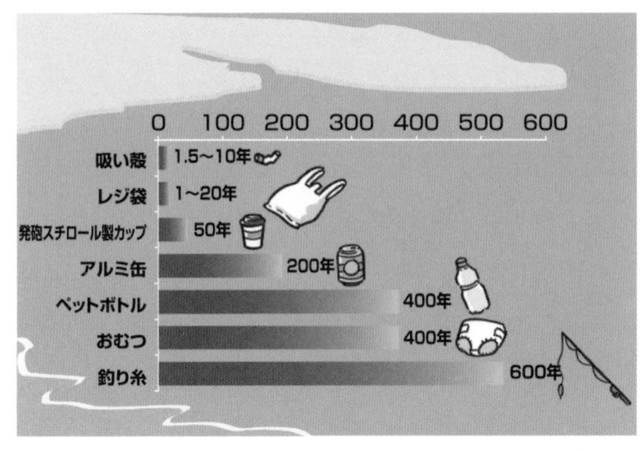

出典：織 朱實 教授(上智大学大学院 地球環境学研究科)／独立行政法人 国民生活センター「わが家のごみ箱はSDGsと つながっている！ープラスチックごみのなにが問題なの？」(2021年)をもとに作成

図 4.16 海洋ごみが分解されて細かくなる年数

ることが懸念されています。人間の呼吸器、消化器、魚類の消化器の中で、どのような影響を与えるかは十分には解明されていません。素材や大きさによっては、無害で、再度体外に放出される可能性もありますが、条件によっては、生体系に悪影響を与える可能性があります。

マイクロプラスチックはどのようにして生ずるか

マイクロプラスチックの発生原因は大きく２つあります。プラスチック製品の生産段階においてマイクロサイズで製造された**一次的マイクロプラスチック**ともとは大きなプラスチック（ごみ）が自然の力（紫外線や波）によって劣化し砕かれて小さくなった**二次的マイクロプラスチック**に区別できます。

一次的マイクロプラスチックの例は、歯磨き粉や洗顔料など化粧品として使われるマイクロビーズのような製品に含まれる細かなプラスチックです。これらは**生活排水と一緒に流されて**しまいます。二次的マイクロプラスチックは主に、ペットボトル、発砲スチロール、プラスチック袋などのプラスチックゴミが自然の力（紫外線や波）などに晒されて**時間の経過とともに劣化する**ことで発生すると考えられています。プラスチックは自然環境下で簡単には分解されず、回収も困難なため、いったん海洋に流出してしまうと、多くが数十年から数百年もの長きにわたり残り続けることになるといわれています。さらに小さく軽いマイクロプラスチックは海流に乗って世界中の海に拡散されてしまいます。

マイクロプラスチックそのものも有害で海が汚染されますが、さらに劣化とともにマイクロプラスチックに有害物質が吸着し、さらにそれを海洋生物が取り込むことで体内が汚染され、生態系に影響を与えることや、食物連鎖の中で人間にも被害を及ぼす可能性が懸念されています。

プラスチック使用量の変動

2019年の世界のプラスチックごみ（プラごみ）の発生量は3億5300万トンに達した、などとする報告書を経済協力開発機構（OECD）がまとめて発表しました。適切に処理されなかった大量のプラごみが河川や海にたまっていると指摘し、「プラごみによる海洋汚染は長い間続く」と警告しています。

プラごみの増加は消費量の増加をそのまま反映しています。世界のプラスチックの使用量は、2000年に約2億トンだったのが、2019年には2倍以上の4億6000万トンに激増しました。プラごみ発生量が減らない最大の要因は一向に改善されないリサイクル率の低さで、2019年はプラごみ全体の9%にとどまっています。

報告書は「プラスチックによる汚染はプラごみの不適切な収集と処分に起因する」と断じ、微小なマイクロプラスチックの環境への流出の問題は深刻と指摘しました。さらに「プラスチック汚染を減らすためには、生産そのものを減らす行動のほか、環境に優しい代替品の開発やプラごみ管理の改善とリサイクル率の向上が必要」とし、国際協力の重要性を指摘しています。

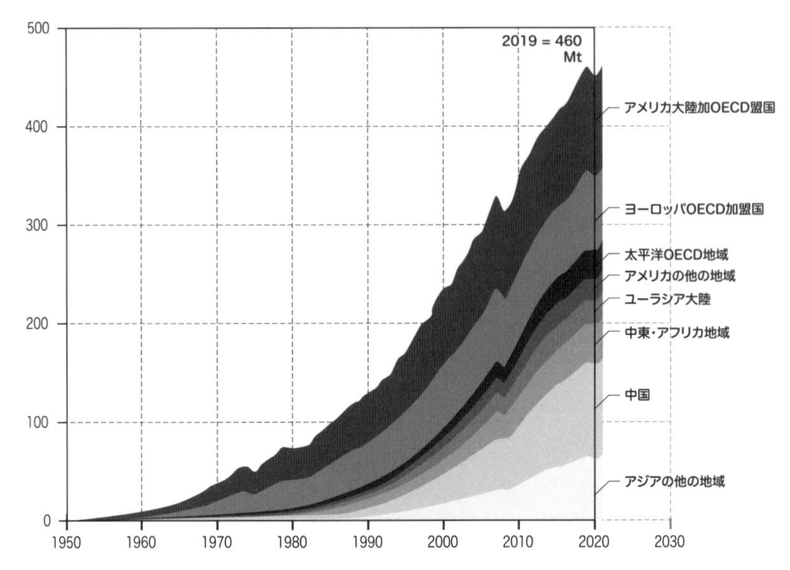

出典：国立研究開発法人 科学技術振興機構 Science Portal「2019年のプラごみ発生3億5300万トン OECDが『海洋汚染続く』と警告する報告書」(2022年)をもとに作成

図 4.17 世界のプラスチックの使用量

マイクロプラスチック問題の国際的な認識

2015年には持続可能な開発目標(SDGs)に、海洋・海洋資源の保存のターゲットの1つとして「2025年までに、海洋ごみや富栄養化を含む、特に陸上活動による汚染など、あらゆる種類の海洋汚染を防止し、大幅に削減する」が掲げられています。

2016年の世界経済フォーラム年次総会（**ダボス会議**）で、2050年までに海洋中の**プラスチックごみの重量が魚の重量を超える**との試算が発表されて以降、マイクロプラスチックについても発生を抑止する法規制の議論がしだいに活発になってきています。日本でも国や自治体、地域の団体などで、マイクロプラスチック問題への対策が進められています。

2019年6月に大阪で開催された第14回20カ国・地域首脳会合（G20大阪サミット）にて「大阪ブルー・オーシャン・ビジョン」を世界共通のビジョンとして共有しました。「大阪・ブルー・オーシャン・ビジョン」とは、2050年までに海洋プラスチックゴミによる追加的な汚染をゼロにまで削減することを目指すものです。日本政府はこの目標の実現のため、廃棄物管理、海洋ごみの回収およびイノベーションを推進するための、途上国における能力強化を支援していくアクションプランを発表しました。

マイクロプラスチックによる環境影響

海洋生物への影響

海洋生物はマイクロプラスチックを**エサと間違えて**食べてしまうことがあります。マイクロプラスチックを摂食した後の海洋生物への影響は次の3つが考えられます。

摂食器官または消化管の物理的閉塞または損傷
摂食後のプラスチック成分の化学物質の内臓への浸出
吸収された化学物質の臓器による摂取と濃縮

また、プラスチックの表面には細かな凹凸があり、有害な化学物質を吸着しやすい性質を持っていますので上記の影響はさらに強くなります。

人体への影響

化学物質に汚染された魚を食べると間接的にわたしたちの体内にも化学物質が入ってしまうことになります。マイクロプラスチックによる人体への影響はハッキリと解明されていませんが、がんの発生や代謝性疾患の発症を引き起こす可能性のある化学物質が検出されています。

日本はプラごみの処理を海外に押し付けている

　私たちが普段、何気なく捨てているプラごみ。それらは国内で正しくリサイクルされ、再利用されているのではありません。日本は、プラごみの多くを、リサイクルとして海外に輸出しています。その数は、年間およそ150万トンに及びます。リサイクル処理には手間がかかるため、その人件費を日本では捻出できないことから人件費の安い海外に輸出しています。主な輸出先であった中国が2018年、工業由来の廃プラスチックの輸入を停止しました。理由のひとつは、経済成長と共に中国国内のゴミも増えたので処理が追い付かなくなったこと。もうひとつは、環境汚染に繋がっていたことです。プラスチック廃棄物の多くは、食べ残しが付いていたり、実際には資源としてリサイクルしにくいものばかりなので、業者は不法投棄をしたり、有害物質を焼却したり、海に流出させていました。それによって深刻な環境問題が起きていました。これは中国に限らず、他の国でも起きています。図4.18に示すように中国に輸出できなくなった日本は、タイやマレーシア、ベトナムなど、同じく人件費の安いアジアの国を中心に輸出をするようになりました。しかし、それらの国々でも輸入規制は進みつつあるといいます。

そんな中、今回のバーゼル条約の改正により、「日本が今後、プラスチック廃棄物の輸出をすることが難しくなります。今回の改正により、汚れたプラスチック廃棄物について、輸入国政府の同意がなければ輸出できなくなります。また、日本と同じレベルの処理体制でないと輸出ができなくなります。現在のプラスチック廃棄物の多くが食べ物の残りカスなど汚れたプラスチックであり、また、現在輸出している国々の中には日本と同じレベルの処理体制である国はほぼないことから、今後の日本では、多くのプラスチック廃棄物が行き場を失うことになるのです。

国・地域	2016年	2017年	2018年	2019年	2020年		
	輸出量	輸出量	輸出量	輸出量	輸出量	構成比	前年比
総輸出量	152.7	143.1	100.8	89.8	82.1	100.0	△ 8.6
マレーシア	3.3	7.5	22.0	26.2	26.1	31.8	△ 0.3
ベトナム	6.6	12.6	12.3	11.7	17.4	21.2	49.0
台湾	6.9	9.1	17.7	15.2	14.1	17.2	△ 7.4
タイ	2.5	5.8	18.8	10.2	6.1	7.4	△ 40.5
韓国	2.9	3.3	10.1	8.9	5.4	6.6	△ 39.1
香港	49.3	27.5	5.4	5.7	3.1	3.8	△ 46.2
中国	80.3	74.9	4.6	1.9	0.7	0.8	△ 65.4

(注)2020年総輸出量上位7カ国・地域のみ掲載

出典：独立行政法人日本貿易振興機構(ジェトロ)／ビジネス短信「2020年の日本の廃プラ輸出量、前年比8.6%減の82万トン(日本、世界)」(2021年)をもとに作成

図 4.18 日本の廃プラスチック輸出量の推移

第5章

自然環境と生物多様性

地球規模の環境を考えるとき、熱帯林の減少や砂漠の拡大が、大きな問題となっています。これらは、地球温暖化や生物多様性の減少などとも密接に関わっています。また、身近な自然として、里地里山や屋敷林などがありますが、これらも人間活動や生活様式の変化により、だんだん少なくなっています。自然環境が変化すると生態系が変わり、貴重な生物が絶滅する場合もあります。この章では、熱帯林の減少や砂漠化、生物多様性の減少の影響や、私たちの周りにある自然の現状と保全対策などを考えてみます。

5-1 熱帯林の減少と劣化

今、世界の森林面積が急速に減少しています。地球の陸地面積は地球表面積の約30%ですが、そのうち、森林面積は約40.6億haで、全陸地面積の約31.2%を占めています。人間が農耕を始めた8千年くらい前は、全陸地面積の半分は森林だったといわれています。この章では、熱帯林の重要性やその減少の原因などについて解説します。

熱帯林と熱帯多雨林

熱帯林は、**寒期でも平均気温が18度以上の熱帯地域に分布する森林**のことで、アフリカ中央部、南アメリカのアマゾン流域と中央アメリカ、アジアのインドシナ半島などに分布しています。

熱帯林は、気候や土壌条件により、いくつかのタイプに分類することができます。年間を通じて多雨地域にある熱帯林を、特に、**熱帯多雨林**と呼び、一年中湿潤で明確な乾季がない地域の森林で、赤道付近に広く分布しています。

他方、2～3カ月程度の乾季を持つ地域にある森林を**熱帯季節林**と呼びます。また、熱帯地域で標高が1,000m以上の地域にある森林を**熱帯山地林**と呼ぶこともあります。その他、地下水位の高い湿地では**泥炭湿地林**、河川の河口付近には**マングローブ林**などが形成されています。

国際食料農業機関（FAO）の調査によれば、熱帯林の面積は18.7億haありますが、毎年1,540万haずつが失われているとされています。これは、日本の本州の67.5%の面積に相当します。このように、熱帯林は急速に減少しています。

熱帯林の重要性

森林は大気中の二酸化炭素を吸収して、木の中に炭素を貯めたり、糖やデンプンなどの炭水化物を生成し、酸素を排出しています。そのため、「**森林は地球の肺**である」とも呼ばれています。森林が減少すれば二酸化炭素の吸収量も減り、地球温暖化は、より深刻になります。また、森林が放

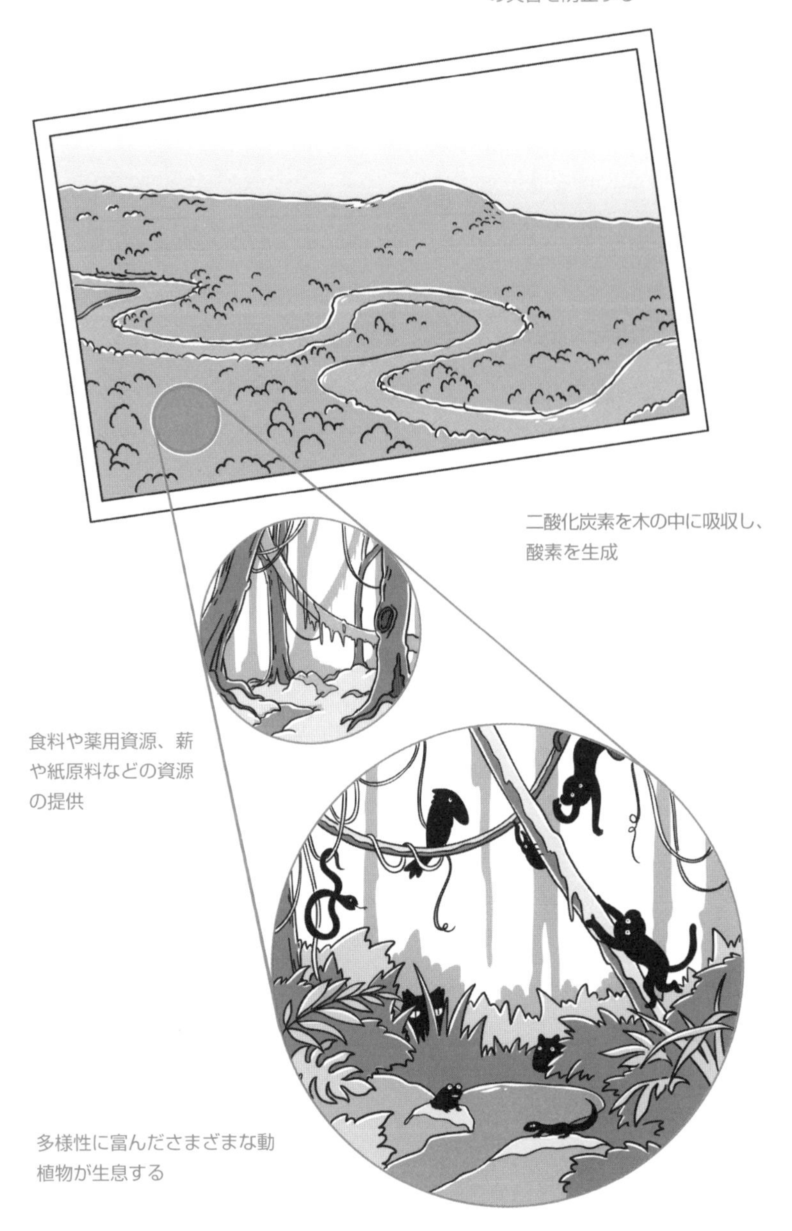

図 5.1 森林（熱帯林）の役割

第5章 自然環境と生物多様性

出する**酸素**の量も多く、南米アマゾン地域の熱帯雨林は、地球上の酸素の1/3を生成しているといわれています。

森林は、降り注いだ雨を地下に貯え、徐々に流出させます。森林は**水資源を確保**するとともに、山崩れや土石流などの**災害を防いで**くれます。熱帯林地域では多量の降雨があるため、森林がなければ、雨によって表層の栄養に富んだ土壌が流出し、二度と生物の生育できない場所となってしまいます。

熱帯林は世界で最も**生物の種類が多い**森林です。たとえば、熱帯多雨林では、20haに1本の割合で分布する南米マホガニーのように同一種の出現頻度は低く、植物の多様性は極めて高くなっています。これは、熱帯林が消滅するたびに、そこに生息している動植物、バクテリアや細菌までもが絶滅するということです。それは遺伝子資源の減少にもつながります。

また、森林は人間生活に有用なものを数多く提供してくれます。木材、薪炭材、紙の原料、さらには食料や医薬用資源なども森林からの提供物です。

減少と劣化が進む熱帯林

熱帯林の減少は、森林が完全に他の用途に転用される**量的な消滅**と、森林は存在するが**質的な劣化**が著しい場合とがあります。

量的な消滅の場合は、人口増加による食糧確保のため、熱帯林を**農地や牧草地への転用**することが重な原因となっています。東南アジアでは、農耕地への転用やゴム園、オイルパーム園など企業による農園開発などが原因となっています。また、**不適切な焼畑耕作**も依然として行われており、熱帯林の減少の原因となっています。

焼畑農業は、森林を焼き払い、灰を肥料にして2〜3年間耕作し、土地がやせてくると別の場所へ移動してまた森林を焼き払う農業の方式です。従来、20〜30年を単位としていたローテーションが短縮され、頻繁な移動を繰り返すことによって、森林の減少と荒廃が進んでいきます。

一方、既存の森林の質的劣化は、燃料用の**木材の過剰な摂取**や**建築用材の選択伐採**による質の低下が中心となっています。また、**違法伐採**は、森林の持続可能な経営に対する大きな脅威となっています。建築用材伐採による森林劣化は熱帯多雨林で顕著に見られ、近年はインドネシア、マレーシアおよびブラジルなどで進行し、社会問題となっています。

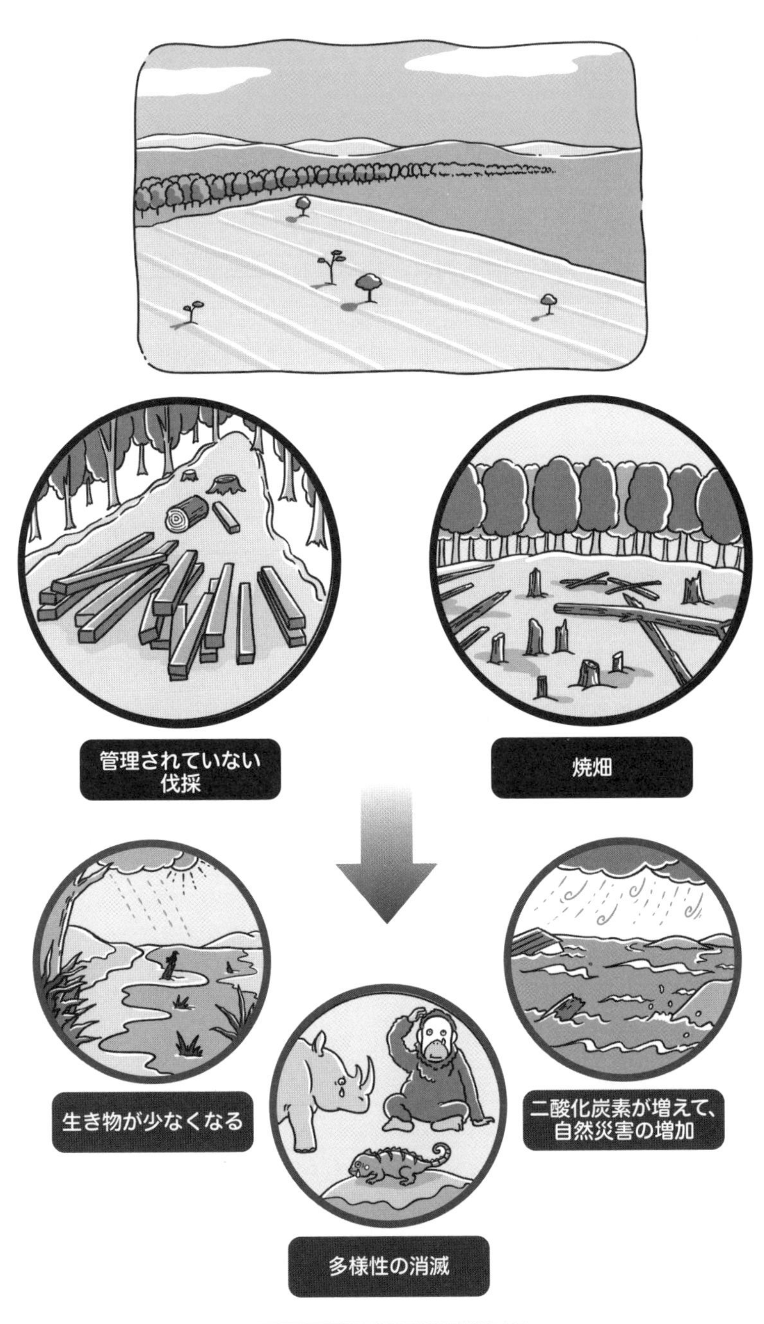

図 5.2 熱帯林減少の原因

5-2 森林減少を防止するには

さまざまな要因により、森林が急激に減少していますが、森林が減少するとどのような影響があるのでしょうか。ここでは、森林減少による人間生活への影響や自然生態系に対する影響について考えるとともに、国際的な防止対策や日本の防止対策についても考えます。

森林減少の影響は多くの人々に

前節で述べたように、森林が減少すると、地球温暖化の進行速度が増加し、それにより、世界の気象状況が変化し、巨大ハリケーンや台風、竜巻、集中豪雨、干ばつなど自然災害が各地で頻発するようになります。

また、森林は多量の雨水を貯え、きれいな水や地下水を安定的に流し出すとともに、土砂崩れや土石流などの災害を防いでくれます。さらに、生物多様性や遺伝子資源の宝庫としても重要です。森林は私たちの生活に必要な木材を生み出し、木材は紙などの主要な原料にもなっています。

森林がなくなるということは、**人間が森林から受けていたこうした恩恵がなくなる**ことを意味しています。熱帯林や森林地域に住んでいる人ばかりでなく、温帯や寒帯に住んでいる人々もその影響を受けます。

さらに、砂漠や乾燥地が広がれば、多くの難民も予想されます。特に、気候変動と遺伝子資源の減少は人類の生存を脅かすことになります。このまま森林の保全を考えないと、50年後には地球上の**動植物の20%が絶滅**するといわれています。

国際的な森林減少防止対策

森林の減少に対して、どのような対策がとられているのでしょうか。1992年の地球サミットでは、世界的な森林減少に対して、生物多様性条約、気候変動枠組条約、砂漠化防止条約などと同様に「**森林原則声明**」が採択されました。森林原則声明に基づいて「**持続可能な森林の管理経営**」をキーワードとして、さまざまな国際的な対策が進められています。

具体的な行動としては、1995年に「森林に関する政府間パネル（IPF：Intergovernmental Panel on Forests）」が設置され、1997年には各国や国際機関が取り組むべき約150項目におよぶ行動提案を報告書としてまとめました。

しかし、合意が得られず、さらに「**森林に関する政府間フォーラム（IFF：**Intergovernmental Forum on Forests）」を設置してIPFでまとめた報告書の合意が得られない部分についての検討を行いました。そして、2000年には「IFF行動提案」を作成しました。同年の国際経済社会理事会では、IFFに代わる組織として、国連の下に新たに「**国際森林フォーラム（UNFF：**United Nation Forum on Forests）」を設置しました。さらに、2020年には森林保全の実務的促進や「脱炭素社会の実現」の宣言を行い、森林減少防止に努めています。

日本の森林減少防止対策

日本の政府による取り組みとしては、IFFなどの国際会議の場での基本方針の策定や、技術協力を通じた途上国政府に対する支援、途上国へ事業資金を融資する日本や国際金融機関への資金供与などが、おもな対策事業としてあげられます。

このうち、**技術協力**に関しては、国際協力機構（JICA）を通じ、専門家派遣と機材供与をセットとした技術協力を行っています。具体的な技術協力としては天然林管理、人工林造成、森林保護、社会林業、育種、研究支援など多岐にわたります。

資金供与に関しては、アジア諸国に事業資金の融資を行う海外経済協力基金（OECF）やアジア開発銀行（ADB）などに資金供与が行われています。

一方、**民間の取り組み**は、各種のNGOによる現地での植林活動や民間企業による海外植林事業があります。NGOによる植林活動は、資金や事業規模は小さいものの、きめの細かい対応がなされています。企業による植林事業は、製紙会社等が将来の原料確保を目的とし、生産力の落ちた土地や荒廃地に植林を行うものです。また、地球温暖化防止に向けた企業活動の一環として、熱帯林再生のための研究や植林に取り組む企業もあります。

5-3 進む砂漠化

サハラ砂漠南縁のサヘル地方では1960年代の後半から1984年まで、20年以上続いた激しい干ばつにより、植生の破壊と土壌浸食が起こり、農牧地が荒廃しました。そのため深刻な飢餓がもたらされ、多くの餓死者と難民が発生し、社会問題となりました。ここでは、植物が育たない不毛の砂漠地域が増えていく砂漠化の原因とその影響について解説します。

世界の乾燥地と砂漠

世界の乾燥地や半乾燥地などはどこに、どのくらいあるのでしょうか？乾燥地は、4つに区分することができます。

極乾燥地は年間降雨量が100mm以下の地域で、陸地面積の約7.5%を占めています。超乾燥地は、限られたところ以外の人間活動は不可能な場所です。サハラ砂漠、サウジアラビアの砂漠などが有名です。

乾燥地は、年間降雨量が100～300mm程度で、陸地面積の12.1%を占めます。乾燥地では、牧畜は可能ですが、放牧のための移動が必要です。乾燥地は、気候変動の影響が最も起こりやすい地域で、サハラ砂漠の南縁のサヘル地域、タクラマカンやゴビ砂漠、アフリカ南西部のナミブ砂漠やオーストラリアの中西部などがこの地域に入ります。

半乾燥地では、冬季に雨が降る地域では200～500mm、夏季に雨が降る地域では300～800mmの年間降雨量があります。半乾燥地は、陸地面積の約17.7%を占めます。この地域では安定した放牧が可能です。また、農業も可能ですが、降水量が少ない年には被害を受けます。半乾燥地域は乾燥地を取り囲むように分布しています。北アメリカのロッキー山脈の東側に広がる地域も半乾燥地域です。

乾燥半湿潤地は、降水量は年間700mm以上、陸地面積の約10%を占めます。安定した天水農業が営めますが、人口の増加や人間活動により、砂漠化する危険性も大きい地域です。この地域は半乾燥地を取り巻くように分布していますが、面積的には半乾燥地より少なくなっています。

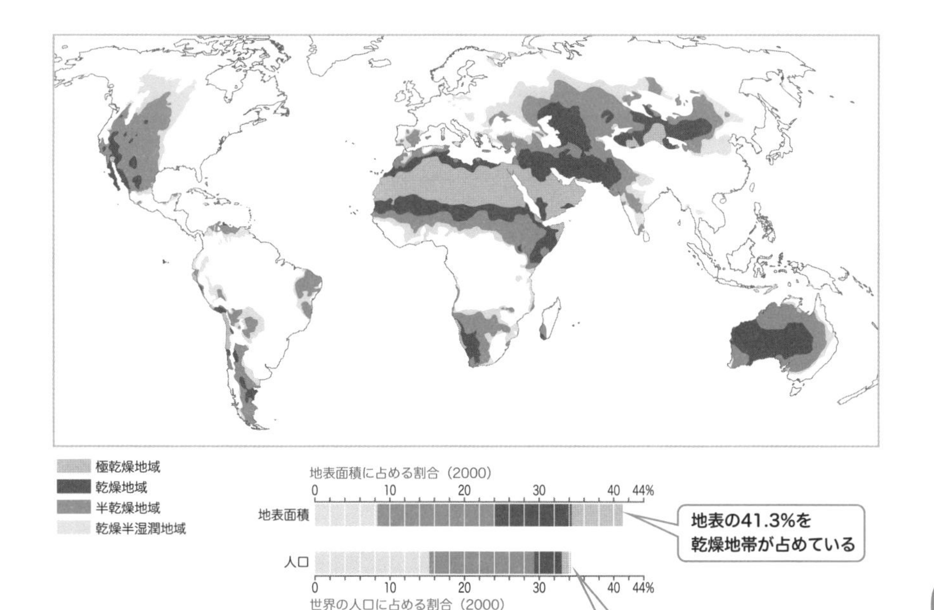

出典：環境省・パンフレット「人々の暮らしと砂漠化対処」(2013年)をもとに作成

図 5.3 砂漠化進行地域 (2005 年)

干ばつと土壌浸食による砂漠化の進行

砂漠化する要因は、自然的要因と人為的要因に大別できます。**自然的要因**のうち、最も大きいのは**干ばつ**で、乾燥地に対して大きな打撃を与えます。干ばつによる作物の不作は飢餓につながるとともに、放牧地の放牧能力の低下にもつながり、多くの家畜の餓死を招きます。

もともと肥沃度の低い乾燥地では、乾燥化が進むと**土壌劣化**が進み、同時に、**風食**が起こり、地表面の土壌を飛ばしてしまいます。また、灌漑農地では、蒸発の促進により、**塩類集積**（地面に塩が固まりとなって残ること）が加速され、農作物が育たなくなってしまいます。

大雨による**土壌侵食**も砂漠化の一要因です。地表面の植生の少ない場所では、たとえ雨量が少なくても土壌浸食が起こり、これが砂漠化進行につながります。

人口増加と食糧増産による過放牧、過耕作

人為的要因としては、人口増加による**過放牧、過耕作、過剰な薪炭材の採取**などがあります。放牧は、地域によって異なりますが、ラクダ、ヤギ、羊、馬、牛、ヤクなどを放牧して乳から乳製品を作り、肉や皮を利用します。また、荷物の運搬や人の移動などにも利用します。

過放牧のおもな原因は、家畜数の増加、耕地の拡大による放牧地の減少、放牧民の定着、戦争や内乱などですが、社会的変化による**伝統的放牧生活の崩壊**もその一因といわれています。

乾燥地では、**乾燥農法**が行われていました。雨季の直前に土地を深く耕して、隙間をたくさん作り、降水を土壌に十分浸透させる方法や、連作せずに休耕期間を設けたり、乾燥に強い作物を栽培したりする方法などです。休耕期間は2、3年休耕して1年耕作する方法と、数年耕作して10年近く休耕する方法があります。しかし、人口の増加による食糧増産で、休耕年数が短くなったり、休耕しなくなったりしたため、急激な土壌劣化が起こり、その結果、砂漠化が進行したのです。また、商品作物の不適切な栽培方法や農民の出稼ぎによる土地劣化も砂漠化進行の原因となっています。

砂漠化の影響は大規模なものに

砂漠化が進むと、どのような影響が出るのでしょうか。まず、気候について考えてみましょう。地表の樹木や草がなくなると、地球表面のアルベド(地面の反射率)が変わり、これまでと違った上昇気流や下降気流が起き、風向、風速、湿度、気温が変わり、**局所的な気候変動**が起こります。これにより、干ばつの期間が長くなったり、これまで雨の少なかった地域に大雨が降ったりします。砂漠化が広範囲に広がれば、地球規模の気候に大きな影響を与える可能性があります。

自然環境への影響として、土壌生産性の低下や不毛化、土壌の脆弱性の増加、野生動物の個体数や生物多様性の減少、ダストによる人間への健康影響、土壌の塩性化などが起こります。それは**社会・経済的な影響**、たとえば、食料生産量や家畜数の減少、貧困や飢餓の拡大、農村の荒廃、難民化、都市への人口集中などを引き起こし、さらには内戦、国際紛争などへ

つながる恐れがあります。

こうした砂漠化進行による影響は、砂漠地域ばかりでなく国や大陸レベルに拡大する恐れがあります。

図 5.4 砂漠化の原因と影響

5-4 砂漠化防止への取り組み

1977年に、国連環境計画（UNEP）がケニアのナイロビで国連砂漠化会議を開催してから、巨額な資金と多様な技術が、砂漠化防止のために投入されてきました。しかし、ほとんどの防止対策は、不成功に終わってきました。しかし、現在でも多くのNGOが砂漠化防止に取り組んでいます。

砂漠化対処条約

砂漠化防止のように解決困難な問題に対し、国連は、1992年のリオデジャネイロの「国連環境開発会議」で採択された「アジェンダ21」の行動計画に基づいて、「**砂漠化対処条約**」を制定しました。

砂漠化対処条約の正式名称は「深刻な干ばつ又は砂漠化に直面する国(特にアフリカの国)において砂漠化に対処するための国際連合条約(UNCCD)」で、前文、6部40条からなる本文、末文および5つの附属書で構成されています。この条約は1994年6月に採択、1996年12月に発効、日本は1998年12月に締約国となりました。2021年3月現在の締約国数は197カ国・地域とEU共同体です。

この条約では、砂漠化を「乾燥・半乾燥・乾燥半湿潤地域における、気候変動と人間活動などさまざまな要因によって起こる土地荒廃である」と定義しています。

条約は、**砂漠化**や干ばつの影響を受けている発展途上国が砂漠化防止のための国家行動計画を策定し、その実施を先進国や国際機関が資金と技術の両面から支援する法的な枠組みを定めたものです。ドイツのボンに条約の本部が置かれ、1997年にローマで第1回（COP1）が開催されて以来、締約国会議が15回行われています。また、アジア地域フォーカル・ポイント会合も開催され、アジア地域の条約実施状況、今後の地域協力の進め方などについて協議しています。

図 5.5 現地 NGO による砂漠緑化事業も進んできている

日本の取り組み

日本には、先進締約国の一員として、干ばつの影響や砂漠化が進行している発展途上国に対して、干ばつや砂漠化の影響を緩和するための科学技術的な支援と資金の提供が義務づけられています。

科学技術的な支援としては、これまでも、**ODA**（政府開発援助）による砂漠化進行地域への農業開発や緑化事業を行ってきました。また、**青年海外協力隊**によるアフリカ地域を対象とした緑の推進協力プロジェクト、中国やアフリカなどでの**NGO**による植林や農村開発支援など、さまざまな取り組みを行ってきました。科学技術開発部門では、環境省の**地球環境研究総合推進費**による砂漠化研究への支援があります。この研究支援では、中国やインドの乾燥地を対象とした技術開発研究を行っています。

資金的援助としては、砂漠化対処条約事務局への任意拠出金として、2008年から2012年までに539万ユーロを資金拠出していました。2019年には71万ユーロを拠出しています。また、日本は2020年に8900万円を拠出しています。

さまざまなNGOによる砂漠緑化事業

砂漠化防止に関わるNGOには国際的な大規模なものから数人の小規模なものまでいろいろなものがあります。活動内容も、調査研究、政策提言、現場での各種の作業など多岐にわたります。最近の傾向として、先進諸国のNGOばかりでなく、現地のNGOが育っており、先進国のNGOが独自にプロジェクトを実施するのではなく、**国際機関や当該国の政府機関が現地のNGOと共同でプロジェクトを実施**することが多くなりました。

海外のNGOと活動

外国の代表的なNGOとしては、イギリスの**IIED**（国際環境開発研究所）と**OXFAM**（オックスフォード飢餓救援協会）、アメリカの**CARE**（世界各地域救援アメリカ協力協会）、セネガルの**ENDA-TM**（第三世界環境開発協会）などがあります。

IIEDは水と土壌保全のための自然資源管理や代替農業、土地制度改革などの社会科学的な提言を多く行っています。CAREでは途上国に数千人の現地スタッフを擁して、土壌保全、植林、野菜栽培などのプロジェクトを手がけています。OXFAMはマリにおける土壌保全、モリタニアの砂丘固定、ブルキナファソの栽培技術支援などで成果が上がっています。ENDA-TMは西アフリカを中心に、水・土壌保全、代替エネルギー等に関して、住民参加を重視した支援を行っています。

日本のNGOと活動

日本のNGOは、欧米諸国のNGOと比べて小規模ですが、アフリカではサヘルの会、西アフリカ農村自立協会、緑のサヘル、グリーンクロスジャパン、日本国際飢餓対策機構、地球緑化の会などが、植林、土壌保全などの支援を行っています。アジアでは中国の乾燥地において、日本沙漠緑化実践協会、日本産業開発青年協会、地球緑化センター、緑の地球ネットワークなどが、インドでは京都フォーラムなどが乾燥地の緑化事業、土壌改良、安定した農業生産システムの開発などを行っています。

5-5 生物多様性の減少

生物多様性は、生命の豊かさを包括的に表した広い概念で、その保全は、食料や医薬品などの生物資源のためだけでなく、人間が生存していく上での必要不可欠な生存基盤としても、とても重要です。

生物多様性の重要性

生物多様性とは、基本的にはあらゆる生物種（動物、植物、微生物等）と、それによって成り立っている生態系、さらに生物が過去から未来へ伝える遺伝子とを組み合わせた概念です。

現在、地球環境保全の研究者により危惧されている生物多様性の危機とは、**種の多様性の急激な喪失**、すなわち、多くの生物種がかつてないほどの速度で絶滅しつつある状況を指しています。

多くの野生生物は人間にとって**資源**であり、食料や医薬品、日用品、装飾品、燃料などとして、直接利用したり市場取引の対象となったりしています。また、森林や湿地、干潟など生物多様性に富むさまざまな生態系は、水質浄化、水源かん養、土壌形成、気候調節などの**自然環境保全機能**も有しています。

このほか、さまざまな生物種の資源としての利用可能性、生態系の構成要素が系の維持に果たす役割、人間にとって有害な生物の増殖を抑える機能など、現在では**明らかになっていない価値**も非常に多いと推測されます。

さらに、食料においても、魚介類など、大量の水産資源を利用しているように、かなりの部分が野生生物から得られています。また、農作物や家畜の品種改良においても、野生種の遺伝的資源としての価値はきわめて高いのです。

生物多様性が急激に失われつつある!

地球上の生物種の数は、数百万から数千万種といわれています。そのうち、命名されている種は140万種にすぎず、その生態がわかっている種は、そのまたごく一部です。

生物多様性の減少は、**特定の種の個体数の減少や絶滅**と**生育環境の減少や消失**により進行します。全生物種の50〜90%が生息するといわれている熱帯林で、現在のような環境破壊による熱帯林減少が続けば、今後25年間に地球上の種の4〜8%が、50年間では9〜19%が絶滅すると試算されています。

多くの野生生物が絶滅の危機に

国際自然保護連合（IUCN）の2000年版「**レッドリスト**」によれば、比較的よく知られている野生動物のうち、哺乳類1,130種（全体の約24%）、鳥類1,183種（13%）が、絶滅の危険にさらされています。

2022年版によると、生物全体の27%が絶滅危惧種となっています。このリストでは、両生類の41%、哺乳類27%、鳥類13%、サメ・エイ37%、サンゴ類36%、甲殻類28%、爬虫類21%、針葉樹34%、ソテツ類69%が絶滅危惧種となっています。このリストではニホンウナギ、メダカも絶滅危惧に指定され、将来的に稚魚の輸入などが制限される可能性もあります。

この直接の原因として、**過度の捕獲や採取**、**移入種による捕食や競合**、**生育・生息環境の破壊**、**汚染物質の環境への放出**などが考えられます。特に、生育・生息環境の破壊では、森林の大規模な伐採、焼畑農業、湿地の乾燥化、干潟の埋め立てなどがおもな原因となっています。

日本の絶滅生物種

日本には脊椎動物1,214種、無脊椎動物35,207種、植物は維管束植物7,087種、藻類約5,500種、蘚苔類約1,800種、地衣類約1,000種、菌類約16,500種が確認されています。1986年、環境庁では絶滅の恐れのある種を選定するために、「緊急に保護を要する動植物の種の選定調査」を行い、1991年「**日本版レッドデータブック**」として発表しました。

2000年には「日本版レッドデータブック」の見直しが行われ、絶滅危惧I類1,098種、絶滅危惧II類628種、絶滅危惧153種が選定されました。これによると、哺乳類の7%、鳥類の8%、爬虫類の19%、両生類の22%、汽水・淡水魚の11%の生存が脅かされています。

図 5.6 レッドデータブックリストの代表的な動植物

環境省では、2020年3月に第4次レッドリストの第5回改訂版「レッドリスト2020」を公表し、日本の絶滅危惧種は3,716種となり、海洋の絶滅危惧種を加えると、総数3,772種となりました。

2017年5月には絶滅の恐れのある野生動植物の種の保存に関する法律の一部を改正し、2018年6月から施工されました。本改正法においては、商業目的での捕獲の規制や国際的な流通管理の強化等が行われました。

種の保存法に基づく希少野生動植物種については2022年1月に両生類26種、貝類2種、植物4種を指定し、3月の時点で427種の希少野生動植物の捕獲や譲渡の規制を行っています。

絶滅種、絶滅危惧種、準絶滅危惧種、情報不足の分類によると、すでに絶滅した動物種は、ニホンオオカミ、ニホンアシカ等49種、絶滅危惧種のうち、IA類（ごく近い将来、野生での絶滅の危険性が極めて高い）231種、IB類（IAほどではないが絶滅の危険性が高い）264種、II類（絶滅の危険性が増大している）697種、準絶滅危惧943種、情報不足349種となっています。

全国的には絶滅の恐れがない生物種でも、地域によっては絶滅の危険があるなど、野生生物の生息状況は地域によって異なるため、各都道府県でも、その**地域のレッドデータブック**を作成して、保全のための協力を求めています。

5-6 国際的な生物多様性減少防止に関する条約

野生生物は、新しい種の誕生と絶滅をくり返しながら進化してきました。絶滅は、進化の過程で起こる自然現象であります。しかし、この数世紀だけを見ると、絶滅のほとんどは人為的な原因によります。特に、20世紀からは環境悪化や大量捕獲により、多くの種が絶滅に向かっています。

ワシントン条約（絶滅危惧種の商取引規制）

種の絶滅を回避するためには、世界が協力して野生生物の保全をしなければなりません。国際連合を中心に、いくつかの条約が制定され、野生生物の保護が行われています。

野生生物保護条約のひとつである**ワシントン条約**は「絶滅の恐れのある野生動植物の種の国際取引に関する条約」です。経済的価値のある動植物が商取引の対象となると、乱獲による種の絶滅につながる場合が多いため、輸出国と輸入国が協力して国際取引を規制し、保護を図る条約です。

1972年の国連人間環境会議の勧告により、1973年2月にワシントンで採択されました。動物約3千種、植物3万種とその製品が対象となっています。絶滅の恐れの高いものから、附属書I、II、IIIに掲げられていて、Iはすべての取引を禁止、IIは原産国の輸出許可が条件、IIIはIIと同様ですが、締約国が国内種について独自に附属書掲載ができる、となっています。しかし、野生生物を商業資源として活用したい開発途上国などからIの動物をIIへ移行するような**基準緩和の要求**が出ています。

この条約は1975年7月に発効し、2022年3月で183カ国が加盟していますが、日本はこれまでたびたび国際会議で「条約を守っていない」と非難されてきました。1980年日本はワシントン条約に加盟し、1987年12月にワシントン条約に対応する国内法「**絶滅の恐れのある野生動植物の譲渡の規制等に関する法律**」が施行されました。ところが、1999年3月には、1989年から禁止されていたアフリカ象の象牙貿易が10年ぶりに復活しました。これは、原産国側の保護施策により象の個体数が増加したという理

図 5.7 ワシントン条約により輸出が禁止されている動物

由です。ジンバブエとナミビアから日本への試行的に輸出が解禁されました。原産国では貧困層の改善になると期待されていますが、数多くの環境保護団体が象牙の輸出入は慎重に行うべきだと指摘しています。

ラムサール条約（湿地の保全）

本条約は「**特に水鳥の生息地として国際的に重要な湿地に関する条約**」で、水鳥に注目し、生息地として重要な湿地の保全を目的とした条約です。各締約国がその国の中にある重要な湿地を指定し、その保全、保護を定めています。1975年に発効し、2022年4月時点で172カ国が参加しています。条約で認定された湿地数は2,455カ所、その面積は約25,579万ヘクタールとなっています。イランのラムサールで採択されたことから**ラムサール条約**と呼ばれ、日本でも**釧路湿原**や**尾瀬ケ原**、**奥日光湿原**などが登録されています。

締約国は「自国にある国際的に重要な湿地を指定し、国際的に重要な湿地として登録する」、「登録された湿地の保全と適正な利用を促進するための計画案を作成し、実施する」、また、「自国内の湿地に自然保護区を設け、湿地および水鳥、渡り鳥の保全とその監視を行う」、さらに、「湿地の研究者や管理・監視人の訓練を行う」などが義務づけられています。

日本は、1993年に釧路で、第5回締約国会議を開催し、第7回〜第9回の締約国会議のアジア地区代表として常設委員をつとめました。また、分担金以外に任意拠出金の拠出を行っており、条約事務局や他の国々から高く評価されています。2021年には4,700万円の拠出金を拠出しました。

生物多様性条約（多様な生物と生育環境の保全）

正式名称は「**生物の多様性に関する条約**」ですが、「**生物多様性条約**」と呼ばれています。世界の生物の保全を目的とした基本的な条約です。1992年に157カ国が署名し、1993年に発効しました。2021年9月現在締約国は196カ国とEU共同体、パレスチナですが、アメリカはまだ未締約、今後、この条約のさらなる効果を求めるためには、アメリカの参加が不可欠です。

この条約は「地球上の多様な生物をその生育環境とともに保全する」、「生物資源を持続可能であるように利用する」、「遺伝資源の利用から生ずる利益を公正かつ公平に配分する」の3つのレベルから多様性をとらえていて、自然の生息地の保護地域の設定、飼育繁殖、遺伝子保護等を規定し、生物の持続可能な利用、遺伝資源の利用から生じた利益の適正配分、技術移転、発展途上国への資金援助を目的としています。

第1回締約国会議は1994年にバハマのナッソーにて開催され、2008年までに9回の締約国会議が開催されました（第9回はドイツのボンで開催）。第10回は2010年に名古屋で開催され、第11回は2012年10月にインドのハイデラバードで開催されました。

日本は、遺伝資源のアクセスと利益配分や保護地域に関する作業部会等に積極的に参加し、貢献をするとともに、条約実施のために多大な財政的支援を行っています。2013〜2014年では、日本の拠出額は375万ドルで、全拠出金の15.6％に相当します。2022年のカナダでのCOP15で、日本は途上国に対して2023〜2025年で1,170億円の資金拠出を表明しました。

5-7 在来種と外来種

日本は南北3000kmにおよぶ島国で、四季の変化に富み、多くの野生生物が生息しています。名前の付いているものだけで9万種、知られていないものを含めると、30万種が生存するといわれています。昔の人たちは、田畑を耕したり、魚や貝を取ったりしながら、自然のバランスを崩さないように暮らしてきました。ここでは在来種と外来種について説明します。

外来生物により在来生物が追いやられる

明治時代以降、急速に国土の開発が進み、野生生物の住む場所が少なくなり、さらに、飛行機や船によって外国から持ち込まれた生物が**外来生物**として定着し、古くから日本にいた**在来生物**に影響を与えています。

外来生物とは、もともといなかった国や地域に、人間活動によって持ち込まれた生き物を指します。日本に国外から持ち込まれた外来生物は、2千種以上といわれています。この中には、ペット、観賞用植物、釣り、食用などのために持ち込まれたもの、物資などにくっついて、いつの間にか入ってきたものなどがあります。

外来生物が入ってくると、そこの生態系に影響が出ます。それぞれの**地域の生態系は、長い歴史を経て形づくられた**ものです。生態系の中では、生き物たちが食物連鎖や住み分けをし、お互いに関わり合いながら暮らし、自然のバランスが成り立っています。ここに、外来生物が侵入してくると、もともとその場所で生活していた在来生物が追いやられ、**自然のバランスが崩れて**しまいます。アカゲザル、ジャワマングース、グリーンアノール、オオクチバス、ウチダザリガニ、ボタンウキクサなどがそうです。

農林水産業への影響もあります。外来生物の中には、生態系だけでなく、田畑を荒らしたり、漁業の対象となる生物を捕食したりして、人々に迷惑をかけるものも多く、アライグマやアレチウリなどが各地で報告されています。人の**生命・身体への影響**も心配です。毒を持っている外来生物に噛まれたり、刺されたりする危険があります。セアカゴケグモやサソリの仲

第5章 自然環境と生物多様性

間などが海外から入っています。

小笠原諸島の外来種問題

日本で最も心配されている外来種問題は世界自然遺産に登録された小笠原諸島でも起こっています。小笠原諸島は東京から南南東約1千kmに位置し、大小約150の島々からなっています。小笠原諸島は、日本でも他に例を見ない独自の生態系が発達した海洋島で、**固有種の宝庫**です。

しかしその生態系は、戦前の入植と過度な利用によって、大きく破壊されました。また、人間が本土や外国から持ち込んだ生物種（外来種）が、島固有の生態系を乱し、在来生物が絶滅に瀕するなど、生態系への影響が著しく目立つようになりました。

小笠原諸島の母島では、1900年代の初めに導入されたアカギが分布を拡大し、固有種であるシマホルトノキやオガサワラグワなどに置き換わっています。また、北アメリカ原産の昼行性のトカゲ、グリーンアノールは、父島では1980年代、母島では1990年代に島内での分布を急激に拡大し、いまではこれら両島のいたるところで目につくようになりました。グリーンアノールは昆虫など小動物を主食としているため、小笠原固有のカミキリムシ、トンボ、ハナバチ類が激減しています。そのほか、ノヤギやネズミによる食害、ノネコによる固有種アカガシラカラスバトやメグロの捕食などが問題となっています。

日本における生物多様性減少の防止

外来生物の問題を解決するため、2005年6月から「**外来生物法**」が施行されています。正式には「特定外来生物による生態系等に関わる被害の防止に関する法律」といいますが、外来生物による生態系、農林水産業、人の生命・身体への被害を防止するために制定されました。

この法律では、明治時代以降に海外から持ち込まれた外来生物のうち、特に問題の大きなものを**特定外来生物**に指定し、その飼育・栽培、運搬、保管、輸入、販売、野外に放つ・植える・蒔く、などの行為を禁止しています。すでに、国内に定着している特定外来生物については、必要に応じて防除を行うよう指導しています。

天然記念物「オガサワラゼミ」を捕食する
グリーンアノール　撮影者：戸田光彦

図 5.8 小笠原の外来種問題

環境省では、生態系などに悪い影響を及ぼす恐れのあるアメリカザリガニ、ミシシッピアカミミガメ、外国産クワガタムシ、ホテイアオイなど148種の外来生物を注意が必要な外来生物として**要注意外来生物**に指定しました。これらの外来生物は「外来生物法」の規制対象にはなっていませんが、これらを飼育している人たちに、その適切な取り扱いについて理解と協力を求めています。

MEMO 鳥や特定外来生物による農林水産被害

農業に被害を与えている鳥類のひとつにヒヨドリがあります。栽培された木の実や果物に被害があり、近年問題となっています。水産物への被害は、全国的ではありませんが、カワウによる深刻な被害が生じている地域があります。

さらに、最近、マングース、アライグマ、ブラックバス、タイワンリス、ハクビシン、ヌートリア等、人為によって意図的あるいは非意図的に移入された外来生物が増加しており、地域固有の生物相や生態系に対する大きな脅威となっています。これらの動物による農林水産被害が、地域は限定されているとはいえ、増加しています。今後、大きな問題となる可能性もあり、これらの外来種に対する対策も必要です。

5-8 海洋生物の保全

日本の沿岸は南北に長く、サンゴ礁が生育する沖縄の亜熱帯的な海洋環境から、流氷が接岸する北海道の亜寒帯気候まで、気候に伴う環境差があります。日本の中部以南は世界最大の暖流である黒潮の影響を受け、北部では寒流である親潮の影響を受けています。

海洋生物の人為的移入

日本に生息する生物種は**プランクトン**、**魚介類**、**海草**、**ベントス**（フジツボなどのように、水底や壁面に生息する生物。底生動物）など多様性に富み、海域ごとに独自の地域生物群集を形成しています。しかし、この数十年、日本近海の生物相（生物の種類）が変わったといわれています。

近年、海域間の船舶の往来増加や生きた魚介類の輸入などに伴い、海洋生物の輸送が盛んになりました。その結果、人為的に持ち込まれた場所で外来の海洋生物が繁殖していることが、世界規模で確認されています。こうした外来生物は、肉眼で確認できる大型の魚介類や海藻ばかりでなく、動植物プランクトンや有毒藻類なども多数移入されていて、在来生態系に大きな影響を与える場合があります。

このような外来生物は、輸送船やタンカーなどの船底に付着して運ばれるものが多く、ムラサキイガイやアメリカフジツボ、ヨーロッパフジツボなどが良く知られています。しかし、最近では、20世紀中頃から増えた大型貨物船の**バラスト水**（空荷になった船がバランスを保つため、錘として用いる海水）とともに運ばれる外来生物が問題となっています。バラスト水は採水した場所と排出する場所で環境が異なることが多く、生態系に影響を及ぼします。このバラスト水には、魚の稚魚ばかりでなく動植物プランクトンなども含まれています。東京湾ではイッカククモガニやチチュウカイミドリガニなどが確認されています。

このほか、水産物として故意に外国から持ち込まれるものや、釣りの餌として持ち込まれるものもあります。

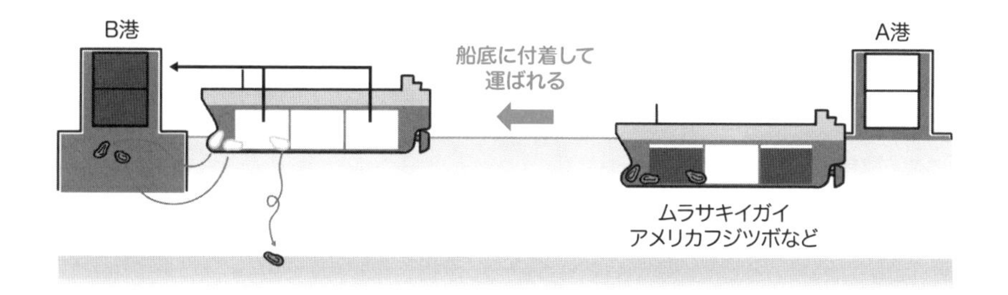

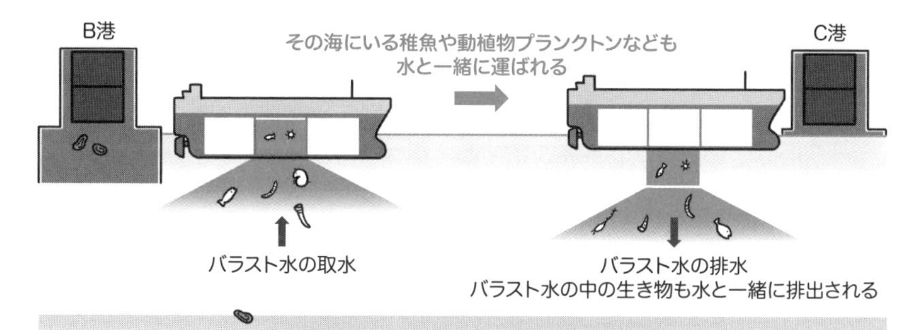

海の生態系が人為的に変えられている！

図 5.9 海洋生物の人為的移入

こうした外来生物は、外国から日本へ入るものばかりでなく、日本から外国へ移出される魚介類も多く、世界的な社会問題となっています。

干潟、浅瀬は生物多様性の宝庫

干潟や浅瀬には、微細な地形変化や潮汐作用により、多様な自然環境が形成されています。生物多様性の観点から干潟や浅瀬をみると、そこは底生動物、プランクトン、貝類、魚類、水生植物、さらには水鳥など、さまざまな生物が生息しています。また、泥や砂などの底質の違いにより、生育する生物相が異なり、生物多様性の宝庫として大変貴重な場所となっています。

干潟や浅瀬は、潮の干満により干されたり水没したりします。また、波により、砂や泥が堆積したり侵食されたりして、絶えず環境が変化しています。こうした場所には**環境変化に強い生物種が多く**、学問的にも重要な場所となっています。

干潟や浅瀬は、魚介類の産卵や稚魚や稚貝の生育場所として、また、水質を浄化する場所としてなど、多くの機能を持っています。さらに、水鳥や渡り鳥の休息や餌場、人が自然と触れ合う場としても重要です。

これまでに、多くの干潟や浅瀬が工業団地や宅地、農地開発のために埋め立てられました。これからは、身近な干潟や浅瀬を保全して、良好な沿岸環境の形成に協力することが大切です。

サンゴ礁の白化現象

サンゴ礁は､陸の熱帯林と同様に､海の生物多様性の宝庫といわれています。

1998年に世界各地の海で､サンゴが白くなる白化現象が確認されました。サンゴには褐虫藻という単細胞の藻類が共生していて、赤、緑、茶色などのサンゴの色はこの共生藻類の色です。

サンゴは共生している褐虫藻に二酸化炭素と栄養塩を供給します。褐虫藻は栄養塩と太陽光を利用して光合成を行い、エネルギーを作り出し、それをサンゴに提供します。こうして**サンゴと褐虫藻は共生**しています。この褐虫藻は、海水温が30度を超えたり、海水が酸性になってしまう水質汚染など何らかのストレスを受けたりすると、サンゴの体内から逃げ出してしまいます。その結果、サンゴが白くなる白化が起こります。この他のストレスとして､海への廃棄物の不法投棄や人工建造物による環境変化などがあります。

褐虫藻を失うと､サンゴは栄養を十分確保することができなくなります。しばらくして、褐虫藻がサンゴに戻った場合は白化が解消される場合もありますが、長時間白化が続けば、サンゴは死滅してしまいます。

現在、こうしたことが世界のあちこちで起こっています。世界自然遺産に登録されているオーストラリアのグレートバリアリーフでも白化現象は起こっています。このため、オーストラリア政府ではサンゴを守るための規制や対策を厳しく行っていますが、有効な手立てが無いのが現状です。

石垣島では、周辺諸国から不法投棄されたゴミなどが流れ着き、海域や水質を汚染している越境汚染が問題となっています。また、白化の原因は一部、地球温暖化によるともいわれています。サンゴや海洋生物の多様性を保全するためにも、早急に効果的な保全対策が必要です。

沖縄の石西礁湖ではサンゴの92.8%が白化していると、環境省が2022年に報告しています。原因は温暖化による海水温度の上昇です。

5-9 激減する身近な自然環境

都市公園や街中の樹林地など居住地の近くに存在する緑地や、里地里山など、少し離れていても気軽に行ける場所にある二次的な自然を「身近な自然環境」といいます。こうした身近な自然が生活様式の変化や宅地開発などで激減しています。

里地里山を本来の姿に

身近な自然環境には、公園や里地里山のほか、屋敷林、防風林、鎮守の森、小川やため池、ビオトープなどがあります。こうした身近な自然が激減していますが、身近な自然を保全することは、自然とのふれあいの場として、また、生物多様性の保全の観点からも重要視されています。

里地里山は、集落や人里に接した二次林、それらと混在する農地、ため池、草原等を指します。ここでは、**農林業に伴う、さまざまな人間活動により環境が形成**され、維持されてきました。里地里山の中心となる二次林は、クヌギ、コナラ、アカマツなどの樹種からなり、かつては10～30年の周期で薪炭材として伐採されていたため、明るい森として多くの動植物を育んできました。しかし、近年は薪や炭が作られなくなり、二次林が維持されなくなりました。また、過疎化のため、里地里山が手入れされなくなりました。さらに、宅地開発なども加わり、各地で里地里山が消失しています。

このため、日本では2002年に策定された「新・生物多様性国家戦略」では、里地里山問題を、人間活動による生物多様性への影響や外来種問題とともに3つの危機のひとつとして位置づけ、重点的に取り組んでいます。

近年、里地里山が景観の良い場所として、あるいは自然とのふれあいを求める場所として再認識されています。里地里山を本来の姿にするためには、定期的に**立ち木の枝打ちや間伐**を行い、林床に日光が届くようにする、**下草刈り**を行い林床に人が入れるようにする、落ち葉や間伐材を**バイオマスとして利用**するなどが必要です。

失われつつある屋敷林

屋敷林は、防風、防火、潮よけや日よけ、また、堆肥や薪を得るための目的で、屋敷内に仕立てられた林です。一般に、山村や漁村にはありません。屋敷林の発達している地域は、季節風が吹き、人家が広い平らな地域に散在する**散村地帯**で、関東、東北、裏日本などです。樹種も地域によって異なり、島根県の簸川平野ではクロマツ、武蔵野台地はスギ、カシ、マツ、クヌギ、タケ、岩手県の北上平野や富山県の砺波地方ではスギ、南房総や伊豆、静岡の太平洋岸ではマキがおもな樹種となっています。南洋諸島ではガジュマルやセンダンが植樹されています。これらはほとんどが常緑樹の単一樹種ですが、武蔵野台地だけは常緑と落葉の混合林が多く見られます。

屋敷内の林の位置は、季節風の方向によりますが、一般的には屋敷の西側が多く、簸川平野では西側にクロマツを屋根の高さまで生垣状に植え、家屋の背面の北側にはエノキやタケなどを普通に植え、東側はまばらな植栽となっています。南側は家屋の正面となっているので、何も植えない場合が多いです。

このような屋敷林は、さまざまな理由で失われようとしています。かつてそこには美しい自然と農村の平和な営みがありました。こうした自然のシンボルともいえる屋敷林は、いつまでも保存したいものです。

守られてきた鎮守の森

鎮守の森は、**神社を囲むように存在する森**のことで、**鎮守の杜**と書くこともあります。村や町には、必ず鎮守の森がありました。この森は普通の森と少し違った黒っぽい色をしています。遠くから見て、黒っぽい森があれば、そこは鎮守の森とすぐわかりました。そこにはカシ、シイ、タブ、クスノキ、ツバキなど照葉樹と呼ばれる**色の濃い常緑樹**が多かったからです。

神社のために鎮守の森が作られた有名な例に、明治神宮があります。ここは全国から持ち込まれた木が植えられていますが、一般に、古くからの鎮守の森には本来その地域にある植生、いわゆる**原植生が残っている**と考えられています。そのため、鎮守の森はかつてその地域にあった自然植生を知るための数少ない手がかりともなっています。

海岸近くには**魚つき林**と呼ばれる保護された森林があります。そこには神社がある場合が多く、これは、森林を守るために神社を設けたのではないかと考えられています。こうした森を守ることにより海産物の生産量を上げるという、昔からの知恵です。

鎮守の森は里山などと異なり、身近な森林でありながら、人による開発を受けず、地域住民にとって存在感のある森でした。しかし、今日、道路改修のために削られたり、都会では森が失われる例も出ています。身近な自然環境の保全という観点からも、鎮守の森を保全したいものです。

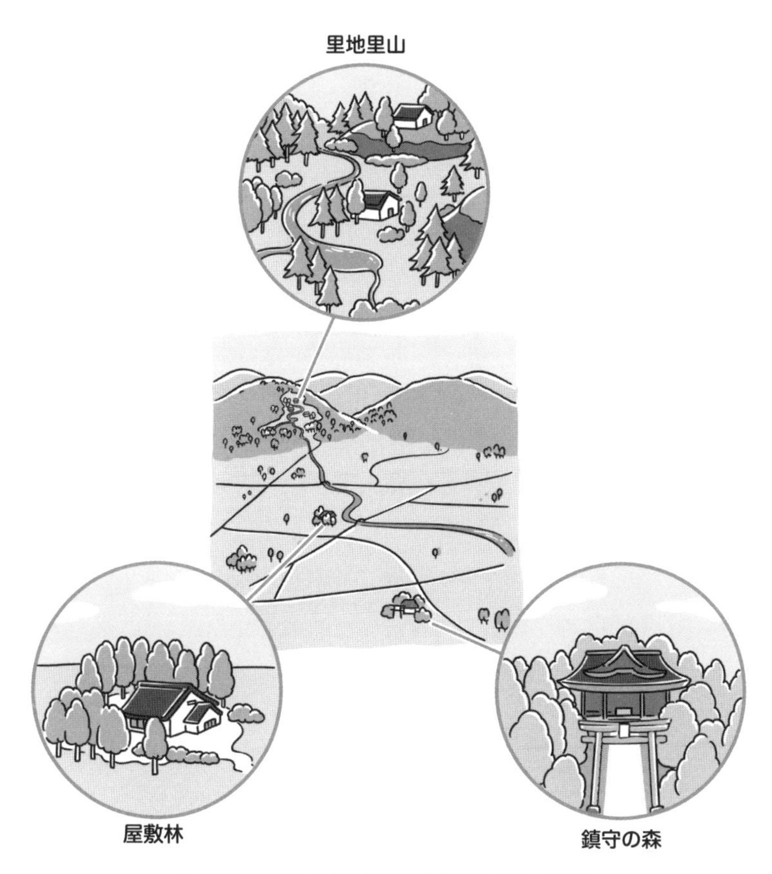

図 5.10 里地里山、屋敷林、鎮守の森

5-10 身近な自然の保全と共生

高度経済成長期以降、農業形態の変化や燃料革命の結果、里地里山、雑木林など身近な自然が価値のないものとして見捨てられてきました。しかし、そこにはたくさんの生き物が住み、豊かな生態系がありました。ここでは身近な自然の保全と共生について考えて見ます。

里地里山の新たな価値と保全の取り組み

近年、里地里山や雑木林の再生が、自然保護の重要なキーワードとなっています。里山では、一般に、数年に1度の下草刈、10～25年に1回の皆伐が行われていました。こうした手入れによって、里山では樹高の異なる林がパッチワーク状に分布し、生物多様性が維持されていました。

昭和30年代に始まる燃料革命によって、里山は燃料の生産林としての機能を失い、そこは、放置林や人工林、開発用地と変化していきました。特に、多摩丘陵や千里丘陵は、宅地や工業用地として造成され、里山のほとんどが失われてしまいました。

里山は、大部分が民有地であるため、保全するためには、**土地を確保し、永続的な開発を食い止める**必要があります。多くの自治体では、里山を保全地域に指定し、保護、保全をしています。また、各地で、里山の景観を保全しながら、公園として利用する方法もとられています。

最近、地球温暖化対策でバイオマスエネルギーが見直され、里山の雑木林は、**再生可能なエネルギー源として注目**されています。伐採した木はペレットにして利用されたり、ガス化して発電したりしています。雑木林の落ち葉を利用した堆肥化プラントなどの建設も始まっています。

こうした里山の保全は、里山本来の機能を取り戻し、そこから恩恵を受けることです。それには、自治体や地域住民による的確な保全対策と市民によるボランティア活動が必要です。

棚田保全の取り組み

棚田はコメを作る生産の場としての役割のほかに、さまざまな機能を有しています。河川水やため池からの水を用水路に取り入れ、棚田に溜め、それを、ゆっくり流します。これが、**棚田の保水機能**です。また、**洪水調節機能**もあります。全国の棚田による貯水量は、利根川水系の11のダムによる貯水量の約2.5倍といわれています。そのほか、棚田の畦畔（あぜ）が**土壌侵食を防止**する機能も持っています。さらに、棚田は、その美しい景観も評価され、**観光資源のひとつ**として位置づけられています。

政府の減反政策などで水田が放棄され、特に山間部の棚田などが各地で放棄されました。棚田が放棄されると、畦畔がくずれ、保水、洪水調節、土壌浸食防止機能などが失われます。これらの重要さが認識され、放棄棚田を復田する要望が、地域住民の間から持ち上がりました。

これに対して、県、市町村などは、歴史的観光資源保護対策事業、耕作助成金、千枚田景勝保存助成金などの助成金を出すようになりました。保全や農作業のための荒起し、畔塗り、田植え、草刈り、稲刈りなどのボランティア活動も盛んになりました。こうして復田された美しい棚田では、

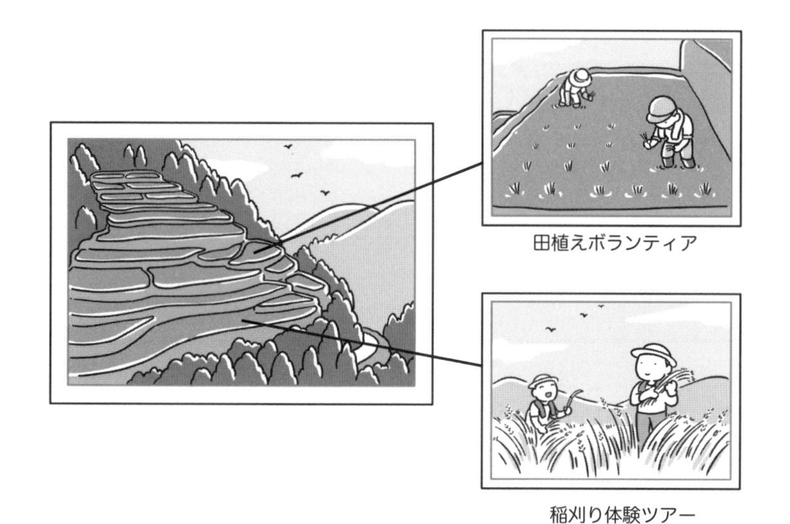

図 5.11 棚田保全の取り組み

グリーンツーリズムや農作業体験ツアーなどが企画され、棚田保全資金の一部に充てられています。

棚田を**営農の場所**とし、有機無農薬米を販売し、棚田景観の維持と保全を行っている地域もあります。こうした地域では、生産米の付加価値を高めることにより、耕作放棄を防ぎ、棚田の保全を図ろうとしています。

棚田保全の取り組みは、地域により異なります。棚田の所有者、行政、その地域の自然や社会特性を考慮し、最善の保全活動を展開して欲しいと思います。

農地へ降りてくる野生動物対策

近年、イノシシ、シカ、サルなどの**野生動物による農林業被害**が、農山村における過疎化、高齢化を背景に増加しています。2008年度の統計では、全国の野生鳥獣類による農作物被害は面積で9.1万ヘクタール、金額にすると199億円にもなります。獣種別ではイノシシ、シカ、サルによる被害金額は127億円です。獣類被害総額132億円の86%を占めています。しかし、サルの被害は前年度より4%減少しています。2020年度統計では被害総額158億円、面積48,000haで、シカ53億、イノシシ46億、サル9億、ヒヨドリ6億となっています。

イノシシ対策は、高さ1mの金属製の上部30cmを30°程度折り曲げた**忍び返し柵**や**電気柵**が有効で、各方面で利用されています。また、頭数が増えた場合には箱ワナで捕獲しています。

シカに対しては大型囲いワナ（たとえば、長さ140m、幅73m）をシカの通り道に設置し、捕獲して頭数のコントロールを行っています。サルはどんな柵でも登ってしまうので、金属ネット型の柵に電流を通すことにより、農地への侵入を防いでいます。

野生動物が農地へ出てくる原因は、山に落葉広葉樹林帯などが少なくなり、食べ物がなくなったこと、また、林縁に生育する植物（クズ、フジ等）や放棄されたクリ、クワ、タケ林、放棄野菜、イネの落穂など、**住民の営農や生活に由来する**ものにも原因があると指摘されています。

こうした鳥獣被害に対応するためには、野生動物の生態を良く知るとともに、地域ぐるみの対策が必要です。

第6章 都市化と環境問題

世界的に都市への人口集中が起こっています。都市が過密になると、交通渋滞やゴミ処理などさまざまな問題が生じます。都市の中心にある高層ビル群は都市のヒートアイランド現象を加速したり、都市を冷やす役目の風をブロックしたりすることもわかってきました。一方、江戸時代、市民の生活は自然と共生していたといわれています。この章では、都市生活の問題点を解説するとともに、これからの都市生活のスタイルなどを提案してみました。

6-1 都市生活の様式変化と問題点

これまで、都市では、生産システムの巨大化に対応した都市づくりや生活様式を志向してきました。従来の個人、家族、地域社会が一体化した生活様式は消えつつあり、機能の純化、合理化、選別化などが進行した結果、個人は巨大システムの中に組み込まれてしまいました。都市と地方での深刻な所得や就業格差も存在し、今日でも社会問題となっています。

職場と住まいの分離

都市において、商業や各種の事業所は都市の中心地に集中しています。これにより、住まいが職場から遠く離れることになり、職場と住まいが分離されています。いわゆる、**遠距離通勤**を余儀なくされる人が多くなっています。勤務時間以外の時間の減少はゆとりある生活を行う上での障害となっています。また、遠距離通勤は高齢者や女性などの就業や、社会参加の妨げにもなっています。

遠距離通勤によって、家庭は寝るだけの場となり、それに伴い、地域の人々との交流が少なくなりました。さらに、**核家族化**が進む現在、住宅規模が縮小され、家庭はビジネスホテル化され、地域交流はますます少なくなっています。都市の中心には高層住宅が建設され、職場への通勤時間は短縮されましたが、核家族化がますます進み、人口が地方から都市域へ流入し、都市の環境が悪化するとともに、**過疎問題**が各地で起こり、地域交流や地域の文化がなくなっています。

自然とのふれあいの場の喪失

かつては、住まいのすぐそばに森や原っぱ、小川などがありました。こうした都市周辺の自然の多い地域は、ベッドタウン化のための開発が進み、**住まいの近くから自然環境が消失**しています。そのため、家族や子供が自然と触れ合う場がなくなってしまいました。ひと昔前は、カブトムシ、クワガタムシ、メダカ、トンボ、セミなど自宅周辺の森や小川で捕ることが

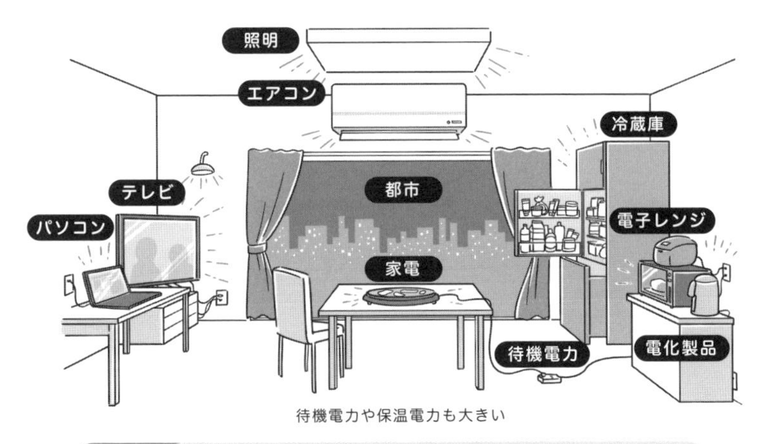

図 6.1 知らず知らずのうちに大量消費しているエネルギー

できましたが、今では、カブトムシなども遠くの森まで出かけないと捕れなくなり、デパートやペットショップで購入しないと手に入らなくなりました。子供の遊び場も画一的な都市公園やテーマパークになり、遊戯センターや家庭内でのテレビゲームなどに移っていき、自然とのふれあいがなくなっています。さらに、都市の中心部に建設されたマンションでは、庭がないため、自然環境との関わりが分断されています。また、高層住宅の高層階に住む子供は、精神的異常を起こす例もあると心配されています。

エネルギーの大量消費

高度成長期から今日にいたるまで、大量生産＝大量消費、という経済システムにより、人々は大量消費が最良の生活パターンであると誤認していました。大量消費により生活水準は向上しましたが、ものを大事にそして長く使う習慣や意識が薄れてきました。都会では、水、電気、ガス、通信網など、ライフラインが整備されていますが、そのために、エネルギーを知らず知らずのうちに**大量消費**しています。さらに、冷暖房機、テレビ、炊飯器、電気ポットなど多くの家電製品は、**待機電力**や**保温電力**を大量に消費しています。私たちが生活する上で、利便性や快適性を損なわない範囲で、日常の行動を通して省エネルギーや省資源、資源のリサイクルなどを意識し、地球環境や地域環境問題の改善に貢献することが大切です。

6-2 都市化による環境変化

都市は高度な社会経済活動と住居の場を提供する一方、資源やエネルギー等の大量消費を通じて、環境や都市に大きな負荷を与え、都市に住む住民の生活にも多くの影響を与えています。また、都市人口が急増し、都市が拡大するにつれて、ヒートアイランド現象、ビル風、ゴミ問題など新たな環境問題が浮かび上がってきました。

ヒートアイランド現象

ヒートアイランド現象とは、都市部の気温がその周辺地域に比べて異常な高温となる現象のことです。都市とその周辺地域に等温度線を引くと、都市部が島のように浮かび上がることから、こう呼ばれるようになりました。この現象は、1830年頃にはすでにイギリスで確認されていたといわれます。原因は、都市化による緑地や水辺、裸地などの減少、冷暖房や交通機関などの発熱源の集中、コンクリートの構造物やアスファルト舗装などによる熱容量の大きい都市構造、高層ビルなどによる風特性の変化などが考えられます。しかし、どの要素がどの程度ヒートアイランドに寄与しているかはまだわかっていません。

東京都心部（大手町）の年平均気温は、20世紀の100年間に約3℃上昇しています。興味深いことは、ニューヨークやパリの気温上昇は1950年代以降ほとんどありません。これは、東京と欧米の都市との都市計画の違いや公園、緑地の面積と関連があると思われます。

ヒートアイランド現象が進行すると、都市部のみでなく周辺部の気温も急上昇し、地域的な気象現象にも大きな影響が出ます。たとえば、気温の上昇により生じた上昇気流による突然の豪雨や落雷、局地的な異常高温などが起こっています。

ビル風

近年、都市の中心部では、都市開発や商業の活性化の目的で高層ビルの建築が盛んです。こうした大規模な建物周辺の狭い範囲で発生する風のことを**ビル風**といいます。ビル風は、建物の形状や配置、周辺の状況などにより異なり、風の流れは非常に複雑です。ビル風によって歩行者が歩きにくくなったり、周辺家屋が傷ついたりすることがあり、これらビル風が周辺に与える影響を一般にビル風害と呼んでいます。

ビル風にはいくつかの種類があります。たとえば剥離流、吹き降ろし、逆流、谷間風、吹き上げなどです。**剥離流**は、建物に当たって壁面に沿って流れた風が、建物の角まで来て建物から剥がれるように離れていくときに、周辺の風より流れが速くなったものです。

建物に当たった風は、建物の60〜70%付近の高さ（分岐点）で上下、左右に分かれるものもあります。**吹き降ろし**は、分岐点で左右に分かれた風が、建物背後にある気圧の低い部分に吸い込まれ、速い風となったものです。建物側面を斜めに上から下へ流れます。高層建築の足元付近では、この吹き降ろしと剥離流が一緒になるため、非常に速い風が吹きます。

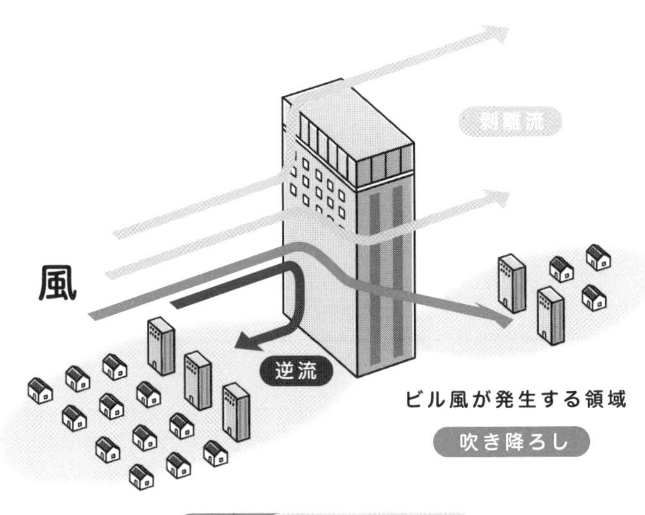

図6.2 いろいろなビル風

第6章 都市化と環境問題

逆流は、分岐点で下方に分かれた風が、壁面に沿って下降し、地面に達すると、上空の風とは反対の方向に吹くものです。高層ビルの前面に低層建築物がある場合は、逆流は、さらに速い流れとなります。こうした風がビル風害を起こし、社会問題となっています。

高度成長期から始まった廃棄物問題

廃棄物（ゴミ）は人間の生活に伴って発生します。住居の密度が低ければ、ゴミを地中に埋めたり、燃やしたりして、自然が持つ浄化能力を利用し、自家処理することが可能です。しかし、人口が集中する都市ではそうはいきません。**人工的にゴミを処理**する必要があります。

江戸時代、江戸の人口はロンドンの85万人を超え、100万人以上ありました。しかし、パリやロンドンの不潔さに比べ、江戸は大変清潔な町であったといわれています。そのおもな理由は、江戸時代、鎖国をしていた約250年間、外国から物資を輸入せず、すべてを国内のエネルギーや資源でまかなっていました。そのため、資源や廃棄物を有効利用する修理再生業者やゴミ回収業者がいて、リサイクル型社会が成立していたためです。

現在のゴミ問題は、1960年から1975年頃までの高度成長期から始まったといわれています。その頃から日本は大量生産・大量消費型社会へと向かっていきました。高度成長期の終わりには、洗濯機、冷蔵庫、テレビ、掃除機は、ほぼ100%家庭に普及しました。

大量の消費はゴミを増加させます。2022年3月の環境省による報告では、2020年度における家庭からのゴミ、一般廃棄物の排出量および最終処分量はそれぞれ年間4,167万トン、364万トンで、1人1日当たり901g排出しています。一方、事業所から排出される産業廃棄物は総排出量3億7,883万トン、最終処分量は913万トンです。リサイクル率などが上がったため、一般廃棄物、産業廃棄物ともに総排出量は微減しています。

しかし、これからも、この廃棄物に関する収集、処理も近代都市の大きな課題となっています。

図 6.3 江戸の町はリサイクル社会

6-3 ヒートアイランド対策

ヒートアイランドの対策としては、大規模な緑地やグリーンベルトの導入、屋上緑化、保水性のある舗装など地表被覆による対策があります。また、建物や自動車、冷暖房装置の排熱対策を実施する。さらに、建物、水辺、オープンスペースなどの配置や道路の方向など都市の形態を変えることにより、風の流れを変え、空気の交換を良くし、都市部を冷やす対策などがあります。ここでは、こうしたヒートアイランド対策について説明します。

緑化や水面利用、舗装材の改善

植生には気候の緩和、大気の浄化、斜面地の保護、見た目の美しさ、レクリエーションの場、動物の生活の場などいろいろな機能があります。なかでも**気候の緩和効果**は、蒸散と、樹葉が生み出す日陰の作用によるところが大きくなっています。

真夏の都心部においても、大きな樹冠部の下で適度に換気のある場所は、**クールスポット**と呼ばれ、快適な空間を作っています。こうした空間を都市の各所に設けて、都市の温度を下げる効果的な対策を計画しなければなりません。具体的には、**公園や緑地を整備**したり、屋上や壁面を緑化する**建物緑化**を行ったり、敷地内に**植樹**をしたりします。また、並木道など街路空間や、中央分離帯の緑化も大切です。

樹木によるヒートアイランド緩和対策のほかには、舗装面の反射率を向上させるために**舗装面を淡色化**したり、**保水性や透水性の高い材料**を使って太陽熱を舗装面に蓄熱しないようにします。

さらに、水面を利用した対策も行われています。都市には、河川や水路が覆いや蓋をされて地中に隠されている（**暗渠化**）ところが多くあります。これらの覆や蓋いを取り除いて**開渠化**したり、ビオトープや池、流れなどを作ることにより水面を確保して、ヒートアイランドの緩和策とします。公園などの池もヒートアイランド緩和に役立っています。

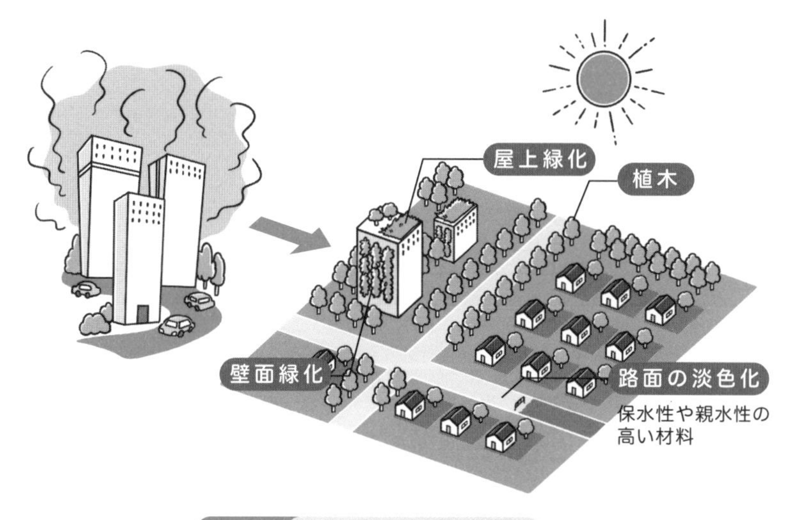

図 6.4 ヒートアイランド対策

人工排熱を減らす

都市では人工的な排熱が多く、これがヒートアイランドの原因のひとつとなっています。**人工排熱量を低減**するためには、まず、空調システムなどエネルギー消費機器の高効率化や適切な運転により、排熱量を少なくします。近年、**省エネタイプの家電**製品が数多く開発されていますが、空調など家電製品をこまめに消して排熱量を減少させたり、**自然通風**を利用することも対策のひとつとなります。

建物の表面を淡色化したり、ガラスを多く使って反射率の向上を図るような**建物の構造を変える**ことも必要です。

自家用車をあまり使用しないことも排熱量を少なくする対策です。バスや電車など、なるべく**公共交通システムを利用**して移動したり、近い距離は自転車を利用するなども奨励されています。

こうした個人的な対策のほかに、地域ぐるみで行う対策もあります。たとえば、地域冷暖房システムを構築して省エネ化を図ったり、地域交通システムを充実させて、自家用車の使用を少なくする、駐輪場を整備し、自転車の使用を促す、などがあります。

風の道を作る

都市の形態を変えることでヒートアイランドを緩和することができます。近年、海岸や河川、運河に隣接した高層建築の建設ラッシュが続いています。こうした高層建築からは、海岸線や海、河川敷などが見え、また、天気の良い日には富士山が眺望でき、人気があります。しかし、これらの**高層建築**は、海から吹く風や河川、運河に沿って流れる**風を遮断**することで、都心部の温度を上昇させています。

陸の温度が上昇すると、暖められた空気が上昇気流となって、上空へ移動し、そこへ、海から風が流れ込みます。この風を**海風**と呼んでいます。ヒートアイランドの緩和にはこの海風が重要な役目を果します。これからの都市計画では、風の通る道（**風の道**）を確保することが大切です。

海からの風は、河川に沿って移動することも知られています。昔は川だったところに蓋をして、暗渠化した場所がたくさんあります。蓋をはずして元の姿に戻せば、その川に沿って風が昇ってきて、**川の水が空気を冷やし**ます。

これからの都市計画の際には、風の道や水系、地形特性を把握し、公園や高層ビルの配置や道路の方向などを考え、計画しないといけません。

環境省によるヒートアイランド対策大綱

2013年5月、環境省はヒートアイランド対策大綱を発表しました。それによると、ヒートアイランド現象の現状、原因、影響についての調査結果とともに、対策の推進についても具体的施策を挙げています。また、今後の観測･監視体制の強化や調査研究の推進および、諸外国との情報交換、国、地方公共団体、大学、研究機関の間での連携が重要であるなどが記されています。

6-4 廃棄物処理と再資源化

大都市に人口が集中すると、大量のゴミが排出されます。家庭から排出される一般廃棄物は年間4,167万トンにもなります。しかし、これは産業廃棄物を含めた廃棄物全量のたった9.9%です。

焼却や埋め立てから、リサイクルへ

これまでは、大量のゴミを、焼却処分したり、最終処分場へ埋め立てたりしていました。しかし、最終処分場が満杯になったり、埋立地周辺で環境汚染問題が発生したりして、これ以上新たに最終処分場を見つけることが困難となりました。そのため、ゴミの量を減らすための**リサイクル**や**減量化**あるいはゴミを全く出さない**ゼロエミッション**などが奨励されています。

リサイクルにもいくつかの種類があります。**マテリアル（素材）リサイクル**は新たな製品の原材料として利用する方法、**サーマル（熱的）リサイクル**はゴミを加工し、エネルギーとして利用する方法、そして、**ケミカル（化学的）リサイクル**は化学的操作を加えて原料に戻す用法です。ここではマテリアルリサイクルについて説明します。

エネルギー消費量と環境負荷を抑える

ゴミのリサイクルは、なぜ必要なのでしょうか？　リサイクルをしないと、次のようなことが起こります。

第一に、リサイクルしないと**ゴミの処理量が増え**、ゴミの輸送費や処理コストが増大し、最終処分地などの再開発が必要となります。第二に、天然資源の消費量が増え、**資源の枯渇**に通じます。第三に、天然資源を用いて鉄やアルミ、紙などを製造すると、**膨大なエネルギー**を必要とします。

たとえば、回収したアルミ缶からアルミを作れば、天然のボーキサイトから作るエネルギーの3%で済みます。回収されたスチール缶や古紙を使えば、鉄や再生紙の製造は、鉄鉱石や木材からの製造に比べて、1/3～1/5のエネルギー消費量となります。これは限りある化石燃料や天然資源を温存し、天然資源から製造するときに排出される廃棄物を少なくし、環境負荷を最小にする効果があります。

現在では、天ぷら油の廃油も持続可能な航空燃料（SAF）の原料になるため利用され始めています。

こうしたゴミのリサイクルで最も大切なことは、私たち一人ひとりが**ゴミを資源**と考え、きちんと分別してリサイクルしやすくすることです。

新しいタイプのゴミ焼却システム

大量のゴミを処理するために、焼却処理が行われています。しかし、これまでのゴミ焼却炉や家庭で使用する簡易ゴミ焼却炉からは、**ダイオキシン**が発生する危険があります。ダイオキシンには多くの種類がありますが、その中の一部は「地上最強の猛毒」といわれています。

このダイオキシンを焼却炉から発生させないようにするには、800度以上の高温でゴミを焼却しなければなりません。これまでのゴミ焼却炉、特に家庭で使用する簡易ゴミ焼却炉は、800度以上の高温でゴミを焼却することができないので、ダイオキシンが発生し、社会問題となっていました。このため、新しいタイプのゴミ焼却炉、**ガス化溶融炉**が開発され、稼動し始めました。

ガス化溶融炉は、ガス化炉と溶融炉を組み合わせたゴミ焼却炉です。ゴミを前段のガス化炉に入れて、無酸素状態で加熱し、可燃性のガスと炭に分解します。発生したガスと炭を後段の溶融炉に入れ、1,300度以上の高温で焼却し、炭を溶融スラグ（ガラス質の固形物）にします。1,300度以上の高温で燃焼させるため、ダイオキシン類の発生を抑えることができます。溶融スラグは、道路の舗装材などに利用できます。また、埋め立て処分されていたプラスチック類も焼却処理して、炉内の温度を高温に保っています。

さらに、ガス化溶融炉では熱を利用して発電したり、地域に温水を供給したりもできます。しかし、高温で焼却するので、重金属などがガス化され空気中に放出される危険もあるので、排出ガスから煤塵や重金属を除去するためのバグフィルターの設備も必要となります。

しかし、問題点もあります。たとえば、実績が少なく技術が確立していない、事故を未然に防ぐリスク管理が十分検討されていない、ドイツで試験運転中の施設で爆発事故が起こった、ゴミ処理単価が通常の焼却炉より高いなどがあります。

廃棄物のゼロエミッション

ゼロエミッションとは、少しでもゴミを少なくするというのではなく、**ゴミの排出をゼロに**しようとする運動です。この「ゴミ自体を出さない」という発想は、国連大学が中心となって提唱されました。しかし、一企業や個人の家庭からゴミを全く出さないことは不可能です。そこで、いくつかの異なった業種の企業が協力して、ある企業の製造過程で排出される廃棄物を他の企業が資源として利用するなど、**企業間の連携でゴミを全く出さないようなシステムを構築**します。

こうしたゼロエミッションを普及させるには、異業種企業による新しいタイプの産業集団の創出が必要となりますが、同時に、**廃棄物を資源に変える斬新なリサイクル技術**の開発も必要となります。経済性の確保も課題となっています。

山梨県のある工業団地では、団地内の23社が共同して古紙回収やリサイクルのシステムをスタートさせました。そこでは、木くずや廃プラスチックなどを固形燃料化して、セメント会社へ燃料として供給したりしています。

ゼロエミッションを目指す地域づくりや環境調和型の街づくりを推進、支援する自治体も多くなっています。各家庭でもゴミの排出量を少なくする努力が必要です。

図 6.5 ゼロエミッションハウスのイメージ

6-5 自動車交通のもたらすさまざまな問題

都市の活動を維持するために交通は必要です。都市のさまざまな機能、たとえば商店や住宅、職場は道路、駅、バス停などを便利に利用できるように配置されています。交通手段には、電車やバスなどの公共交通や自動車などがあります。利便性により自動車交通が大量に増えた結果、さまざまな社会的問題が起きています。

安全性の指標となる交通事故

自動車交通が都市内で起こすいろいろな問題の中で、**交通事故**、**交通公害**、**交通渋滞**が**典型三問題**と呼ばれています。

先進国だけでも、交通事故で年間10万人以上の生命が失われ続けています。重傷者は200万人以上ともいわれています。これは人間が作り出した自動車交通システムによってもたらされた犠牲です。

国により、自動車交通の安全性はかなり異なっています。たとえば、2022年発表の2020年の統計によると、人口10万人当たりの年間死者

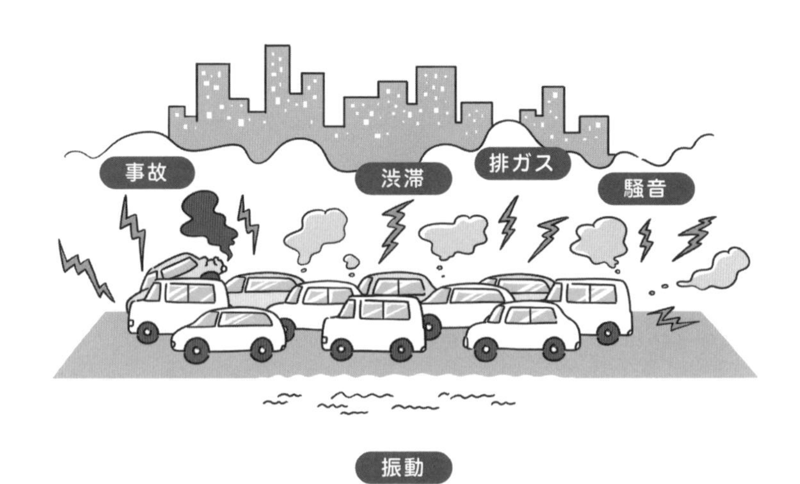

図 6.6 自動車交通はさまざまな問題を引き起こす

数はブラジルで16.60人以上、コロンビアでは16.00人、アメリカでは13.80人、南アフリカ12.30人、日本では2.80人となっています。年間死者数は自動車交通分野での安全性を示す指標といわれています。

この20年間に、先進諸国の**交通安全性は飛躍的に改善**されました。オランダでは、2010年までに事故死者数を現在の1/2にするという国家目標を達成しています。また、自転車の利用を奨励し、自転車専用道路などを整備しています。日本では1970年から1980年にかけて、事故死者数を半減させ、世界を驚かせました。これは走行距離当たりの死者数では1/3に当たります。しかし、その後は大きな改善が見られません。今後は、国や自治体などが、より安全な交通システムの構築に力を入れて欲しいものです。

交通公害と健康被害

自動車の数が増えると、さまざまな環境問題が起こり始めます。沿道の住民に健康被害を与える**排ガス**や**振動**、**騒音**問題などです。**大気汚染**の原因となる物質でみると、窒素酸化物の60%、一酸化炭素の78%、炭化水素の50%が、自動車交通が原因とされています。その他粒子状物質による健康被害もあります。

先進国では、**法律による自動車排出ガス規制**を契機に、自動車エンジンの排ガス対策技術が飛躍的に向上し、一時期より、都市内の大気汚染は改善されました。しかし、世界の主要都市には、窒素酸化物濃度がEUの基準値（1時間平均値で135μg/m^3）を満たしていないところも多く残っています。日本では、特に、二酸化窒素（NO_2）濃度は、近年、ほとんどすべての測定局で環境基準を達成しています。

道路振動については、2019年度の苦情件数は3,179件ありました。道路管理者に対して、道路の構造改善などの意見陳述がありました。それらは、タイヤノイズを少なくする舗装面の改装、防音壁の設置、雨水の溜まらない道路構造、ガードレールの設置、信号機の点灯間隔の改善などです。

交通渋滞は大きな損失をもたらす

私たちにとって、交通渋滞は最も身近な交通問題です。渋滞は、燃料費や時間のロスによる経済的損失だけでなく、救急活動や消火活動、市民サービスの障害、さらには、精神的、肉体的苦痛など、大きな社会的損失をもたらします。

国土交通省による試算では、日本全国の渋滞による**損失時間は年間38.1億時間**にのぼり、これを金額に換算すると、**12兆円**に達します。これは1人当たり年間30時間、金額にして約9万円が渋滞によって失われていることになります。

地域ごとにみると、渋滞の発生は都市部が中心で、東京、大阪、名古屋の三大都市圏をはじめ、地方都市でも深刻な問題となっています。道路1km当たりの**渋滞損失**の大きい都道府県は、東京都の136.47人時間/年kmに続き、大阪府、神奈川県、埼玉県の順になっています。人口一人当たりの渋滞損失は、岐阜県の60.3時間/年人が最大で、宮城県、山梨県、静岡県と続きます。

世界の大都市の朝の幹線道路の自動車平均速度を比較してみると、ロンドンは、20年前から平均速度が20km以下まで落ち込んでいました。現在では、東京や名古屋は平均速度が12km前後でロンドン以上の悪い状態となっていて、大阪や京都もロンドン並みに混雑しています。

途上国の交通問題

途上国での交通事情はどうでしょうか？　ここでは、世界最悪渋滞都市バンコクとインドの交通事情を見てみましょう。バンコク市内の道路占有率は、ワシントンD.C.の25%、パリの20%に比べて、8.1%と低く、自動車の平均速度も8.1km/hにすぎず、東京都内の約3分の2です。このため、慢性的な渋滞が起こり、その損失は年間40億ドルにもなります。渋滞のため、エネルギー、大気汚染、騒音なども社会問題となっています。こうした交通問題の原因は、公共的な輸送をバスだけに頼り、大量高速輸送網（鉄道や地下鉄等）が整備されていないことにあります。

バンコクでの交通問題の解決策は、道路を増やし、有効に使う、公共交通機関を増やす、車を減らすなどの方法がありますが、これらはお互いに深く関連しており、単独で実施しても効果は小さいのです。

バンコクでは、1992年に「バンコク総合計画」と呼ばれる最初の都市開発計画が打ち出されました。この総合計画は、バンコク地域の土地利用のガイドラインを定めるとともに、開発規制を行うもので、交通網の整備なども含まれています。総合計画は現在でも時代に合わせて修正され、実行されています。

インドは2012年の交通事故による死者数が約14万人と世界最多で、事故発生件数は49万件です。政府は2020年までに事故を半減させる目標を掲げています。目標の中には全車にエアバッグやアンチロックブレーキシステムを取り付けることや、大型トラックにはエアブレーキを必須化することなどが含まれています。交通事故死の85％は歩行者か自転車で、自動車の流れと歩行者や自転車道を分離する必要があり、種々の対策が検討されています。2000年に国道整備計画が策定され、総延長5万km、6兆円の国道整備事業が進行中です。主な事業は国道の4/6車線への拡張事業や1,000kmの高速道路、700kmの環状道路の整備などがこの事業に盛り込まれています。

MEMO

自転車を使用したエコライフ

ガソリン料金の高騰やエコ意識の高まりで自転車の使用が増えています。自転車協会の調べでは、2020年の国内出荷台数は162.6万台、金額にして2,100億円です。日本の人口当たりの自転車保有台数は、オランダの0.9人に1台、ドイツの1.3人に次いで、1.5人で世界第3位です。しかし、自転車専用道路は、全国の道路のたった0.2％しかありません。自転車専用道路の比率は、オランダでは17％、ドイツが5％、イギリスでも4％あり、現在も増え続けています。

パリでは2007年の夏から「ベリブ」と呼ばれるレンタサイクルシステムが導入されました。市内に1,500箇所の乗り場があり、低料金で自転車を利用することができます。当初は年間40万件の利用を見込んでいましたが、2千万件を超えたそうです。こうしたシステムはドイツやアメリカにも広がっています。

日本でも、自転車を安全に使用できる道路やレンタシステムが整備されつつあり、多くの人が利用するようになるでしょう。これは地球温暖化の防止やエネルギーの節約、さらには人の健康につながります。

6-6 都市の交通戦略

都市での交通問題を解決するために、多くの都市では、公共交通を充実させたり、都市内での交通制御システムを導入したり、自動車の使用を控えるよう市民に協力を求めたりして、都市内での快適な交通システムの構築を進めています。

ニーズに合った公共交通

都市内の公共交通は、通勤や通学のための輸送ばかりでなく、豊かで快適な都市生活を営む上で欠かすことのできない機能のひとつです。日本では少子高齢化社会の進展に伴い、利用者から求められる交通システムも多様化しています。バリアフリーや環境に対する配慮も、交通システムの計画では必要不可欠なものとなっています。

都市内の公共交通システムは、都市高速鉄道（JR線、私鉄、地下鉄など）、モノレール、AGT（自動運転起動交通機関）、路面電車、バスなどさまざまな種類があります。

日本で地下鉄が導入されている都市は、人口が100万人以上の大都市に限られていますが、モノレールやAGTは、おおむね20〜30万人の都市でも使用されています。地下鉄などの都市高速鉄道は1時間当たり数万人の輸送力があり、しかも、高速で1時間に30kmの移動も可能な輸送機関

出典：富山地方鉄道株式会社

図 6.7 富山の路面電車　ポートラム

です。路面電車やバスは、数1,000人／時間の輸送需要、10km程度の比較的短距離の輸送に利用されます。

自動車による輸送をなくすことは不可能ですが、よりよい交通システムを作るためには、公共交通機関の利用促進が不可欠です。需要に合った、利用者が利用しやすい交通システムが求められています。

MEMO AGT(Automated Guideway Transit)

AGTは一般に「新交通システム」と呼ばれ、日本ではじめて導入されたのは1975年、沖縄国際海洋博覧会の観客輸送用の交通システムです。その後は、1981年に実用路線として開業した神戸市のポートライナーがあります。AGTは架線を使用せずにゴムタイヤで専用軌道を走ります。ゴムタイヤを使用するため騒音が少なく、急勾配でも運行でき、小型車両を使用するため軽量化も可能です。しかし、ゴムタイヤの磨耗が早い、維持費や建設費が当初の期待ほど安くない、コンクリートの経年変化による乗り心地悪化、既存鉄道との互換性がない、など欠点もいくつかあります。

今日、AGTは埼玉の伊奈線（ニューシャトル）、東京のゆりかもめと日暮里・舎人ライナー、大阪の南港ポートタウン線（ニュートラム）、神戸の六甲ライナー、広島のアストラムラインなど、全国各地で地域住民の足として利用されています。

都市への自動車交通の制御

都市に流入する自家用車の数を制限するため、各都市ではさまざまな方法が導入されたり、試験的に行われたりしています。制御手法の形態は、**保有の制御**、**走行の制御**、**駐車の制御**に分類できます。

用いられる手法は、物理的手法、法規制的手法、経済的手法などに分けることができます。こうした自動車の抑制は、個々の手法では現実的に達成は難しく、いくつかの手法が併用される場合が多いようです。たとえば、都心流入車両に課金する**ロードプライシング**と、安価で便利な公共交通機関の整備、時間帯や同乗者数による課金割引などを併用します。

保有の制限では、運転免許取得年令の引き上げや、試験制度の強化、法規違反者の免許取り消しの強化などがありますが、実際問題、なかなか難しい方法です。その他、1世帯当たりの保有台数を制限したり、1年間の新車登録台数を制御したり、車庫規制の強化などが考えられます。

走行の制御では、走行速度を制限したり、一方通行を多くして、都心通過車両を制限したりします。また、一定の地域や道路で車の進入を規制するナンバープレート制、許可証制、一人乗り規制などがあります。ナンバープレート制では、登録番号が奇数か偶数かで都心乗り入れを禁止する日時を決めたり、一人乗り規制では一人乗りの自動車の進入を禁止します。

駐車の制御では、路上駐車の禁止、駐車場容量の制御、駐車料金の引き上げ、駐車スペースへの課税などがあります。

こうした自動車の制御は、市民の協力なしでは実行できません。一般市民の理解を得ることや公共交通システムの充実が大切です。

次世代自動車

地球温暖化の原因となる二酸化炭素のおもな排出源には、各種の製造工場や火力発電所のほか、自動車があります。自動車製造会社も二酸化炭素を排出しない新しいタイプの自動車や、石油エネルギーの枯渇を考慮した石油以外の燃料に対応する自動車の開発を行っています。環境省や経済産業省、いくつかの自治体では石油を使用しない電気自動車や燃料電池車の購入時に補助金を出しています。

ハイブリッドカー

ハイブリッドカーは、ガソリンエンジンと電気モーターなど、作動原理の異なる複数の動力源を持つ自動車です。走行状況に応じて、単独あるいは複数の動力源を複合（ハイブリッド）して、走行します。今日、最も普及しているのは、エンジンにバッテリーと電気モーターを組み合わせたものです。発電と駆動方式により、シリーズ方式、パラレル方式、シリーズパラレル方式の3方式があります。

燃料電池車

燃料電池は、一般の乾電池や鉛蓄電池と異なり、酸素と水素を反応させ、電気化学反応により電気を取り出す装置で、住宅などのエネルギー源としても実用化されています。水を電気分解すると、酸素と水素が得られます。この方式を逆利用したものです。酸素は空気中から得ることができます。

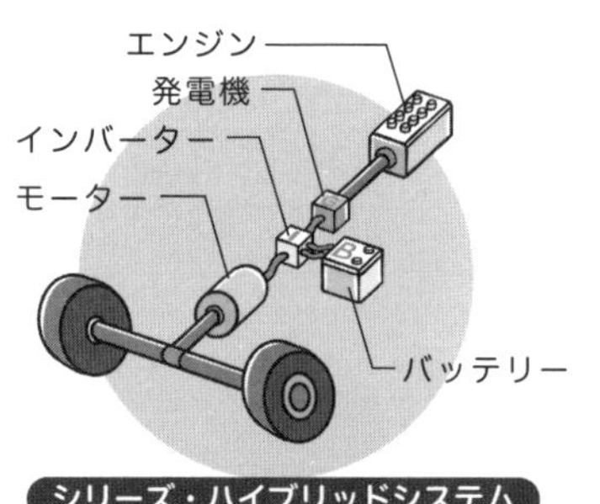

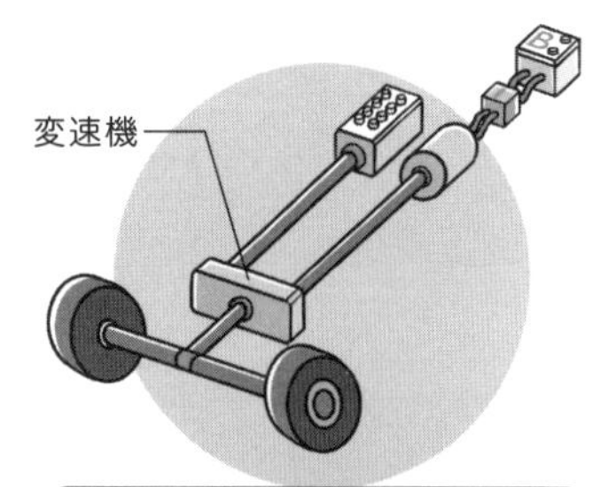

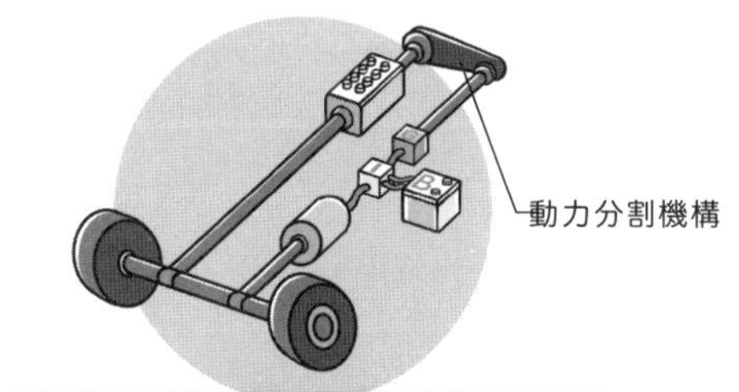

図 6.8 ハイブリッドカーのシステム

あと必要なものは水素燃料です。燃料電池で発電し、電力をバッテリーに蓄電します。走行はモーターを動力源とします。走行中に排出されるものは水だけで、環境に優しい自動車です。

しかし、問題点もあります。水素を補給する水素ステーションが少ないことです。また、使用するリチウムイオン電池が最適なのですが、コストが高いなどの欠点もあります。水素の供給には、現在、アンモニアから水素を得る方式も試されています。

バイオエタノール車

世界ではバイオエタノールに対する注目度が高まっています。**バイオエタノール**とは、サトウキビやトウモロコシ、大麦、廃木材などを発酵、蒸留して製造されるエタノールのことです。おもな使用法は、自動車の燃料として､ガソリンに混ぜて使います。ブラジルやアメリカの一部の州では、ガゾリンに一定の割合でバイオエタノールを混合することが義務となっています。日本でも、ガソリンにバイオエタノールを3%まで混合することが認められていますが、今後、これを10%まで引き上げる方針を打ち出しています。

6-7 持続可能な都市の構築

20世紀前半には先進諸国で大規模な団地が建築されました。これらの団地は、高層化、用途分離、道路の拡幅、巨大な公園空間などが共通な特徴でした。しかし、高層住宅での犯罪の増加や子供の精神的成長に障害を与える、広い空間は犯罪の温床となるなど多くの問題が生じ、住民が退出し、空洞化したり、スラム化しました。20世紀の後半には団地を縮小高密化するコンパクトシティ化して活気にあふれた住まいを取り戻しました。

20世紀の街づくり失敗団地

アメリカミズリー州セントルイスのブルイットアイゴー団地は約23ヘクタールの敷地に2,870戸の住宅を建設し、1954年にオープンしました。11階建ての同じ形をした住棟が33棟も並ぶこの団地では、人々が和やかに住めず、1972年に取り壊されました。

イギリスのマンチェスターは産業革命以降大量の労働者が流入し、1923年には13万人が住む町になり、1934年にはイギリス最大の再開発地区指定をうけ、60年代には13本の高層棟、広い空き地、歩行者ゾーンの分離、大型ショッピングセンターなどが建設されました。しかし、高層階からの子供の転落死などがあり、住民が移転し、その結果、貧困、犯罪、麻薬、失業などの連鎖反応が起き、90年代に高層棟などが取り壊されました。

オランダでは50年代に住宅事情が高まり、アムステルダムに10万人が住むニュータウン「ベルマミーア」がつくられました。11階建ての万里の長城を思わせる高層棟が並び、自動車専用道路なども建設されました。しかし、公共鉄道の駅までが遠く、生活が不便で人気がなくなり、85年には空き室率が25パーセント以上になり、市は80年にこの計画を断念しました。

21世紀の街づくり

巨大な街づくりの失敗例を参考に、21世紀には新しい街づくりの指針を提案し、実践しました。新しい指針は、「徒歩圏内での地域計画」、「用途や機能の混合」、「空き地や既存の土地の再利用」、「多様な居住者によるコミュニティーの形成」、「エネルギー消費の低減と効率化」、「公共交通の整備と利用促進」、「中/高密度の人口計画」、「公共空間の重視」、「多角的な都市の形成」です。

イギリスのミレニアムビレッジやヒューム、ドイツのフライブルグ市のフォーボー団地などを見ると、緑化された屋根や木製の外壁など、かつての民家ではありふれた素材であり、その保守的な外観に驚かされます。これまでは均一で繰り返しの多い単調な街づくりが、今日では、街の多様性や複雑性の魅力が多くの人々に支持されていることを意味しています。

EUの新都市団地

イギリス、ロンドン市テームズ川南岸のガス工場跡地に計画、建築された「ミレニアムビレッジ」は、21世紀の街づくりのモデルケースとして計画されました。面積120ha、計画人口7,500人、計画戸数3,000戸で、持続可能な配慮が前面に打ち出されています。工事全体のエネルギー消費低減のためプレハブ工法を採用したり、南洋材の型枠を使用しないメタルフォームを採用しています。もとからあった沼地をエコパークにしたり、テームズ川に面した部分にはボートハウスや木造のスーパーなどもつくられています。

オランダでは「ベルマミーア団地」の失敗の反省から、その隣接地に「ガースパーダム団地」を計画し建設しました。そこは、低層高密度方式、せいぜい3階建て、多くは2階建ての連棟方式で、中庭を囲む構成です。外壁の仕上げは伝統的なレンガ造りで温かいイメージを与えています。南端部のタウンセンターにはメトロの駅やショッピングセンターも建設されました。

「ガースパーダム団地」の西側からアムステルム市の境界を出ると「アムステルフェーン団地」に入ります。この団地は歩行者と車を共存させたので、街が賑やかになり防犯上好ましいデザインとなりました。

6-8 環境に配慮した商品づくりと消費者

グリーンマーケティングやグリーンコンシューマーという言葉が、あちこちで聞かれるようになりました。これらの言葉は「環境を考慮した商品づくりと販売」、「環境を大切にする消費者」と訳すことができます。

みどりの消費者、グリーンコンシューマー

グリーンコンシューマーとは、環境のことを考えて、**環境への負荷の少ない商品を購入する人々**のことをいいます。グリーンコンシューマーという言葉は、1988年にイギリスのエルキントンとヘインズが共著で『グリーンコンシューマーガイド（原題：The Green Consumer Guide）』を出版してから使われ始めました。

グリーンコンシューマーガイドは、日常的に購入する商品が、どこでどのように生産され、廃棄後、環境にどのような影響を与えるか、どの店が環境対策に熱心かなどを評価し、5段階で点をつけて公表しました。市民の間には、購入する物や店を選ぶことにより、地域環境保全や地球環境問題に貢献しているという意識も高まりました。

日本では、1991年に京都のごみ問題市民会議が「日本版グリーンコンシューマーガイド」を作りたいと考え、京都市内の204店の環境対策や環境に配慮した商品の販売を調べ、『かいものガイド・この店が環境にいい』を出版しました。これを契機に、日本中にグリーンコンシューマー活動が広がっていきました。

みどりの企業活動、グリーンマーケティング

グリーンマーケティング（環境マーケティング）とは、地球環境に配慮した商品、サービスを提供する企業活動です。環境負荷の低減と利益の両立を目指します。

グリーンマーケティングの背景として、まず、一般消費者の間に環境問題への意識が高まり、製品の特性、機能、コストなどよりも、環境に配慮

写真提供：NPO法人 環境市民

図 6.9 グリーンコンシューマー関連書籍

している製品を購入する人が増えてきたことがあります。さらに、1989年アメリカの市民団体が『より良い世界のための買い物（原題：The Shopping for a Better World)』を出版しました。この本では、企業が販売する製品が環境を配慮しているか、企業の環境対策、女性役員の登用、有色人種の雇用、軍事産業との関わりの有無、地域への貢献など7項目について評価しました。『より良い世界のための買い物』では、製品の評価ばかりでなく企業の社会的責任までも評価しています。

こうして、消費者は、購入するものや購入するものの製造者などを選んで、商品を購入できるようになりました。評価点が低い企業の製品は売れなくなり、減益になったりするため、企業側も、環境に優しい製品やリサイクリしやすい商品の製造や開発を進めるようになったわけです。

私たち消費者一人ひとりの力は弱くても、大勢合わせたら、大きな力となります。グリーンマーケティングに基づいた製品を消費者が選択購入する行為で、企業を動かし、地球環境の保全に協力できることがわかります。

地域を活性化する地産地消システム

地産地消は、**地域で生産されたものをその地域で消費する**という意味ですが、さらに、**その地域の消費者のニーズに合ったものを地域で生産する**という側面を持ちます。消費者は生産者の顔が見え、地域の農業と関連産業の活性化を図っています。

産地からの距離は、輸送コストや鮮度、地域内の物質循環といった観点からみても、産地と消費地が近ければ近いほど有利となります。また、消費者と産地の距離の短さは、両者の心理的な距離の短さともなり、消費者の地場農産物への愛着心や安心感が深まります。

地産地消のおもな取り組みとしては、直売所などでの地場農産物の販売、学校給食、福祉施設、観光施設、外食や加工産業での地場農産物の利用などが挙げられます。

地産地消のメリットは、消費者にとっては、身近な場所から新鮮な農産物が得られる、自分で生産状況を確認できる、食と農についての親近感を得ることができる、安く買える、などがあります。生産者にとっては、流通経費の節減により収益性が向上する、不揃い品や規格外品も販売可能となる、消費者の反応が直接届き、品質改良や顧客サービスが向上する、などが考えられます。一方、デメリットとしては、大量生産ではないのでコストアップになる可能性がある、包装、接客、クレーム処理などの経営管理能力が求められる、多くの種類の農産物を扱えない、などがあります。

MEMO フードマイレージ

食料を輸送するには燃料が必要です。生産してから消費者の口に入るまでに、食料が運ばれた距離を数値で表したものが、フードマイレージです。食料の重量×輸送距離（トン・キロメートル）で表します。1994年、イギリスの消費者運動家ティム ラング氏が提唱した、食料の生産地から消費地までの距離をなるべく少なくして、輸送エネルギーや環境負荷を軽減する考え方「Food Miles（フードマイル）」に由来する概念です。

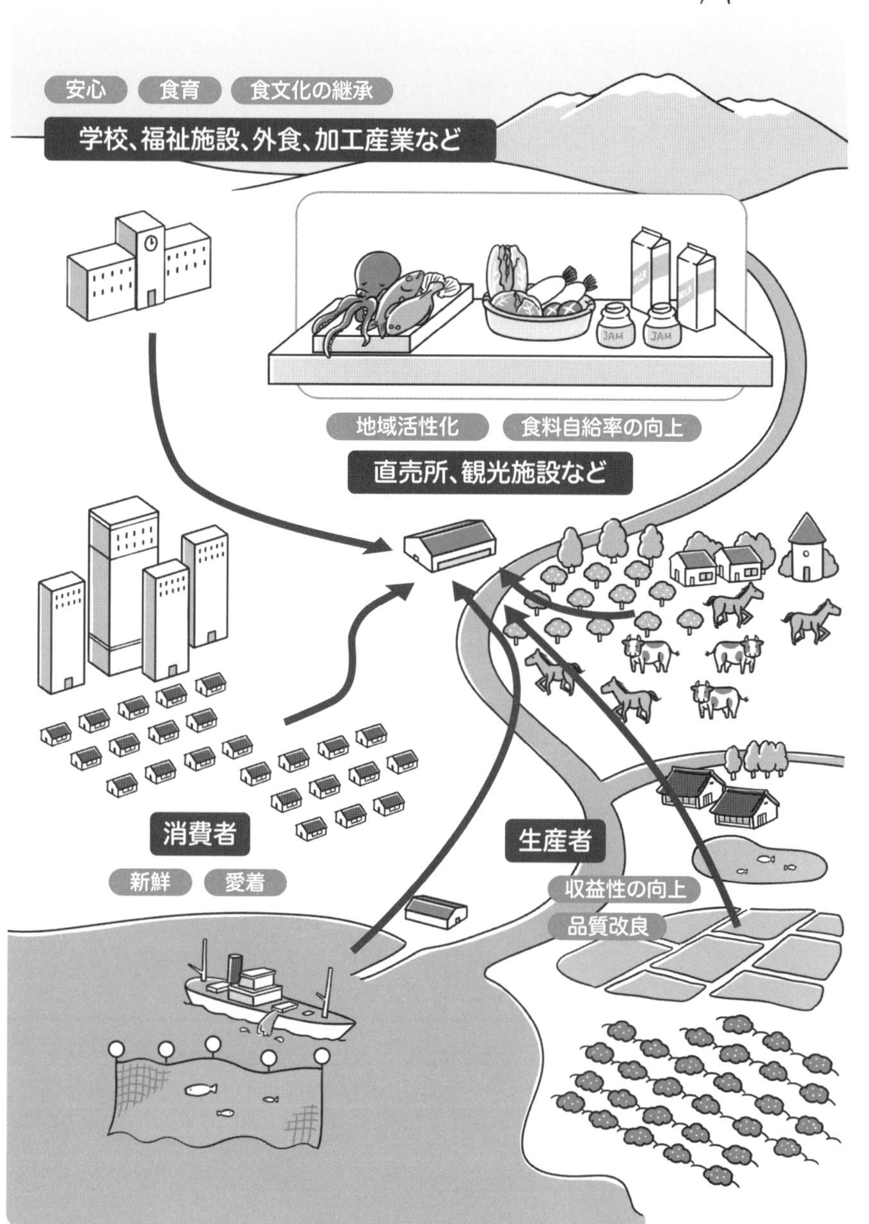
地域で作られたものを地域で消費する
安心
食育
食文化の継承
学校、福祉施設、外食、加工産業など
JAM
JAM
地域活性化
食料自給率の向上
直売所、観光施設など
消費者
新鮮
愛着
生産者
収益性の向上
品質改良

図 6.10 地産地消

6-9 これからのライフスタイル

ここ100年で、日本人の生活様式は大きく変わりました。江戸時代は自給自足やリサイクルの社会でしたが、明治になると外国から欧米文化が入り、生活が徐々に欧米化していきました。第二次世界大戦後の混乱期のあと、高度成長期には「消費は美徳」といわれ、環境はないがしろにされ、公害問題が全国各地で起こりました。私たちの生活様式はこのままで良いのか、もう一度原点に戻って考えてみましょう。

高度成長期以降の市民生活

第二次世界大戦が終わり、高度成長期に入ると、日本人の生活は一変しました。日本経済が飛躍的に成長を遂げたのは、1955年から1973年までの18年間です。経済成長率は年平均10%を超える高度成長を続け、国民総生産（GNP）は資本主義国ではアメリカに次ぐ第2位（1968年）の規模に達しました。鉄鋼、造船、自動車、電気機械、化学、石油化学、合成繊維などの部門が急速に発達し、第一次産業の割合が下がり、第二次、第三次産業の地位が高まりました。

高度成長期には、国民の生活様式と意識が大きく変わりました。農村から都会へ大量の人口が流出しました。1955年には就業人口の4割強あった農業人口は、1970年には2割を割り込み、コメ以外の日本の食料自給率は急激に低下しました。一方、人口の流入した都会では、過密、交通渋滞、騒音、大気汚染が生じ、住宅地は郊外へと広がっていきました。

電化製品など耐久消費財の普及率は驚異的で、50年代後半はテレビ、電気洗濯機、電気冷蔵庫（三種の神器）が普及し、60年代末以降は自家用車、カラーテレビ、クーラー（3C）がこれに代わり、大量消費時代が始まりました。国土開発も本格化し、新幹線、青函トンネル、瀬戸大橋が建設され、成田空港や関西国際空港が開港して、国際化時代に突入しました。

しかし、大量生産、大量消費の裏側では、深刻な公害問題、「水俣病」、「イタイイタイ病」、「四日市ぜんそく」なども発生し、都市のゴミ問題なども深刻化し始めていました。

省資源、省エネルギー生活

高度成長期の後、2度のオイルショックを経て、1986年12月から4年3カ月続くバブル景気に突入しました。この時期、日本では投機熱が過熱し、特に株と土地への投機が盛んになりました。この景気は「土地は必ず値上がりする」という土地神話に支えられ、土地を担保に巨額の融資が行われていました。しかし、決して下がることはないと思われていた地価が下がり始めると、銀行は大量の不良債権を抱え込み、経営を悪化させました。地価の下落は2005年まで続きました。

こうした浮き沈みの激しい時代を経て、一般市民は食の安全性や環境に優しい生活を考えるようになりました。輸入牛の**BSE**(牛海綿状脳症)問題、食料品の**残留農薬**問題、生産地を偽って表示する**産地偽装**問題など、**食の安全を揺るがす問題**が多発しました。また、地球温暖化による自然災害の増加や異常気象が各地で頻発し、市民は、環境に優しく安全な生活や食、さらに、省資源、省エネルギー生活を求めるようになりました。

食の安全に関しては、どこでどんな方法で作られているか、農薬は使用されているか、どんな流通経路で販売されているかなどを調べ、購入するようになりました。環境に対しても、省エネ、省資源に配慮した生活やゴミの分別、ゴミの排出量を少なくするなどの努力がなされています。これからの市民生活では、一人ひとりが、環境と食に配慮した生活や省エネを実践する生活など、新しいライフスタイルで生活することが大切です。

省エネルギー住宅

2050年カーボンニュートラル、2030年度温室効果ガス46%排出削減(2013年度比)の実現に向け、日本のエネルギー消費量の約3割を占める建築物分野における取り組みが急務となっています。また、温室効果ガスの吸収源対策の強化を図る上でも、日本の木材需要の約4割を占める建築物分野における取り組みが求められているところです。

このため、国土交通省は住宅・建築物の省エネ性能の一層の向上を図る対策の抜本的な強化や、建築物分野における木材利用のさらなる促進に貢献する規制の合理化などを強力に進めるための「脱炭素社会の実現に資するための建築物のエネルギー消費性能の向上に関する法律等の一部を改正する法律」を2022年6月17日に公布しました。

具体的には、新築住宅には大容量の太陽光発電パネルや高性能断熱材、樹脂サッシを用いた窓枠、三重ガラス窓などの使用を奨励しています。

環境教育の充実

2003年に文部科学省、経済産業省、国土交通省、環境省の5省共管の「環境教育促進法(環境教育等による環境保全の取り組みの促進に関する法律)」が成立、2018年3月には同法の基本方針を変更しました。

この法律の目的は、持続可能な社会の構築に向け、環境保全活動、環境保全の意欲の増進や環境教育と協働の取り組みについて、基本理念を定めることです。その上で、国民、民間団体等、国、地方公共団体の責務を明らかにし、基本方針の策定とその他の必要な事項を規定します。

特に、学校教育等における環境教育の充実として、発達段階に応じて、体系的な環境教育が行われるよう、情報の提供、教材の開発、教育職員の資質向上などを実施しています。

また、体験の機会の場を設けて里山を活用して自然と共生する感性や知恵、工夫を体感する活動や、リサイクル工場などの見学等から廃棄物と生活とのつながりを体感するなども盛り込まれています。

こうした体験学習や見学会などの環境教育を通して、多様な自然環境やリサイクルのシステムなどを学ぶことにより、自然環境システムの脆弱性や人間生活との関連性を知り、環境保全に繋がる行動を起こすことが大切です。

第7章

地球環境をよくするためのしくみと行動

環境は自然と人間社会が接触する、入り会いの場所です。自然は自然のやり方で動いていますから、自然と共生し、よい環境を維持し、作り上げていくのは人間の努力です。人間も自然の一因であることを認識し、自然への畏敬の念をいつも欠かさず、より豊かな自然を子孫に残そうという気持ちが、環境をよくしていこうという行動のもとです。この章では、環境をよくするためにどのようなしくみと行動が必要かを見てみましょう。

7-1 環境問題の特色を知る

環境をよくしていくしくみを考えるとき、環境問題の特色を踏まえたものでなくてはなりません。環境問題は他の問題——景気・教育・政治・貧困——と比べると、「自然と人間の共生」としての定義からくる、いくつかの特色があります。しかけや行動は、その特色を踏まえて構成されます。

科学で問題を予見

まず対象が自然ですから、それがよい状況にあるのか否かを常に観察し、変化を見つけ、早期に警報を出すための**科学的活動**が不可欠です。自然の変化には慣性があり、危険が迫ってから手を打ってもその効果がすぐに効いてくるわけではありませんから、**自然のメカニズムを分析**し、対応する人間社会の動向を調査し、それに基づき**環境の変化を予測**することが重要です。また、人間の行動がどのような結果を自然にもたらし、その結果、人間にも影響するかを前もって評価する**環境評価（アセスメント）**などで、私たちが取り組むべき問題が何か、どこに原因があるのかを予見的に発見していかなければなりません。

社会をあげての対策と、環境社会経済への政策が必要

人間活動は、あらゆる面で自然に圧力を加え、環境を変えつつあります。現実に土地を改変するのは土木技術であり、大気や水に汚染物質や二酸化炭素を出すのは生産設備や居住施設ですから、**環境を壊さないような技術開発**をすることが必要です。

これまでの技術も、人々の生活をよくしていこうとする経済活動を実現するために工夫されてきたものですが、経済システム自体が自然や環境の価値を勘定に入れてこなかったため、環境破壊が進行してきたともいえます。今は、これまで無視されてきた**自然の価値を組み入れた環境経済**へ変えることが要求されています。

また、**環境を念頭においた新しい産業**も生まれねばなりません。そうし

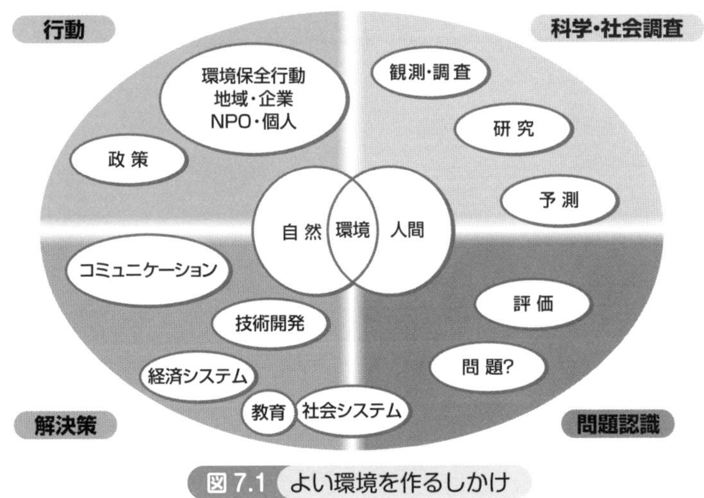

図 7.1 よい環境を作るしかけ

た経済のシステムができるには、一人ひとりが環境に関する教育を受け、社会全体が自然をを大切にしようという気にならなくてはなりません。これまでのエネルギーやモノを使い放題というライフスタイルを止めるとか、環境をよくするためにお金を払う覚悟がいります。

環境は誰もがその恵みを享受すべき、いわば**公共財**です。さまざまな対策や経済システムをまとめ上げ、国民全体を環境を守るための行動に向けさせるしかけを作り上げるには、法体系を整備したり、予算の適正な配分などを通じた社会システムを変えていく**政府の強い政策**が必要です。

環境を守るのは、それぞれの地域住民

環境は「地域的」といわれます。環境の状況は、それぞれの場所での自然における人間の住まい方で決まります。自然はそれぞれの場所によってまったく異なり、そこに住む人たちの生産生活もそれに合わせたものになっているので、**環境問題は場所場所で様相が違い**ます。中央からの一律の政策で環境が維持されるわけではなく、それぞれの場所の自然を熟知している地域の**住民の参加**がなければ、よい環境はできません。個人では、活動がなかなか難しくても、**環境NPO**（Non-Profit Organization）のようなグループに入って活動することはできます。もちろん、地方自治体の音頭取りがいりますし、地域に立地する企業も地域活動に加わります。結局

は、そうした地域の活動が集って、日本を住みよい国にし、世界の環境維持に貢献できるのです。「Think globally, act locally」という言葉がこれを表しています。

コミュニケーションと、自然の一員としての意識

環境はすべての人の参加でしかよくなりませんが、こうした人々をつないで大きな力にするには、お互いの活動を知り合うための活発なコミュニケーションが必要です。違う地域の人たちがよい経験を交換し合う会合、商品の二酸化炭素排出量を表示する**カーボンフットプリントラベル**のような環境努力の**見える化**、企業が自分の環境保全努力を住民や関係者に伝える**環境報告書**、相談に乗ってくれる**環境カウンセラー**などです。そして新聞やテレビなどのメディアの力は、世論を引っ張る大きな力を持っています。

最後に繰り返しますが、こうしたしかけや行動を支えるのは、私たちが自然の一員であるという認識と、私たちの生存を見守ってくれる自然への畏敬の念です。

MEMO 地球環境問題に取り組む国際組織

地域の公害は、きれいな大気、衛生的な水、健全な土壌といった環境資源の重要さやそれが地域住民共有の大切な資産であることが認識されず、法律の規制が十分でないために起こったことでした。世界的にも人口増や、経済発展が進み、一つの国が出す汚染物質が越境移動して隣国に害をもたらしたり、フロンが成層圏オゾン層を破壊するといった、地球全体の環境システムを変える人間活動があることがわかりました。こうした問題を世界的に論議し、適切な対策を打つためには、世界のすべての国が参加した取り決めや行動が必要です。こうした国際的および地球規模の環境問題を調整するために1972年の国連人間環境会議で、「国連環境計画（UNEP)」が設立されました。地球環境問題は、あらゆる人間活動に関連しますから世界銀行（WB）やアジア開発銀行（ADB)、国連開発計画（UNDP)、経済開発協力機構（OECD）のような開発機関、世界保健機関（WHO)、世界気象機関（WMO）のような専門機関、国連教育科学文化機構（UNESCO)、国際学術会議（ISC)、国連大学（UNU)、のような学術教育機関、等多くの国際機関がそれぞれの分野で地球環境問題に取り組んでいます。

7-2 SDGsの気候安定化行動

2015年国連サミットで採択された「**持続可能な開発目標（SDGs：Sustainable Development Goals）**」は、2030年までに持続可能でよりよい世界を目指す国際目標として各国の発展の基本的方向となっており、世界の政府、企業、個人あげてその達成に取り組んでいます。気候変動に代表される地球環境問題への対応は、その中核をなすものです。

SDGsの狙いと構造

第1章で示したように、「持続可能性」はもともと人間の活動拡大が気候や生態系を劣化させて、自らの生存すら危うくするのではないかとの懸念から生まれた概念ですが、SDGsでは教育、ジェンダー平等、人や国の不平等といった人間社会の懸念にも拡大しており、SDGsはいわば、ひろく**人類が目指すべき世界の在り方を示すもの**と言えます。

SDGsは、2030年までに達成しようとする**17のゴール**（目標）で作られており、（図7.2）、全体に「だれ1人とりのこさない」ための目標であるとしています。たとえば、第1の「貧困をなくそう」や第2の「飢餓をなくそう」などは、途上国がおもな対象になりますが、経済格差の拡大で先進国での課題にもなっています。第12の「平和と公正をすべての人に」はそのための統治（ガバナンス）強化の目標です。

また、17目標の相互関係としては、まず健全な生物圏（生態系）が人間活動の基盤であり、その上に維持すべき人類社会が形成され、経済活動が営まれており、それがいろいろなパートナーシップで結び付けられて持続可能な社会が保たれるという、ウェディングケーキ型の全体構造が示されており、17の指標はそれぞれの段に関連しています。

17の目標の下にそれぞれの**目標を達成するための具体的ターゲット**（標的）がいくつか挙げられ、全部で169あります。たとえば、13番目の「気候変動に具体的な対策を」には、各国が適応力を強靭化すること、気候変動対策を国の政策・戦略に統合すること、途上国支援に年間1000億ドル

調達すること、など5つのターゲットが示されています

これだけ多くの目標やターゲットがあると、何から手を付けていいのかわかりませんが、SDGsは基本的には、行動主体である人やグループそれぞれに、自分が大切と考える、あるいは自分との関連が深く力を発揮できる目標とそれに関連するターゲットをえらび、仲間を募って行動するという、ボランタリーな取り組み方で推進されます。持続可能性維持には誰でもが責任があり、誰でもが何かの行動で参加できます。1人ひとり、家族、地域社会、企業、国それぞれがそれぞれのできることをやり、それが集まって初めて安全で豊かな社会が持続できるのです。

SDGsの魁としての気候変動対応行動

SDGsの13番目の目標である**気候行動**（Clmate Action）はそれ自身最も重要で緊急の課題です。気候変動対策は、SDGs の根幹となる目標であり、この成功がなければSDGsの達成はできません。また、SDGの中でも他の最も多くの目標との関連が強く、他のSDGs間との相乗効果(**シナジー**)が期待できます。一方で、他の目標との間で相反する効果（**トレードオフ**）も多く生じますが、それは部門横断的な協調で回避することが期待できます。

出典：国連広報センター「持続可能な開発目標」をもとに作成

図7.2 SDGsの17目標

気候変動の緩和策とSDGsのシナジー

需要部門

エネルギー効率改善と再生可能エネルギー、都市 緑化計画、大気汚染の削減、およびバランスの取れた持続可能な健康食へのシフトといった需要側対策は持続可能な開発との 間に潜在的なシナジーがあります。

運輸部門

低炭素エネルギーと組み合わせた電化、公共交通 機関への移行は、健康、雇用、エネルギーセキュリティを高め、公 平性をもたらします。

産業部門

エネルギー効率改善、資源循環、電化は、環境負荷の削減と雇用・経済活動の強化に貢献します。

農林業・土地利用部門

再植林、森林保全、森林破壊の回避、自然生態系や生物多様性の保全・復元、持続可能な森林管理、アグ ロフォレストリー、土壌炭素管理、農

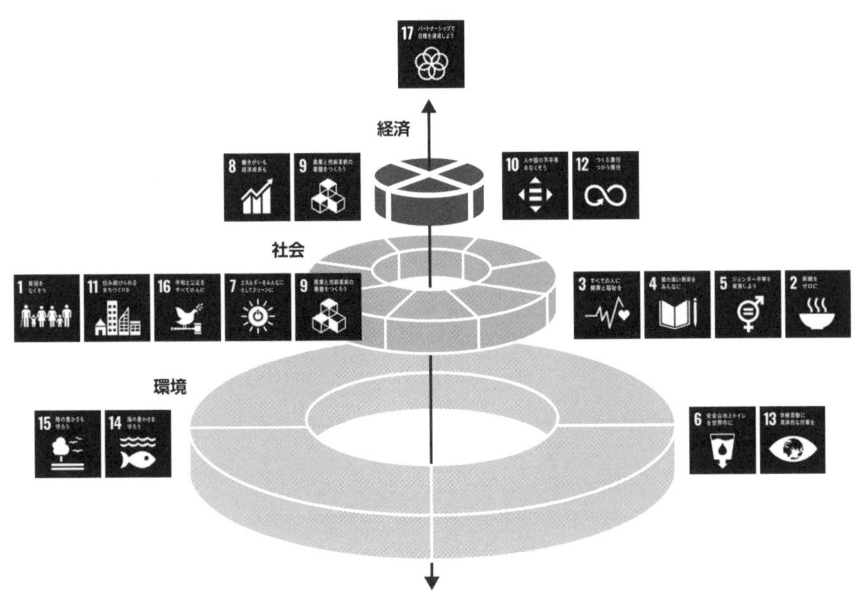

出典：ヨハン・ロックストローム博士(ストックホルム・レジリエンス・センター所長)「SDGsウェディングケーキモデル」をもとに作成

図7.3 SDGs各目標の3層構造

業・畜産・土壌からのCH_4や N_2Oの排出削減対策等はSDGsとの間に複数のシナジーがあります。

炭素直接吸収

バイオ炭による土壌改良や土壌炭素貯留などの手法は、土壌の質および食料生産能力を改善します。

緩和策とSDGsのトレードオフ

トレードオフ関係の分野の緩和策

雇用、水利用、土地利用の競合と生物多様性、エネルギー、食糧、水へのアクセスと価格などの分野にはトレードオフがありますが、土地利用に関連する削減対策を適正に実施することで回避できます。

土地利用計画を踏まえた統合的なアプローチ

生態系の保全・復元は、植物や土壌に炭素を貯留し、生物多様性を高めつつ、追加的なバイオマスを提供できますが、食料生産や生計に悪影響を与える可能性もあります。フードセキュリティを含め、こうした複数の目的を満たすためには統合的な土地利用計画のアプローチが必要です。

適応策とSDGs

人為的気候変動の影響は既に世界各地で顕著になり始め、2020年に産業化以前から1℃上がった気候で、飢餓、健康、安全な水、住みよい居住、そして貧困などSDGsの多くの目標に悪影響をおよぼしつつあります。いま世界の目標は今世紀後半の早期に産業化以前から2℃以下、できたら**2050年までに1.5℃以下に抑える**としていますが、温室効果ガスを排出している限り気候変動とその影響は大きくなるばかりで、いまは変化する気候に適応して過ごすしかありません。それぞれの地域で**気候変動対処力強靭化**のために、気候関連災害や自然災害にたいする強靭性（レジリエンス）強化の適応策への投資が行われ、教育、啓発人的能力や制度機能の強化が行われます。いずれせねばならない投資ですが、それは他のSDGs目標強化にも貢献できます。

ゼロエミッション社会への公正な転換

気候安定化のためには30〜50年の短い間に**ゼロミッション社会**に転換しなければなりません。世界的に産業構造が変わり雇用構造も大きな変化が必要ですが、それに伴って様々な社会摩擦が国内外に生じます。これまで化石エネルギー関連産業に依存してきた国や地域では、脱炭素転換に伴いその雇用が失われます。SDGsの「だれ1人取り残さない」方針を受けて、衰退する産業から脱炭素産業への雇用移転の政策を早めに考えておく必要があります。

7-3 持続可能社会に向けた環境の科学とは

環境問題の行く先は、持続可能な社会の追求にあります。持続可能な社会とは、自然と共生し、自然環境資源の使用を最小限にして次世代に受け継いでいく社会です。そんな社会を作り、維持するための科学はどのようなものでしょうか。温暖化の科学を例に見てみましょう。

世界中からデータを集め、変化を観測する

科学の基本は事実の確認です。地球の温度上昇は、世界中に配置されている約5千か所の測候所、海中に浮かべられた観測ブイからの計測値を集約して得られます。大気中の二酸化炭素の増加は、世界で40ほどある二酸化炭素濃度観測所で計っています。

ハワイの**マウナロア**山にある観測所は1957年から観測を続け、二酸化炭素の急激な増加を確認しています。人工衛星からは、地表面から放射されるエネルギーが温室効果ガスでどれだけ吸収されているか、地球全表面の温度・降雨量変化、土地改変や森林伐採、生物の一次生産量、台風の進路などが観測されます。

2009年打ち上げの日本の人工衛星「**いぶき**」は地球全面の二酸化炭素濃度を測ります。もちろん地上の各所で、土壌の水分、森林の二酸化炭素吸収、海流の変化、生態系の変化など、いろいろな観測がなされています。

全球気候予測モデルで変化を予測する

気候変化がどう進むかの予測は、**全球気候予測モデル**（→P.107）を超高速コンピュータにかけて行います。気候学研究から得られる個別プロセス変化をひとつのモデルにくみ上げ、さまざまな観測結果と照らし合わせて、今の気候を再現できることを確認します。そこで予想される温室効果ガス排出量を入れて、気候がどう変わるか、いわば100年200年先の天気予報を行います。モデルを作る人によって少しずつ前提が異なるため、同じ排出量を入れても、結果は少し違いますが、おおむね同じ程度の温度上

昇が予測されます。

気候予測モデルを世界に先駆け開発した真鍋叔郎博士は、2021年ノーベル物理学賞を受賞しています。またIPCC第5次－6次報告書では、日本の超高速コンピュータ「**地球シミュレーター**」「**京**」「**富岳**」を用いた予測が、台風強度の増加などで世界に先駆けて多くの成果をあげました。

環境リスクの予測・評価をする

こうして得られた世界各地の温度上昇、降雨量変化、土中水分変化などのデータをもとに、世界各地の農業生産量がどう変化するか、マラリヤ原虫・媒介蚊の分布がどう変わるかなどを計算し、温暖化の被害を予測します。そして気候が変化したとき、たとえば農産品の品種を変えるなど、どうすればその変化に「適応」していけるかを考えます。

こうした研究は世界各国の研究者が、それぞれの国の状況をふまえて進めます。予想される被害の結果を危険と見るか否かの**環境リスク評価**は、科学者だけでなく、国民や政策決定者を交えて決められることになります。

環境政策との関わり

各国が温室効果ガス排出削減を進めています。省エネ技術、低炭素エネルギー源の開発などの技術的課題だけでなく、これらの技術を受け入れるための社会インフラの整備、経済システムの変更、省エネライフスタイルへの切り替えなどについても研究します。

各国政府は、その結果を政策に組み入れます。急激な社会システムの変更は、雇用などに摩擦を生じますから、温暖化リスクとの兼ね合いを考えた手を打っていかなければならず、**政策科学の観点**が必要になってきます。

環境の科学は場所に準拠する参加型科学

科学の基礎は、それぞれの専門分野（Discipline）でなされる、深く正確な観測に基づく現象の解明にあります。しかし持続可能性の科学、環境の科学は**問題解決型**です。目の前にある、あるいは予想される問題を、あらゆる知識、あらゆる手段を使って解決することが使命です。いったん消滅すると取り戻せない人命・自然を対象にしていますから、予防的に手を打つ必要があり、事実認識を旨とする従来科学では主流になかった予測の科学が重要になってきました。

環境問題は、既存の学問分野にこだわることなく、横断的にあらゆる専門分野からの知識を集めて対処しなければなりませんので、**超分野型**（Interdisciplinary）学問であるといわれます。環境問題の一部は地球規模の問題ですが、場所により環境の様相が異なりますので、それぞれの場所で問題を解決しなければなりません。それにはその地域の住民が参加した行動がいります。ですから、環境の科学、ひいては持続可能性の科学は、**場所に準拠する（Place-based）**、**参加型科学（Participatory Science）**であるといわれます。ここがこれまでの、「専門家による専門家のための学問」との大きな違いです。

地球環境を対象にするとき、国際共同観測や共同研究、IPCCでなされている研究成果の地球規模での付き合わせ（科学評価）も必要です。持続可能な社会の構築を目指し、従来のDisciplineでの研究を踏まえた、総合科学としての新しい科学のあり方が求められています。

MEMO

日本の環境研究機関

深刻化した公害問題に対処するため、1971年環境庁が設置され、その科学的支援をする「国立公害研究所」が1974年つくば市に設立されました。その後1990年に「国立環境研究所」に改組され、地球システム、資源循環、環境リスク・健康、地域環境保全、生物多様性、社会システム、地球環境センターで約200人の研究員が働いています。環境問題の拡がりを踏まえて、理学・工学・農学・医学・薬学だけでなく、法学・経済学の専門家を含む分野横断的な構成を持つユニークな研究所で、「国立環境研究所ニュース」「環境儀」「地球環境研究センターニュース」などの定期刊行物やメールマガジンを出しています。1998年には政府のイニシアティブで、持続可能な開発のための政策手法の開発および環境対策の戦略研究を行う「地球環境戦略研究機関」が葉山町につくられました。

環境科学を横断的に取り組む研究所としては「総合地球環境学研究所」が2001年学術審議会の提案で京都市に設置されています。環境問題は多くの分野にまたがりますから、多くの政府系研究機関ではそれぞれの専門に対応する環境研究部門を持っていますし、宇宙航空研究開発機構や海洋研究開発機構は地球観測で成果をあげています。今では多くの大学に環境関連学科が置かれており、地域では大学が核になって現地での環境問題に取り組んでいます。

7-4 地球環境政策のしくみ

地球環境が悪化してゆくことを懸念して、各国がどう分担して対応してゆくかの世界全体での話し合いがなされ、そこでなされた約束を各国がそれぞれの状況にあわせたやり方で対応して行くことで、地球環境が守られています。

問題の発生原因

地域公害から地球規模への拡大

第二次大戦後、世界的に人口が増えると同時に、技術が進歩して産業化が進み大量生産・大量消費の時代になりました。資源や化石燃料をふんだんに使っての工業化で、モノが豊かな生活になりましたが、同時に生産地点近傍での大気汚染や酸性雨、水質汚濁、土壌汚染のような**産業公害**、消費地点での廃棄物散乱、自動車からの騒音や排気ガスなどの**都市公害**が1950年代から顕著になってきました。1970年代には、ヨーロッパで酸性雨が国境を超えて被害をもたらすようになり、**公害問題**が国内にとどまらないで、他国に及ぶ国際問題に発展しました。

地球規模の問題

さらに1970年代には、地域公害からの空間的拡大でなく、全地球一様に生態系と人類の存続にリスクをもたらす本格的な地球環境問題が科学界から警告されました。1つは、**フロン類による成層圏オゾン層の減少**がもたらす紫外線の増加であり、実際に1985年**オゾンホール**が出現しました。これとほぼ同時期に、二酸化炭素排出が世界の気候を変化させ、生態系や人間社会に広範かつ深刻な影響を与えると科学者が警告しました。これも30年後の今、**温度上昇**とそれによる被害が明白になっています。さらに、気候変動影響だけでなく地球の各地で進む森林伐採・農地／都市域拡大のような人間活動による**生物多様性の減少**が、生物だけではなく長期には人類の持続性を危険にさらす危険も指摘されてきました。

経済のグローバル化によってもたらされる地球環境課題も出てきました。

世界的な人口増と所得向上で食糧生産が拡大し、窒素・リンなど肥料が大量に消費され世界各地で**土壌の劣化**や**水質汚染**の原因になりつつあります。また、利水や水力など水資源への需要の高まりで、数カ国にまたがる大河川での**水争い**も激しくなりつつあります。有害廃棄物の**海洋投棄**や、**プラスチックごみ**の海洋散乱などの問題もあります。

世界的な政策の必要性

こうした地球環境問題は、1カ国では解決しませんから、関係国同士が集まって解決策を協議します。ヨーロッパの酸性雨問題では、1967年OECD（経済協力開発機構）の問題提起を受けて、まず西欧11カ国により汚染状況のモニタリングが開始され、1979年国連欧州経済委員会環境大臣会議で「**長距離越境大気汚染条約**」が締結され、その後順次硫黄酸化物・窒素酸化物全体および各国削減目標がいくつかの「議定書」の形で25カ国が参加して決められました。

世界の全ての国が関係する成層圏オゾン層や温暖化の場合は、国連の専門機関である国連環境計画・世界気象機関が問題提起をしています。気候の場合は、問題提起がこの2機関で1987年になされ、1988年から知見集約評価作業をIPCCで開始、1992年「**国連環境開発会議（地球サミット）**」での決定で、「**国連気候変動枠組み条約**」が1994年から発足し、その第3回会合で、先進国の削減目標が**京都議定書**によって決められました。

日本の国内政策対応

国際会議での決定を受けて日本国内ではそれぞれの課題ごとに関係省庁が担当して基本法を定め、そのもとで関係省庁が担当行政範囲での政策を定めて、対策措置を遂行してゆきます。

成層圏オゾン層減少に関しては、日本は1988年ウイーン条約及びモントリオール議定書に加入、「**オゾン層保護法**」を制定し、環境省が担当してオゾン層破壊物質の製造数量の規制やオゾン層状況監視などを進めています。

気候変動に関しては、京都議定書での削減目標を踏まえ、「**地球温暖化対策推進法**」が制定されました。関連業務が多岐にわたるため内閣総理大臣を本部長とし関係省庁から構成される推進本部が設置され、法で国地方公共団体、事業者、国民の各主体の責務ないし義務をさだめています。2015年のUNFCCCの**パリ協定**を受けて、日本政府は2021年に、2050年**カーボンニュートラル**を基本理念として法定化、2050年脱炭素社会実現に向けた「地域脱炭素ロードマップ」、「地球温暖化対策計画」、「パリ協定に基づく成長戦略としての長期戦略」を発表しています。関連してエネルギー政策基本法に基づく「**エネルギー基本計画**」も重要です。

また、都道府県、指定都市、中核都市などには、地域における再生可能エネルギーの導入拡大、省エネルギーの推進等を盛り込んだ地方公共団体実行計画（区域施策編）の策定が義務付けられています。

2018年には「気候変動適応法」「気候変動適応計画」に基づき各分野で適応の取り組みを推進しています。

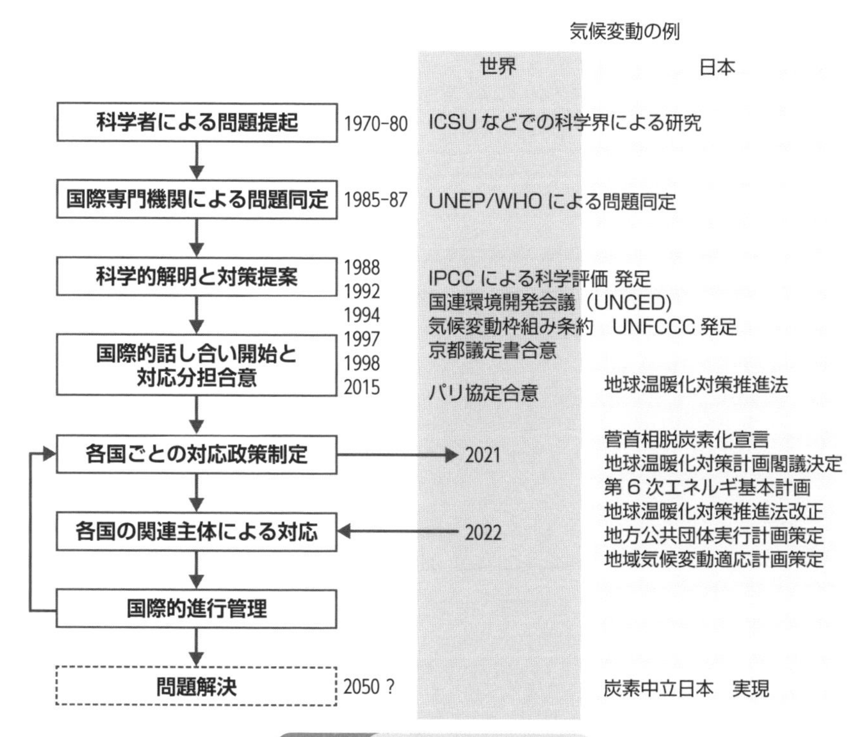

図7.4 地球環境政策の手順

第7章 地球環境をよくするためのしくみと行動

生物多様性保全の対応

生物多様性保全に関して日本は、1992年の地球サミットで採択された「**生物多様性条約**」を1993年に締結しています。ここでは各国が「生物多様性保全のための国家戦略」を定め、生物多様性モニタリング、絶滅のおそれのある生物の保護、などを求めています。

日本も1995年にこれを定め、2002年にはこれを見直し、「新・生物多様性国家戦略」がつくられ、「自然と共生する社会」実現のためのトータルプランとして、国土全体の生物多様性の体系的保全方針と自然環境保全行政の中長期方針が定められています。

7-5 環境対策を取り入れた経済システム

環境をよくするような経済システムとはどのようなものでしょうか。人間も自然の一員であり、自然の恵みがなくては生きていけないのですが、これまでの経済システムは、その重要さを無視して構築されてきました。今はこれまでの経済システムの中に、環境配慮を入れる工夫を進めることで、環境保全の方向を探っています。

自然環境の価値を認識する

農産物を作るための土地、材木のための森林などを除いて、これまで自然環境はほとんどその価値が認識されてきませんでした。しかし、19世紀からの技術文明により人口が増え続け、食料確保に向けた土地利用の拡大、さまざまなものを作るための資源、生産生活に必要なエネルギーの利用が進み、水資源、水産資源などの不足が目に見えるようになってきました。大気や海のように無限に思われている資源も、大気汚染や海洋汚染を打ち消すだけの能力を失ってきました。

このように、タダで使えると思われてきた自然資源が不足し、自然環境の価値が認識されるようになってきたのが20世紀の後半です。自然環境は年間33兆ドルの価値があり、そこからの生産は、世界の年間GDPよりも多いとする試算もありますが、環境の価値をいくらと値段付けするかは非常に難しい仕事です。

環境の価値を市場に内部化する

供給が少なく需要の多い資源は高い価格がつきます。そのコストは、製品のコストに含まれ、製品の値段は上がります。そうすると買い控えが起こり、資源利用が抑制されます。しかし、無限にあるから水や空気の使用コストはタダとして、製品の値段に計上されないとすると、水や空気は使い放題となり、節約されません。大気汚染物質を出す工場は空気を汚し、住民の健康を害し、住民は医療のためにお金を払います。工場の生産コストにその健康維持のコストが含まれない場合、工場はこの費用を工場外につけまわし「**外部化**」しているといいます。それに対して、健康被害の補償金を支払うとか、あるいは大気汚染防止装置を設置して、大気汚染のコストを製造コストに繰り入れることを「**内部化**」するといいます。日本では1950年ごろ公害問題が顕在化する前は、汚染物質排出にあまりお金をかけなかったのですが、今では外部でかかる費用をコストに入れて内部化し、汚染を減らすのが当たり前になっています。

環境税と排出量取引

個別の内部化がしにくい例もあります。自動車からの大気汚染物質の発生は、たとえ低汚染物質排出車を運転していても、都市で多くの車が走ると光化学スモッグが発生します。不特定多数の車への個別規制は困難ですが、「**環境税**＝大気汚染税」をガソリンに課することによって、ドライバーが運転を控えるようになり、大気汚染を減らすことができます。

アメリカでは、それぞれの地域で二酸化イオウ排出量を決め、地域の企業に割り振って､削減を進めました。政府が「**排出量取引制度**」を作って、わりあて分より排出の少ない企業が、わりあて分以上に排出する企業に、その余裕分を市場で売ることで、全体に安いコストでの削減にも成功しました。温暖化防止にも**炭素税**や**排出量取引制度**が導入されています。環境の維持のために、こうしたさまざまな工夫が、経済メカニズムに組み入れられつつあります。

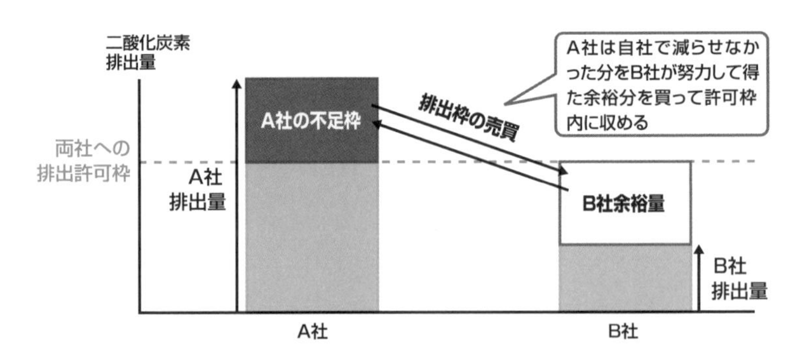

図 7.5 排出量取引のしくみ

7-6 企業の環境行動

環境保全における企業の役割が大きくなってきています。日常企業活動を環境志向にするにとどまらず、提供する製品やサービスで環境をよくすることや、SDGsの流れを新たなビジネスチャンスとして取り組み、社会を変えることもできます。

企業の社会的責任

環境問題が社会の注目を浴びるようになり、個人と同様、社会と調和しない、環境を守らない企業に対して社会の見る目が厳しくなっています。企業の評価項目の中に、利益や財務指標、雇用人員数などの経営指標のひとつとして、**地域社会への貢献**や**環境保全努力**が入るのが普通になり、成績の悪い企業は格付けが下がるまでになりました。今では多くの企業がSDGsに賛同し、自社の得意分野での環境貢献で競う合うようになっています。

日常の企業活動が環境に影響を与える場面は多くあります。生産現場ですと、材料と製品の搬出入に伴う自動車の出入り、製造工程から出る大気汚染・水質汚染物質、化学物質、産業廃棄物、二酸化炭素、騒音・振動などの公害関連や、周辺に迷惑を及ぼすような事故も起こりかねません。オフィスでもエネルギー消費やその結果の二酸化炭素排出があります。

環境努力の見える化

こうして環境影響を省エネやリサイクルで最小にする努力が企業に求められています。企業で必要な品物を「**グリーン購入**（購入時に品質や価格だけでなく環境負荷も考えて購入すること）」すると、企業の努力が仕入れ先の企業に広がります。今では多くの企業が、その努力を「**環境報告書**」として一般に公開するようになりました。

企業の製品がどれだけ環境に配慮しているか、たとえば商品に「**カーボンフットプリントラベル**」をつけることによって、企業はどれだけ製造プロセスで低炭素化しているか消費者に伝わります。エコマークもそのひとつです。

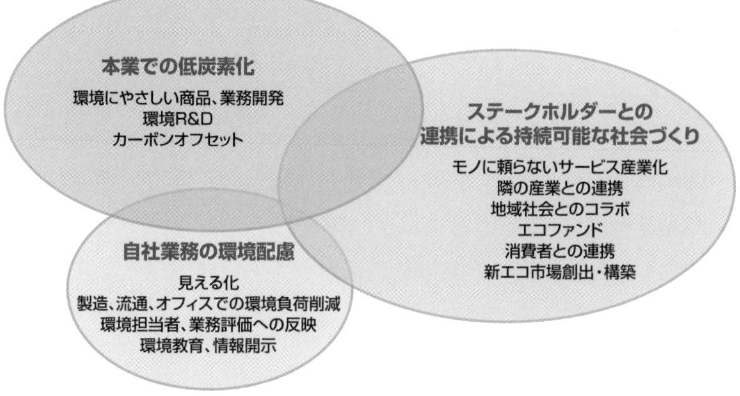

本業での低炭素化
環境にやさしい商品、業務開発
環境R&D
カーボンオフセット

ステークホルダーとの
連携による持続可能な社会づくり
モノに頼らないサービス産業化
隣の産業との連携
地域社会とのコラボ
エコファンド
消費者との連携
新エコ市場創出・構築

自社業務の環境配慮
見える化
製造、流通、オフィスでの環境負荷削減
環境担当者、業務評価への反映
環境教育、情報開示

図 7.6 持続可能な社会づくりへの企業の挑戦

本来業務での環境への貢献

製造工程からの排出を減らしてゆき究極にはゼロ排出にしなければなりませんし、オフィスでの省エネやリモートワークなどでの温室効果ガス排出を減らしてゆくといった行動はもちろんやらなければなりません。それだけでなく、企業本来の事業展開のなかで、ずっと大きく持続可能な社会づくりへの貢献ができます。軽量強靭材料の開発、省エネ家電、断熱住宅、電気自動車、再生可能エネルギー技術、公害防止機器の開発・普及こそ本来、企業が行うべき一番大きい環境への貢献です。

企業がエネルギー高消費産業からエネルギー低消費産業に変わることは、産業全体での構造改革となります。工場の熱を地域に供給して、省エネ地域社会を作る、自動車会社が鉄道会社と協力して快適かつ省エネになる移動サービスを始めるなどを行うことで、本業をもとに省エネ社会づくりをリードできます。排出量取引市場へ参加するのもそのひとつです。脱炭素社会へ変わることはもう必至ですから、早めに自社の長期戦略をたてて移行を摩擦なく進めなければなりません。

金融関係では、環境保全に努力する企業に積極的に資金を貸し出すことで、世の中を持続可能な社会に向かわせることができます。今では多くのエコファンド（環境関連の優良企業に積極的に投資する信託投資）が、銀行に設けられています。

参考文献

各章に記載されている参考文献でも環境問題全般を取り扱っているものがあります。

全般

- 環境省, https://www.env.go.jp/
- 気候変動に関する政府間パネル（IPCC）, https://www.ipcc.ch/
- 国立環境開発法人 国立環境研究所, https://www.nies.go.jp/
- 国立天文台［編］,「環境年表 2021-2022（理科年表シリーズ）」, 丸善出版, 2021
- 社団法人 環境報告研［和訳］,「GEO5 地球環境概観 第5次報告書（上）」, 2015
- 社団法人 環境報告研［和訳］,「GEO5 地球環境概観 第5次報告書（上）」, 2021

第１章

- Millennium Ecosystem Assessment：Ecosystems and Human Well-Being：Synthesis , A report of the Millenium Ecosystem Assessment , 2005
- ハーマン･E. デイリー［著］, Herman E. Daly［原著］, 新田 功・大森 正之・藏本 忍［翻訳］,「持続可能な発展の経済学」, みすず書房, 2005

第２章

- 経済産業省・資源エネルギー庁, https://www.enecho.meti.go.jp/
- 経済産業省・資源エネルギー庁,「エネルギー白書 2020」, 2020, https://www.enecho.meti.go.jp/about/whitepaper/2022/pdf/2_2.pdf
- 国立研究開発法人 物質・材料研究機構, https://www.nims.go.jp/index.html
- 東京大学大学院工学系研究科 沖大幹教授, http://hydro.iis.u-tokyo.ac.jp/indexJ.html
- NEC マネジメントパートナー株式会社, https://www.necmp.co.jp/
- 二宮 洸三・新田 尚・山岸 米二郎［編］,「図解　気象の大百科」
  オーム社, 1997
- 一般財団法人日本原子力文化財団,「原子力・エネルギー図面集」, https://www.jaero.or.jp/data/03syuppan/energy_zumen/energy_zumen.html
- 環境省,「水銀規制に向けた国際的取組－水銀に関する水俣条約について」,「水銀の利用・排出状況」, 2020
- 経済産業省・資源エネルギー庁,「エネルギー白書 2020」, https://www.enecho.meti.go.jp/about/whitepaper/2020html/index_2020.html
- 環境省,「環境白書・循環型社会白書・生物多様性白書－令和３年版　環境・循環型社会・生物多様性白書－第２部－第３章　循環型社会の形成－第１節　廃棄物等の発生、循環的な利用及び処分の現状」, 2021
- 一般社団法人 サステイナビリティ技術設計機構,「資源・リサイクルテータ図面集　我が国の都市鉱山蓄積 2020」, 2021, http://susdi.org/wp/data/post-194/
- 環境省,「平成 20年度環境・循環型社会白書」, 2008
- 花輪公雄「海洋大循環と気候変動」地学雑誌 VOL.114, 485-495, 東京地学協会, 2005
- BP,「Statistical Review of World Energy 2021」, 2021
- 環境省・環境保健部・環境保健企画管理課・水銀対策推進室,「水銀規制に向けた国際的取組－『水銀に関する水俣条約』について」, 2020
- 陽　捷行,「世界の窒素循環と環境問題」栄養と健康のライフサイエンス　3, 652-656, 学文社, 1998
- 化学工学会 SCE.Net［編］,「図解新エネルギーのすべて」, 工業調査会, 2004
- 国立環境開発法人 国立環境研究所,「環境儀 No.14　マテリアルフロー分析　モノの流れから循環型社会・経済を考える」, 2004

第３章

- スペンサー・R. ワート［著］, 増田・熊井［訳］,「温暖化の<発見>とは何か」, みすず書房, 2005
- 国立研究開発法人 国立環境研究所･地球環境センター［著］,「ココが知りたい温暖化Ⅰ - Ⅲ」, 成山堂, 2009
- 江守正多［著］,「地球温暖化の予測は『正しい』か?」, 化学同人, 2008
- 環境省・地球温暖化影響・適応研究委員会,「気候変動への賢い適応」, https://www.env.go.jp/earth/ondanka/rc_eff-adp/index.html, 2008
- 原沢 英夫・西岡 秀三［著］,「地球温暖化と日本──自然・人への影響予測 第３次報告」, 古今書院, 2003
- 西岡 秀三［著］,「日本低炭素社会のシナリオ──二酸化炭素 70% 削減の道筋」, 日刊工業新聞社, 2008
- 西岡 秀三［著］,「低炭素社会のデザイン」岩波新書, 2012
- 一般社団法人 国際環境研究協会,「地球環境 Vol.12 No.2　特集：低炭素社会のビジョンと実現シ

ナリオ」, http://www.airies.or.jp/, 2007
・ 気象庁・第一作業部会［和訳］,「IPCC 第６次報告政策決定者向け要約」, https://www.data.jma.go.jp/cpdinfo/ipcc/ar6/index.html, 2021
・ 環境省・第二作業部会［和訳］,「IPCC 第６次報告政策決定者向け要約」, https://www.env.go.jp/press/110599.html, 2021
・ 経済産業省・第三作業部会［和訳］,「IPCC 第６次報告政策決定者向け要約」, https://www.meti.go.jp/press/2022/04/20220404001/20220404001.html, 2022
・ 全国地球温暖化防止活動推進センター（JCCCA）, https://www.jccca.org/

第４章

・ 国立天文台［編］,「理科年表 環境編 第２版」, 丸善出版, 2006
・ 国立環境開発法人 国立環境研究所,「環境儀 No.1 環境中の「ホルモン様化学物質」の生殖・発生影響に関する研究」, 2001
・ 国立環境開発法人 国立環境研究所,「環境儀 No.23 地球規模の海洋汚染観測と実態」, 2007
・ NPO 土壌汚染技術士ネットワーク,「イラストでわかる土壌汚染」, 山海堂, 2007

第５章

・ 不破 敬一郎・森田 昌敏［編著］,「地球環境ハンドブック　第２版」, 朝倉書店, 2002
・ 地球環境研究会［編］,「地球環境キーワード辞典」, 中央法規出版, 2008
・ 丹下 博文,「環境基礎読本」, 財務省印刷局, 2003
・ 地球・人間環境フォーラム,「環境要覧」2005/2006, 古今書院, 2005
・ 古川 清行,「環境問題最前線」, 東洋館出版社, 2001
・ 日本化学会［編］,「環境科学　人間と地球の調和をめざして」, 東京化学同人, 2005
・ 大来佐 武郎［監修］,「講座［地球環境］2, 地球規模の環境問題 II」, 中央法規出版, 1996
・ 安田 雅俊・長田 典之・松林 尚志・沼田 真也［著］,「熱帯雨林の自然史　東南アジアのフィールドから」, 東海大学出版会, 2008
・ 生物多様性政策研究会［編］,「生物多様性キーワード辞典」, 中央法規出版, 2008
・ 武内 和彦, 恒川 篤史, 鷲谷 いづみ［編］,「里山の環境学」, 東京大学出版会, 2007
・ 広木 詔三［編］,「里山の生態学」, 名古屋大学出版会, 2003
・ 石井 実［監修］, 日本自然保護協会編「生態学からみた里山の自然と保護」, 講談社, 2006
・ 中島 峰広,「日本の棚田　保全への取り組み」, 古今書院, 2007
・ ワールドウォッチ研究所,「地球環境データブック 2012-13」, ワールドウォッチジャパン, 2013
・ 参議院環境委員会調査室,「図説　環境問題データブック」, 学陽書房, 2009
・ 環境省, http://www.env.go.jp/
・ 農林水産省, http://www.maff.go.jp/

第６章

・ 日本建築学会［編］,「まちづくり教科書第 10 巻, 地球環境時代のまちづくり」, 丸善, 2007
・ 都市緑化技術開発機構［編］,「都市のエコロジカルネットワーク, 人と自然が共生する次世代都市づくりガイド」, きょうせい, 2004
・ 谷口 孚幸［編著］, 伊藤 武美［著］,「改訂版 地球環境都市デザイン」, 理工図書, 1999
・ 篠原 修［著］,「篠原修が語る　日本の都市　その伝統と近代」, 彰国社, 2006
・ 佐野 敬彦［著］,「ヨーロッパの都市はなぜ美しいのか」, 平凡社, 2008
・ 大西 隆 他［編］, 西村 幸夫 他［著］,「都市工学講座 都市を保全する」, 鹿島出版会, 2003
・ 森山 正和［編］,「ヒートアイランドの対策と技術」, 学芸出版社, 2004
・ 山中 英生他著「まちづくりのための交通戦略——パッケージ・アプローチのすすめ——」, 学芸出版社, 2000
・ 松藤 敏彦,「ごみ問題の総合的理解のために」, 技報堂出版, 2007
・ 川口 和英,「ごみから考えよう都市環境」, 技報堂出版, 2003
・ 坂西 欣也・遠藤 貴士・美濃輪 智朗・澤山 茂樹［編著］,「トコトンやさしいバイオエタノールの本」, 日刊工業新聞社, 2008
・ 大聖 泰弘・三井物産［編］,「図解　バイオエタノール最前線　改訂版」, 工業調査会, 2008
・ 国土交通省, http://mlit.go.jp/
・ ミレニアムビレッジ, http://www.nil-research.co.jp
・ ベルマミーア団地, http://www.kansai-u.ac.jp
・ ブルイットアゴー団地, http://towncreation.co.jp

第７章

・ 石坂 匡身［編著］,「環境政策学」, 中央法規出版, 2000
・ 植田 和弘・北畠 佳房・落合 仁司・寺西 俊一［著］,「環境経済学」, 有斐閣, 1991
・ 小林光・岩田一政・日本経済研究センター［編著］,「カーボンニュートラルの経済学－2050年への戦略と予測」, 日本経済新聞出版社, 2021
・ 天野 明弘［著］,「地球温暖化の経済学」, 日本経済新聞社, 1997
・ 西岡 秀三［編著］,「新しい地球環境学」, 古今書院, 2000

INDEX

INDEX

タ行

INDEX

ナ・ハ行

マ・ヤ・ラ・ワ行

■著者紹介

西岡　秀三（にしおか　しゅうぞう）

公益財団法人 地球環境戦略研究機関 参与。工学博士。

1939年東京生まれ。国立環境研究所勤務、東京工業大学教授、慶應義塾大学教授、国立環境研究所理事、地球環境戦略研究機関気候政策プロジェクトリーダ、を経て現職。専門は環境システム学、環境政策学、地球環境学。1988年よりIPCCなどで、気候変化影響や気候安定化対策シナリオ研究に従事。環境省地球環境研究計画「2050年温室効果ガス削減シナリオ研究」のリーダー、および文部科学省気候予測モデル「革新プログラム」共同研究総括を務めた。編著書として『低炭素社会のデザイン』岩波新書、『日本低炭素社会のシナリオ——二酸化炭素70%削減の道筋』日刊工業新聞社、『地球温暖化と日本——自然・人への影響予測』古今書院、『新しい地球環境学』古今書院、などがある。

1章、3章、7章を担当。

宮﨑　忠國（みやざき　ただくに）

有限会社 コンサルトエム 代表取締役。元東京農業大学教授。理学博士。

1942年東京都生まれ。1974年環境省国立公害研究所（現、環境庁国立環境研究所）研究員。1988年主任研究員。1995年国立環境研究所地球環境研究センター研究管理官。1997年山梨県環境科学研究所部長。2002年副所長。2004年東京農業大学教授。リモートセンシングを用いた自然環境モニタリング、特に、熱帯林、砂漠化、サンゴ礁の研究や森林、緑地の評価研究などを行った。共著として『地球を観測する、地球環境セミナー 2』オーム社、『地球環境ハンドブック』朝倉書店、『環境緑地学入門』コロナ社、などがある。

5章、6章を担当。

村野　健太郎（むらの　けんたろう）

京都大学地球環境学堂研究員。元法政大学教授。理学博士。

1946年鹿児島市生まれ。1975年東京大学大学院理学系研究科化学博士課程修了。1976年環境庁国立公害研究所大気環境部入所研究員。1990年国立環境研究所（改称）地球環境研究グループ酸性雨研究チーム主任研究員。2004年独立行政法人国立環境研究所大気圏環境研究領域酸性雨研究チーム総合研究官。2008年法政大学生命科学部環境応用化学科教授。2018年京都大学地球環境学堂研究員。専門分野は、環境科学、酸性雨。著書として『酸性雨と酸性霧』裳華房、分担執筆として『地球環境の行方—酸性雨』中央法規出版、『身近な地球環境問題—酸性雨を考える—』コロナ社、『理科年表—環境編』丸善、『第5版実験化学講座環境化学』丸善、などがある。

2章、4章を担当。

■本書へのご意見、ご感想について

本書に関するご質問については、下記の宛先にFAX もしくは書面、小社ウェブサイトの本書の「お問い合わせ」よりお送りください。
電話によるご質問および本書の内容と関係のないご質問につきましては、お答えできかねます。あらかじめ以上のことをご了承の上、お問い合わせください。
ご質問の際に記載いただいた個人情報は質問の返答以外の目的には使用いたしません。また、質問の返答後は速やかに削除させていただきます。

〒162-0846　東京都新宿区市谷左内町 21-13
株式会社技術評論社　書籍編集部
「改訂3版　地球環境がわかる」質問係
FAX番号：03-3267-2271
本書ウェブページ：
https://gihyo.jp/book/2023/978-4-297-13296-5

本書ウェブページのQRコード

カバー・本文イラスト ● 小野﨑 理香
カバー・本文デザイン ● 小山 巧（志岐デザイン事務所）
本文図版 ● 株式会社トップスタジオ
本文レイアウト ● 株式会社トップスタジオ

ファーストブック
改訂3版 地球環境がわかる

2009年　4月10日　初 版　第1刷発行
2015年　3月10日　第2版　第1刷発行
2023年　3月　8日　第3版　第1刷発行

著　者　西岡 秀三・宮﨑 忠國・村野 健太郎
発行者　片岡 巌
発行所　株式会社技術評論社
東京都新宿区市谷左内町 21-13
電話　03-3513-6150 販売促進部
03-3267-2270 書籍編集部
印刷／製本　日経印刷株式会社

定価はカバーに表示してあります。

ISBN 978-4-297-13296-5 C3044
Printed in Japan